首批国家示范性高等职业院校特色实训教程
国家高技能人才培训示范基地精品培训教程

# 铣工技能实训

主　编　刘　海　孙思炯
副主编　林爱青　王忠国
　　　　谭业军　刘国通
参　编　王茂忠　李　宁
　　　　隋恩锡　王敬珠
　　　　王国华

天津大学出版社
TIANJIN UNIVERSITY PRESS

图书在版编目(CIP)数据

铣工技能实训/刘海、孙思炯主编. 林爱青、王忠国、谭业军、刘国通副主编—天津:天津大学出版社,2010.7
ISBN 978-7-5618-2991-2

Ⅰ.铣… Ⅱ.刘… Ⅲ.铣削-基本知识 Ⅳ.TG54

中国版本图书馆 CIP 数据核字(2009)第 166160 号

出版发行 天津大学出版社
出 版 人 杨欢
地　　址 天津市卫津路 92 号天津大学内(邮编:300072)
电　　话 发行部:022-27403647　邮购部:022-27402742
网　　址 www.tjup.com
印　　刷 昌黎太阳红彩色印刷有限责任公司
经　　销 全国各地新华书店
开　　本 185mm×260mm
印　　张 11.25
字　　数 288 千
版　　次 2010 年 7 月第 1 版
印　　次 2010 年 7 月第 1 次
印　　数 1-3 000
定　　价 28.00 元

# 前　言

为进一步发展职业教育，培养有理想、有道德、有纪律、有文化的新型职业技术人才，我们组织编写了本套“首批国家示范性高等职业院校特色实训教程”“国家高技能人才培训示范基地精品培训教程”，包括《数控车工技能实训》《数控铣工技能实训》《机械维修技能实训》《焊接技能实训》《铣工技能实训》《钳工技能实训》《磨工技能实训》《车工技能实训》系列教材。在教材的编写过程中，以就业为导向，以企业用人标准为依据，以突出人才的个性发展和创新能力的培养为主线，按照“以项目导向，任务驱动，工学结合，学训交替”的人才培养模式，通过教学与生产结合、训练与劳动结合、劳动与创新结合，提高学生综合技能水平和岗位适应能力。

在专业知识的安排上，以国家职业标准和专业教学大纲为依据，将台式钻床、钻头刃磨机、双功率节能型数控机床、快换刀架、万能镗头、模切纸盒成型机、数控刀杆等产品零件的加工与装配，引入实训教学过程中，使新技术、新工艺、新方法得到了综合的体现，使教材富有形象化、动态化、立体化、多元化，更贴近学生的认知规律，达到学生乐学、能学、学好的目标 。

本教材的编写得到了各有关部门的大力支持和帮助，在此表示衷心的感谢。由于水平所限，请读者对本教材的缺点和错误提出批评和改进意见。主编信箱：wh - liuhai00@163. com。

编者

2010 年 6 月

# 目　录

# 任务一　平面和连接面的铣削

目标要求

1. 掌握平面和连接面的铣削方法。
2. 正确选择铣削用量。
3. 掌握平面和连接面的检验检测方法。
4. 分析平面和连接面铣削时产生的问题及注意事项。

## 子任务一　平面的铣削

### 一、任务

任务单图纸如图 1.1 所示，加工表面与刀具如图 1.2 所示。以此任务为例，进行平面的铣削。

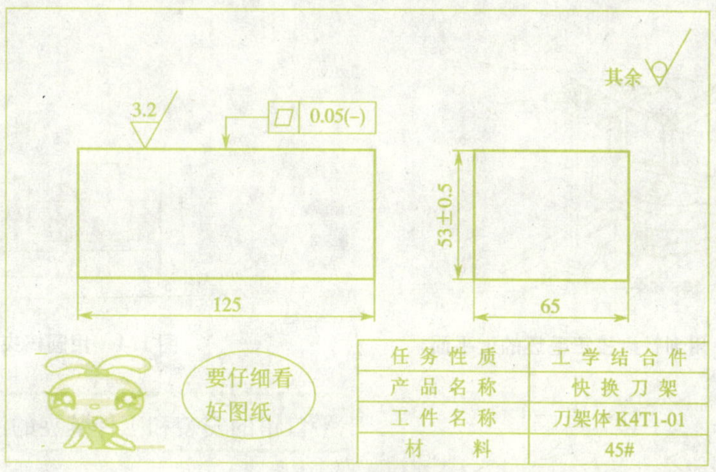


图 1.1　任务单图纸

### 二、任务准备

工件：锻坯为 125 mm × 65 mm × 55 mm。

机床：X5032 立式铣床。

量具：0 ~ 150 mm 游标卡尺，塞尺，刀口尺，表面粗糙度样块。

刀具：Φ125 mm 端铣刀盘。

刀具材料：YT15。

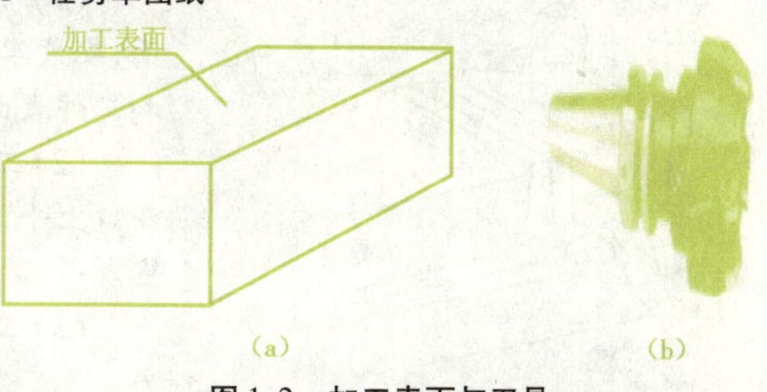


图 1.2　加工表面与刀具
(a)加工表面；(b)端铣刀盘

铣削用量：取 $n = 375$ r/min，$V_f = 190$ mm/min，$a_p = 1 \sim 3$ mm。其中，$n$ 为主轴转数，$V_f$ 为进

给量，$a_p$ 为吃刀深度。

工具：垫铁、紫铜锤、划针盘。

夹具：平口钳。

## 根据刀具材料，合理选择铣削速度

刀具材料不同，其铣削速度不同。

(1)硬质合金刀具铣削速度一般为 80 ~ 100 mm/min。

(2)铣削速度计算公式为 $v_c = \frac{\pi dn}{1\ 000}$。其中，$v_c$ 为铣削速度，$d$ 为铣刀直径，$n$ 为主轴转数。

### 三、相关知识——工件装夹与校正

工件在装夹时，应选择一个较平整的毛坯面靠向平口钳的固定钳口。在钳口和毛坯面间垫上铜皮。工件装夹后，用划针盘校正毛坯的上平面，如图 1.3 所示，保证毛坯的上平面与工作台面基本平行。为保证工件能与固定钳口很好地贴合，可在活动钳口和工件间放置一圆棒，其高度在钳口高度的中间，或者稍偏上一点，如图 1.4 所示，钳口垫铜皮装夹毛坯件，并用圆棒夹持工件。工件夹紧后，用紫铜锤轻击工件上表面，如图 1.5 所示，同时用手移动平行垫铁，使垫铁不松动为止。敲击工件时，用力要适当，不可连续用力猛敲，且应注意垫铁和钳身作用力对工件的影响。

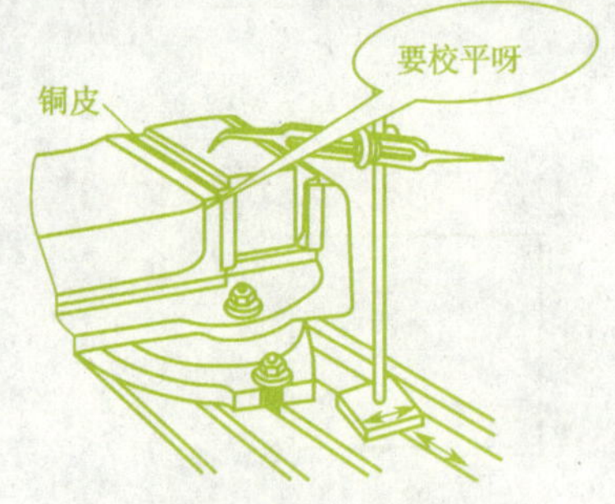


图 1.3　用划针盘校正毛坯的上平面

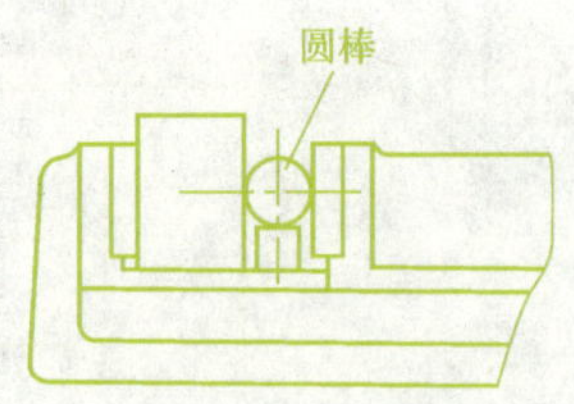


图 1.4　用圆棒夹持工件

图 1.5　用紫铜锤轻击工件

## 平口钳的安装和工件装夹的注意事项

(1)安装平口钳时，应擦净工作台面和钳底平面，安装牢靠。安装工件时，应擦净钳口、钳体导轨面和工件表面。

(2)工件在平口钳安装后，铣去的余量层应高出钳口上平面，高出的尺寸以铣刀不铣钳口的上平面为宜。

(3)工件在平口钳上装夹时，放置的位置应适当。

(4)用平行垫铁装夹工件时，所选垫铁的平面度和平行度均应符合要求，且垫铁表面应具有一定的硬度。

## 四、任务实施

(1)读任务单图纸,确定加工部位。

(2)对照图样检查毛坯尺寸,确定加工余量。

(3)把工件装夹在平口钳中,夹紧敲实。

(4)调整主轴转速和进给量,启动机床,使铣刀旋转。然后手动进给使工件处于旋转的铣刀下面,再上升工作台,使铣刀轻轻划着工件(对刀),记好升降台刻度环刻度。降下工作台,退出工件。调整好切削深度,上升工作台,将横向工作台禁固。扳动手动纵向进给手柄使工件接近铣刀,再扳动纵向机动进给手柄,铣去工件加工余量。降下工作台退刀,主轴停止旋转,卸下工件。铣刀工作如图1.6所示。

图1.6　铣刀工作

## 五、任务分配

每人10件快换刀架K4T1-01刀架体毛坯。按任务单图纸要求进行平面铣削加工,单件加工时间为6分钟。

## 六、任务检验检测

(1)平面的表面粗糙度检验。用标准的表面粗糙度样块对比检验,或凭经验用眼观察得出结论。

(2)平面的平面度检测。用刀口尺检验平面的平面度。观察刀口与工件平面间的缝隙大小,或用塞尺塞入缝隙确定。检测时,移动尺子,分别在工件的纵向、横向、对角线方向进行检测,最后测出整个平面的平面度误差。工件尺寸可用游标卡尺测量。

## 七、任务评价

| 项目 | 精度要求 | 配分 | 评分标准 | 检测结果 | 分数 |
|---|---|---|---|---|---|
| 尺寸公差 | 53±0.5 | 2 | 不合格不得分 | | |
| 形位公差 | ▱0.05 | 2 | 不合格不得分 | | |
| 表面粗糙度 | $R_a$3.2 | 2 | 不合格不得分 | | |
| 正确选择铣削用量 | | 4 | 一项不正确扣2分 | | |
| 数量 | 10件 | | 每件10分 | | |
| 安全文明生产 | 凡违反操作规程、损坏工具、量具、刃具等,酌情扣3~10分 | | | | |
| 合计 | | | | | |

容易产生的问题及原因

(1)铣出的工件尺寸不符合图纸要求,可能有以下原因:

①调整切深时看错刻度盘刻度,或手柄摇过头,或丝杠螺母间隙没有消除好等;

②看错图样尺寸,或检测错误;

③工件或垫铁表面没有擦净,有脏物。

(2)铣出工件表面粗糙度不符合要求,可能有以下原因:

①进给量选择不合理;

②铣刀变钝。

(3)铣出工件表面平面度不符合要求,可能有以下原因:

①铣头零位不准;

②主轴窜动。

**安全警告!!!**

(1)走刀过程中和刀具未停稳之前,不准检测工件,不准用手触摸工件的加工表面。

(2)高速铣削刀具时,应戴防护眼镜。

(3)在切屑飞出的方向,禁止站人。

(4)及时修整工件上的毛刺和锐边,以防伤手,但修整时,不要将已加工表面损坏。

(5)当工作台自动和快速进给时,手动手柄应脱开,以防手柄旋转伤人。

## 子任务二　连接面的铣削

### 一、任务

任务单图纸如图 1.7 所示,长方体工件的加工表面如图 1.8 所示。以此任务为例,进行连接面的铣削。

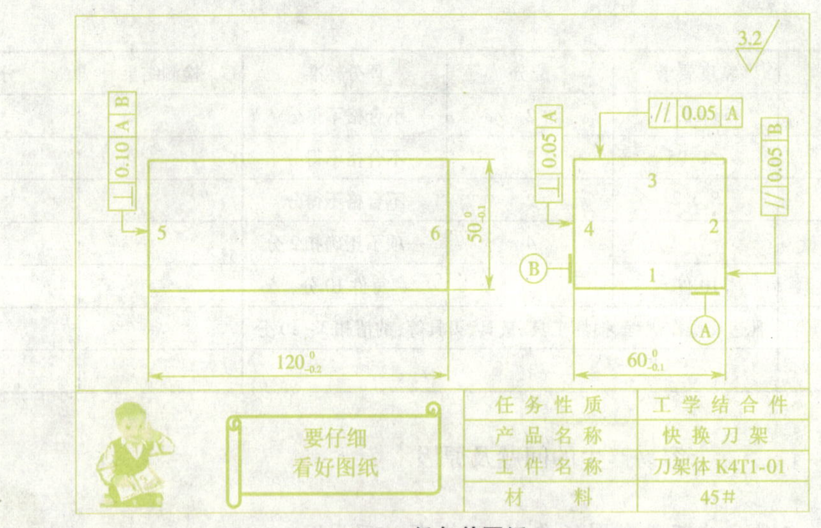


1.7　任务单图纸

### 二、任务准备

工件:锻坯为 125 mm × 65 mm × 55 mm。

机床:X5032 立式铣床。

量具:0 ~ 150 mm 游标卡尺,直角尺,80 × 125 精度 A 级塞尺,25 ~ 50 mm、50 ~ 75 mm、100

~125 mm 百分尺，表面粗糙度样块。

夹具：平口钳。

刀具：Φ125 mm 端铣刀盘。

刀具材料：YT15。

铣削用量：取 $n=375$ r/min，$V_f=190$ mm/min，$a_p=1\sim3$ mm。

工具：垫铁、手锤。

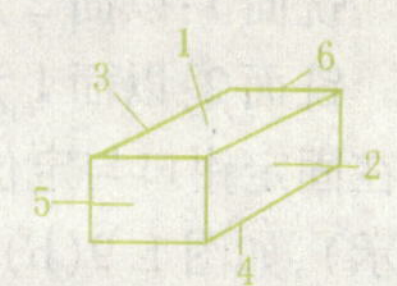

图 1.8　长方体工件的加工表面

**根据刀具材料，合理选择铣削速度**

刀具材料不同，其铣削速度不同。

(1) 硬质合金刀具铣削速度一般为 80 ~ 100 mm/min。

(2) 铣削速度计算公式为 $v_c=\dfrac{\pi dn}{1\,000}$。

## 三、相关知识——确定定位基准面

加工长方体工件时，应选择一个较大的面或用图样上的设计基准面作为定位基准面，这个面必须是第一个安排加工的表面。加工其余各面时，都要以定位基准面为基准进行加工。加工过程中，始终将定位基准面靠向平口钳的固定钳口或钳体导轨面，以保证各个加工面与定位基准面平行或垂直。例如，选择图 1.8 中面 1 为加工基准面，则面 1 就是第一个安排加工的表面。

## 四、任务实施

(1) 读任务单，确定加工部位。

(2) 对照图纸检查毛坯尺寸，确定加工余量。

(3) 安装平口钳及铣刀。

(4) 进行长方体工件的铣削，其方法和步骤如图 1.9 所示。

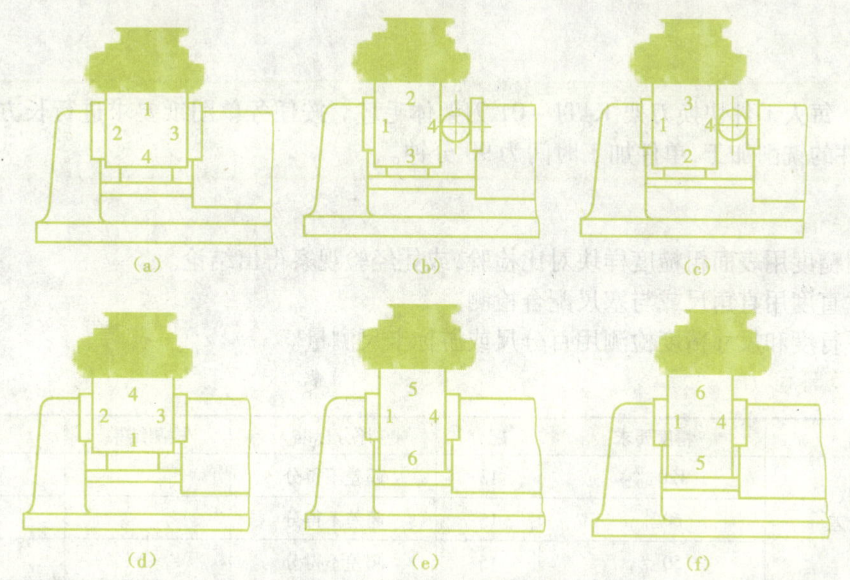

**图 1.9　长方体工件铣削顺序加工方法和步骤**

(a) 步骤 1；(b) 步骤 2；(c) 步骤 3；(d) 步骤 4；(e) 步骤 5；(f) 步骤 6

铣面 1：以面 2 为粗基准，靠向固定钳口装夹，铣削面 1，如图 1.9(a)所示。

铣面 2：以面 1 为精基准靠向固定钳口装夹铣出垂直面 2(如果此面与定位基准面不垂直，可在固定钳口与定位工件之间垫纸、薄铜片或在工件与活动钳口间加圆棒进行调整，如图1.10所示)，如图 1.9(b)所示。

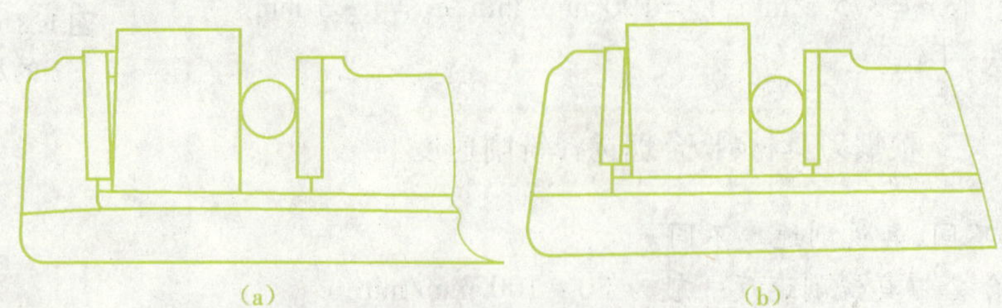


**图 1.10 垫纸或薄铜片调整垂直面**

(a)垫钳口上部；(b)垫钳口下部

铣面 3：以面 1 为定位基准面，并靠在固定钳口，面 2 放在平口钳导轨上，夹紧敲实加工面 3，保尺寸 $60^{0}_{-0.1}$ 及平行度(//0.05)，如图 1.9(c)所示。

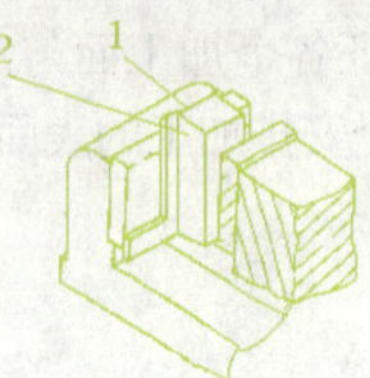


**图 1.11 直角尺校正面 2 与平口钳导轨垂直**

铣面 4：定位基准面 1 靠在平口钳平行导轨上，面 2 靠在固定钳口上，夹紧敲实工件，加工面 4，保尺寸 $50^{0}_{-0.1}$ 及平行度(//0.05)，如图 1.9(d)所示。

铣面 5：将定位基准面 1 靠在固定钳口，如图 1.9(e)所示，用直角尺校正面 2 与平口钳导轨垂直，夹紧加工面 5，如图 1.11 所示。

铣面 6：将定位基准面 1 靠向固定钳口，面 5 靠向钳体导轨面夹紧敲实，加工面 6，保尺寸为 $120^{0}_{-0.2}$，如图 1.9(f)所示。

## 四、任务分配

每人 1 件快换刀架 K4T1－01 刀架体毛坯。按任务单图纸要求进行长方体工件的铣削加工，单件加工时间为 90 分钟。

## 五、任务检验检测

(1)粗糙度用表面粗糙度样块对比检验，或凭经验观察得出结论。

(2)垂直度用直角尺或与塞尺配合检测。

(3)平行度和尺寸精度检测用百分尺或游标卡尺测量。

## 六、任务评价

| 项目 | 精度要求 | 配分 | 评分标准 | 检测结果 | 分数 |
|---|---|---|---|---|---|
| 尺寸公差 | $120^{0}_{-0.2}$ | 13 | 超差不得分 | | |
| | $60^{0}_{-0.1}$ | 15 | 超差不得分 | | |
| | $50^{0}_{-0.1}$ | 15 | 超差不得分 | | |

**续表**

| 项目 | 精度要求 | 配分 | 评分标准 | 检测结果 | 分数 |
|---|---|---|---|---|---|
| 形位公差 | ∥ 0.10 A | 9 | 超差不得分 | | |
| | ⊥ 0.10 A B | 18 | 超差不得分 | | |
| | ∥ 0.10 A | 9 | 超差不得分 | | |
| | ⊥ 0.10 A | 9 | 超差不得分 | | |
| 表面粗糙度 | $R_a$3.2(6处) | 12 | 降级不得分 | | |
| 未注公差等级 | IT14 | | | | |
| 数量 | 1件 | | | | |
| 时间 | 90分 | | | | |
| 安全文明生产 | 凡违反操作规程,损坏工具、量具、刀具等,酌情扣3~10分 | | | | |
| 合计 | | | | | |

容易产生的问题及原因

(1)铣出的工件尺寸不符合图纸要求,可能有以下原因:

①看错图样的尺寸标注或检测错误;

②工件或垫铁平面没有擦净,有脏物。

(2)垂直度和平行度不符合要求,可能原因如下:

①固定钳口与工作台台面不垂直,铣出的平面与定位基准面不垂直;

②铣端面时,工件没有校正好,铣出的端面与定位基准面不垂直;

③夹紧力过大,引起工件变形,铣出的平面与定位基准面不垂直或不平行。

(3)铣出的工件表面粗糙度不符合要求,可能有以下原因:

①进给量选择不合理;

②铣刀变钝。

安全警告!!!

(1)走刀过程中和刀具未停稳之前,不准测量工件,不准用手触摸工件的加工表面。

(2)高速铣削或磨削刀具时,应戴防护眼镜。

(3)在切屑飞出的方向,禁止站人。

(4)及时修整工件上的毛刺和锐边,以防伤手,但修整时,不要将已加工表面损坏。

(5)用手锤轻击工件时,不要砸伤已加工表面。

(6)当工作台自动和快速进给时,手动手柄应脱开,以防手柄旋转伤人。

# 子任务三　斜面的铣削

## 一、任务

任务单图纸如图 1.12 所示，加工表面如图 1.13 所示。以此任务为例，进行斜面的铣削。

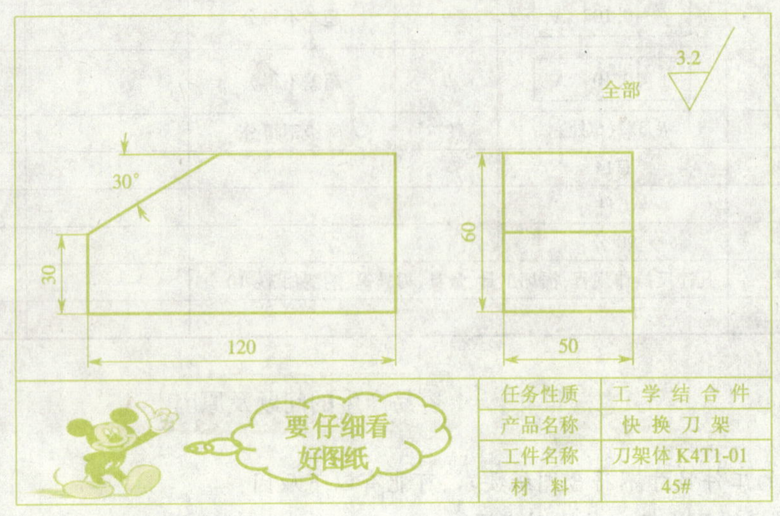


图 1.12　任务单图纸

图 1.13　加工表面

## 二、任务准备

工件：锻坯为 120 mm×60 mm×50 mm。

机床：X5032 立式铣床。

量具：0～150 mm 游标卡尺，0°～320°的万能角度尺。

夹具：平口钳。

刀具：$\Phi$125 mm 端铣刀盘。

刀具材料：YT15。

铣削用量：取 $n=375$ r/min，$V_f=190$ mm/min，$a_p=1\sim3$ mm。

工具：扳手、紫铜锤、平行垫铁。

**根据刀具材料，合理选择铣削速度**

刀具材料不同，其铣削速度不同。

(1)硬质合金刀具铣削速度一般为 80～100 mm/min。

(2)铣削速度计算公式为 $v_c=\dfrac{\pi dn}{1\ 000}$。

## 三、相关知识——铣削斜面

斜面是指与工件定位基准面成一定倾斜角度的平面。在铣床上铣斜面的方法有以下 3 种。

1. 把工件安装成所要求的角度铣削斜面

在卧式铣床上，或者在立铣头不能转动角度的立式铣床上铣斜面时，可将工件安装成所要求的角度铣斜面。装夹工件的方式如下。

(1)按划线装夹工件铣削斜面。单件生产时，可先在工件上划出斜面加工线，用平口钳装夹工件，用划针盘校正工件上所划加工线与工作台面平行，用端铣刀铣出斜面，如图 1.14 所示。

(2)用斜垫铁装夹工件铣削斜面。批量生产时，为了提高工作效率，可通过倾斜的垫铁装夹工件铣斜面，如图 1.15 所示。所选择的垫铁宽度应小于工件宽度。

图 1.14　按划线装夹工件铣斜面

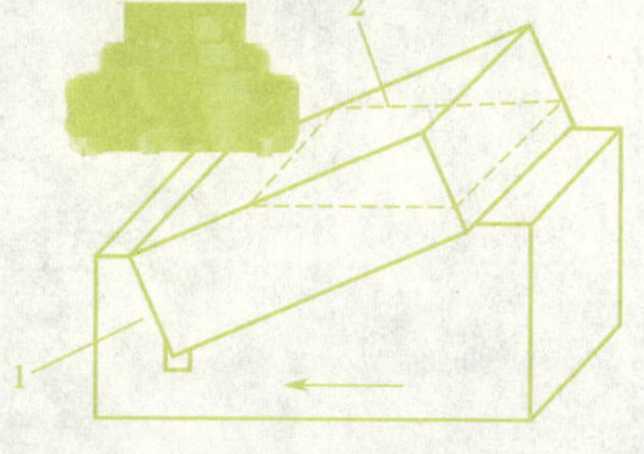


图 1.15　用斜垫铁装夹工件铣斜面

1—斜垫铁　2—工件

(3)用靠铁装夹工件铣削斜面。对于外形尺寸较大的工件，可先在工作台面上安装一块倾斜的靠铁，将工件的一个斜面靠向靠铁的基准面，并用压板夹紧，用端铣刀铣出斜面，如图 1.16 所示。

图 1.16　用靠铁装夹工件铣斜面

(4)调转平口钳体角度装夹工件铣削斜面。安装平口钳，先校正固定钳口与铣床主轴轴心线垂直或平行后，再通过平口钳底座上的刻线，将钳身调转到要求的角度装夹工件，铣出斜面，如图 1.17 所示。其中，图 1.17(a)所示是先校正固定钳口与主轴轴心线垂直，再调整钳体 $\alpha$ 角，用立铣刀铣出斜面；图 1.17(b) 所示是先校正固定钳口与主轴轴心线平行，再调整钳体 $\alpha$ 角，用立铣刀或端铣刀铣出斜面。

2. 把铣刀调成所要求的角度铣削斜面

在可转动角度的立式铣床上，安装立铣刀或端铣刀，铣头扳转角度，用平口钳或压板装夹工件，加工斜面。用平口钳装夹工件时，根据所用刀具和工件装夹情况，有以下几种加工方法。

(1)工件的定位基准面与工作台台面平行安装。用立铣刀的圆周刃铣削斜面时，立铣头应扳转的角度 $\alpha=90°-\theta$，如图 1.18 所示；用端铣刀或用立铣刀的端面刃铣削时，立铣头应扳转的角度 $\alpha=\theta$，如图 1.19 所示。

(2)工件的定位基准面与工作台台面垂直安装。用立铣刀圆周刃铣削斜面时，立铣头应

**图 1.17 转动钳体角度铣斜面**

(a)先校正固定钳口与主轴轴心线垂直,再调整钳体 α 角;(b)先校正固定钳口与主轴轴心线平行,再调整钳体 α 角

**图 1.18 工件定位基准面与工作台台面平行安装用立铣刀铣斜面**

(a)立体图;(b)平面图

**图 1.19 工件定位基准面与工作台台面平行安装用端铣刀铣斜面**

扳转的角度 $\alpha=\theta$,如图 1.20 所示;用端铣刀铣削或用立铣刀的端面刃铣削时,立铣头扳转的角度 $\alpha=90°-\theta$,如图 1.21 所示。

3. *用角度铣刀铣斜面*

宽度较窄的斜面,可用角度铣刀铣削,如图 1.22 所示。铣刀的角度应根据工件斜面的角度选择。所铣斜面的宽度应小于角度铣刀的刀刃宽度。铣双斜面时,应选择两把直径和角度相同的铣刀,两把铣刀的刃齿应错开安装,以减少振动。由于角度铣刀的刀齿强度较弱,排屑较困难,使用角度铣刀时,切削用量应比其他高速钢铣刀低 20% 左右。

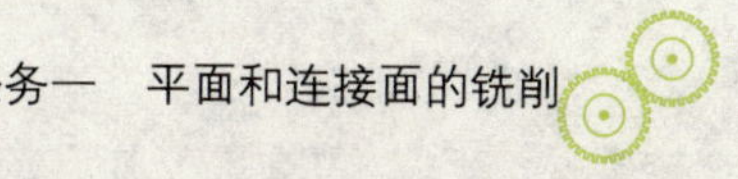

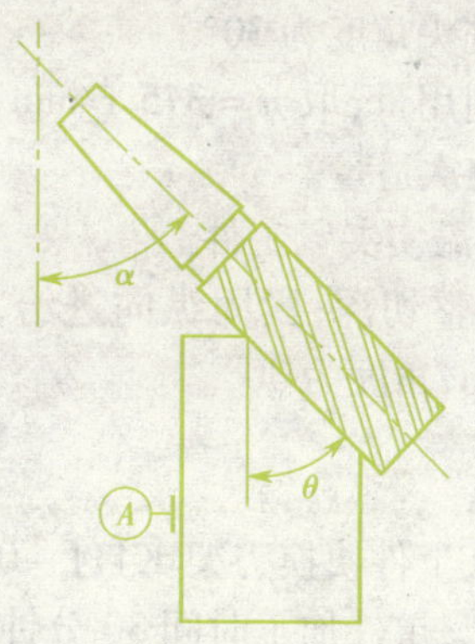


图 1.20　工件定位基准面与工作台台面垂直安装用立铣刀圆周刃铣斜面

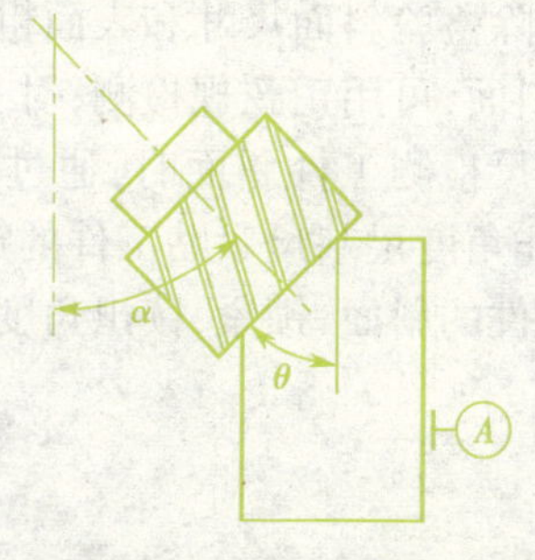


图 1.21　工件定位基准面与工作台台面垂直安装用端铣刀铣斜面

(a)　(b)　(c)

图 1.22　用角度铣刀铣斜面

(a)铣单斜面;(b)铣双斜面;(c)角度铣刀

## 四、任务实施

(1)读任务单图纸,确定加工部位。

(2)对照图纸检查毛坯料尺寸,确定加工余量。

(3)进行刀架体 K4T1 - 01 斜面的铣削,其方法和步骤如下。

选用 X5032 立式铣床,转动铣头角度铣削斜面。

①安装并校正平口钳与纵向工作台进给平行。

②选择 $\Phi$125 mm 端铣刀盘并安装铣刀。

③调转立铣头角度为 30°。

④调整铣削用量，取 $n=375$ r/min、$V_f=190$ mm/min、$a_p=1\sim3$ mm，铣削深度分次适量。

(4)装夹并敲实夹紧工件。

(5)对刀调整切深，紧固纵向进给，用横向进给分次铣出斜面。保尺寸为 30 mm，角度为 30°。

## 四、任务分配

每人 1 件快换刀架 K4T1－01 刀架体毛坯。按任务单图纸要求进行斜面的铣削加工，单件加工时间 30 分钟。

## 五、任务检验检测

加工后的斜面除检验斜面尺寸和表面粗糙度外，主要检测斜面的角度。对于精度要求很高，角度又较小的斜面，可用正弦规检测；对一般要求的斜面，可用万能角度尺检测。

使用万能角度尺检测工件斜面时，通过调整角尺、直尺、扇形板，可以检测大小不同的角度。检测时，将万能角度尺基尺紧贴工件的定位基准面，然后调整角度尺，使直尺、角尺或扇形板的测量面贴紧工件的斜面，锁紧，读出角度值，如图 1.23、图 1.24 所示。

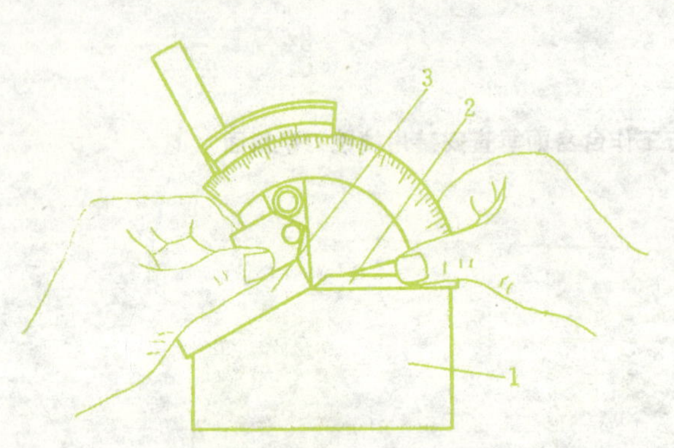


**图 1.23 用角尺配合基尺检测工件**

1—工件 2—基尺 3—角尺

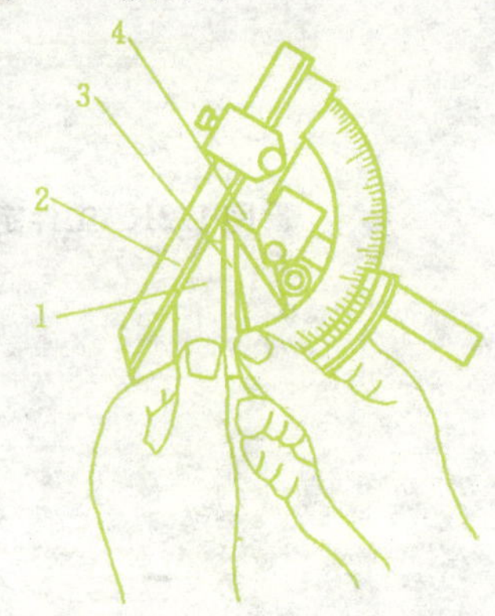


**图 1.24 用角尺和直尺配合基尺检测工件**

1—工件 2—直尺 3—基尺 4—角尺

## 六、任务评价

| 项目 | 精度要求 | 配分 | 评分标准 | 检测结果 | 分数 |
|---|---|---|---|---|---|
| 尺寸公差 | 30 | 45 | 超差不得分 | | |
| | 30° | 45 | 超差不得分 | | |
| 表面粗糙度 | $R_a$3.2 | 10 | 降级不得分 | | |
| 未注公差等级 | IT14 | | | | |
| 数量 | 1 件 | | | | |
| 时间 | 30 分 | | | | |
| 安全文明生产 | 凡违反操作规程，损坏工具、量具、刃具等，酌情扣 3～10 分 | | | | |
| 合计 | | | | | |

## 容易产生的问题及斜面铣削的注意事项

(1)铣削时，应注意铣刀的旋转方向是否正确。

(2)开车前，应检查刀齿是否会和工件相撞，以免碰坏铣刀。

(3)切削力应靠向平口钳的固定钳口。

(4)应注意顺铣和逆铣以及走刀方向，以免因顺铣或走刀方向搞错而损坏铣刀。

(5)铣削工件时，不使用的进给机构应紧固，工作完毕后再松开。

(6)装夹工件时，不要夹伤已加工表面。

(7)成批加工斜面工件时，应注意做好首件检测。

## 容易产生的问题及原因

(1)斜面的角度不符合图纸的要求，其原因可能是：立铣头转动的角度不正确；工件装夹时没擦净钳口、钳体导轨面及工件平面。

(2)斜面的尺寸不符合图纸要求，其原因可能是：进刀时看错刻度或摇错手柄转数；测量尺寸时测量值不正确；工件铣削中位置移动。

(3)表面粗糙度不符合要求，其原因可能是：进给量过快；铣刀变钝，铣出的表面粗糙度差；铣削中振动，铣出的斜面有振纹；铣削中途停止工作台进给或主轴旋转，使表面啃伤。

## 安全警告！！！

(1)走刀过程中和刀具未停稳之前，不准测量工件，不准用手触摸工件加工表面。

(2)高速铣削或磨削刀具时，应戴防护眼镜。

(3)在切屑飞出的方向，禁止站人。

(4)及时修整工件上的毛刺和锐边，以防伤手，但修整时，不要将已加工表面损坏。

(5)当工作台自动和快速进给时，手动手柄应脱开，以防手柄旋转伤人。

# 任务二　阶台的铣削

目标要求

1. 掌握阶台的铣削方法。
2. 正确选择铣阶台用的铣刀。
3. 掌握阶台的检验检测方法。
4. 分析阶台铣削中产生的问题及注意事项。

## 一、任务

任务单图纸如图 2.1 所示,加工阶台如图 2.2 所示。以此任务为例,进行阶台的铣削。

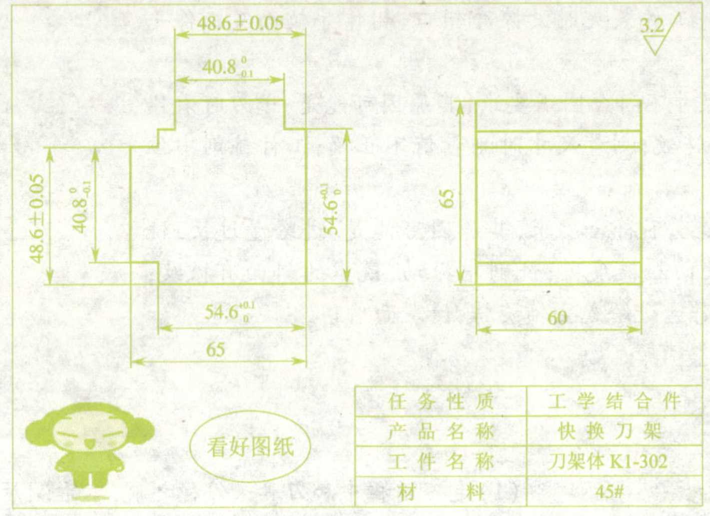


图 2.1　任务单图纸

图 2.2　加工阶台

## 二、任务准备

工件:锻坯为 65 mm×65 mm×60 mm。

机床:X5032 立式铣床、X6132 卧式铣床。

量具:0~150 mm 游标卡尺,25~50 mm、50~75 mm 百分尺。

刀具:Φ110 mm×18 mm 镶齿三面刃铣刀,Φ20 mm 立铣刀。

刀具材料:高速钢。

铣削用量:取 $n=95$ r/min,$V_f=60$ mm/min。

工具:扳手、平行垫铁、紫铜锤。

夹具:平口钳。

根据刀具材料,合理选择铣削速度

刀具材料不同,其铣削速度不同。

(1)高速钢刀具铣削速度一般为 20 mm/min 左右。铣削钢件时,应加切削液。

(2)铣削速度计算公式为 $v_c = \dfrac{\pi dn}{1\ 000}$。

## 三、相关知识——铣阶台

阶台工件根据其结构尺寸的不同,通常可在卧式铣床上用三面刃铣刀或在立式铣床上用立铣刀加工。

### 1.用一把三面刃铣刀铣阶台

在卧式铣床上,用一把三面刃铣刀铣阶台,如图 2.3 所示。

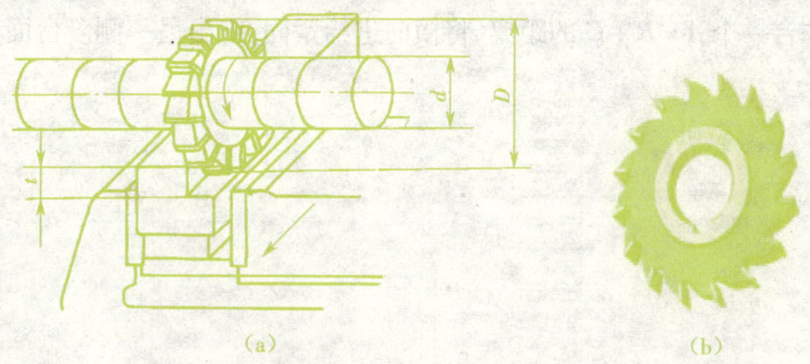


**图 2.3　在卧式铣床上用一把三面刃铣刀铣阶台**

(a)铣阶台;(b)三面刃铣刀

(1)铣刀的选择。主要选择三面刃铣刀的宽度和直径。选用的三面刃铣刀的宽度应尽量大于所铣阶台面的宽度,以便在一次进给中铣出阶台。直径的选择是为了使阶台的上平面能够在旋转的铣刀下通过,铣刀的直径按下式确定:

$$D > d + 2t$$

式中:$D$ 为铣刀直径,mm;$d$ 为刀轴垫圈直径,mm;$t$ 为阶台深度,mm。

(2)工件的装夹和校正。阶台铣削一般情况可用平口钳装夹工件,对尺寸较大的工件可用压板装夹,形状较复杂的工件可用专用夹具装夹。采用平口钳装夹工件时,应校正平口钳固定钳口与纵向工作台平行。装夹工件时,应使工件侧面靠向固定钳口,使工件底面靠向钳体导轨面,铣削的阶台底面应高出钳口上平面,以免在铣削过程中铣着钳口。

(3)阶台铣削方法。工件装夹校正后,移动工作台使旋转中的铣刀端刃划着工件的一侧,如图 2.4(a)所示;然后降落工作台,如图 2.4(b)所示;移动横向进给一个阶台宽度的距离,将横向进给紧固,再上升工作台使铣刀圆周刃轻轻划着工件,如图 2.4(c)所示;摇纵向进给手柄,退出工件,上升工作台一个台阶深度使工件靠近铣刀,扳动自动进给手柄铣出阶台,如图 2.4(d)所示。

当阶台的深度较深时,可将阶台侧面留有 0.5 ~ 1 mm 余量,分次铣出阶台深度,最后一刀铣削时,可将阶台底面和侧面同时精铣,如图 2.5 所示。当阶台的宽度较宽时,可将深度留有 0.5 ~ 1 mm 余量,分次粗铣宽度,最后再精铣。

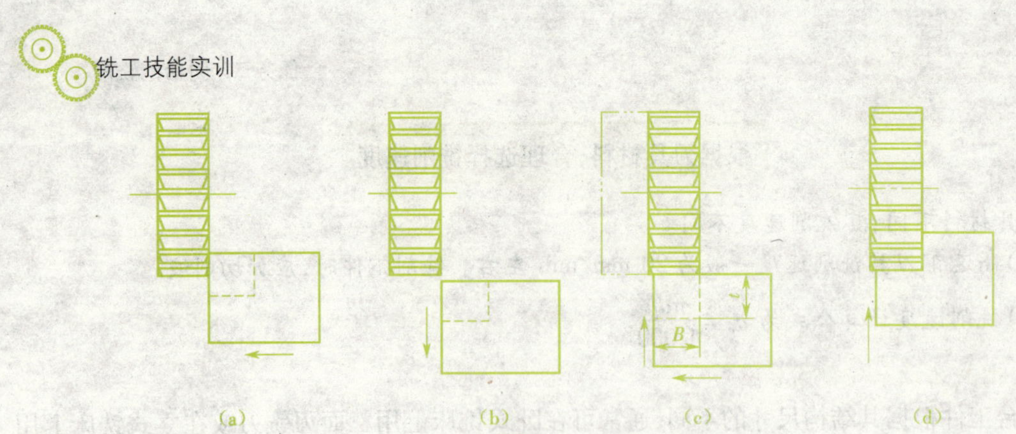


**图 2.4 铣削阶台的方法**

(a)步骤 1;(b)步骤 2;(c)步骤 3;(d)步骤 4

当用一把三面刃铣刀铣双面阶台时,可先铣出一侧的阶台,并保证尺寸要求,然后退出工件,移动横向工作台一个 $A=B+C$ 的距离,将横向进给紧固,铣出另一侧阶台面,如图 2.6 所示。

**图 2.5 铣较深的阶台**

**图 2.6 铣双面阶台**

2. 用组合铣刀铣削阶台

成批加工阶台工件时,可用两把三面刃铣刀组合加工,如图 2.7 所示。铣削阶台时,选择两把直径相同的三面刃铣刀,用垫圈调整两把三面刃铣刀之间的距离,使其等于凸台的宽度尺寸。装刀时,两把铣刀应错开半个齿,以减小铣削中的振动。试铣检查尺寸符合图样要求后,才可对工件加工。

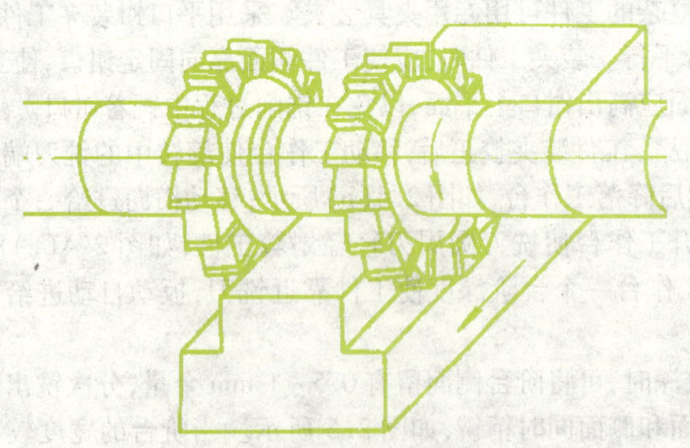

**图 2.7 组合铣刀铣阶台**

3. 用立铣刀铣削阶台

深度较深的阶台应选用立铣刀加工，如图 2.8 所示。用立铣刀铣阶台时，可分数次粗铣出阶台宽度，然后再将阶台的宽度和深度精铣成。由于立铣刀强度较弱，切削用量应比三面刃铣刀低些。

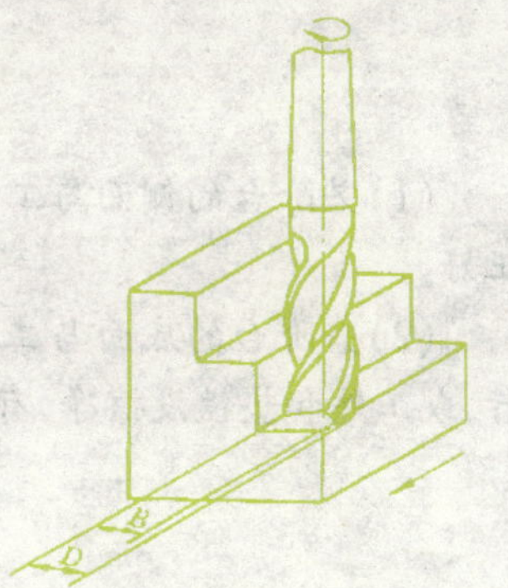

图 2.8　立铣刀铣阶台

## 四、任务实施

(1) 读任务单图纸，确定加工部位。

(2) 对照图样检查毛坯尺寸，确定加工余量。

(3) 刀架体 K1 -302 阶台的铣削方法及步骤如下。

工件选择在卧式铣床上加工。

①安装 Φ110 mm×18 mm 镶齿三面刃铣刀。

②安装并校正，使平口钳固定钳口与铣床纵向工作台进给方向平行。

③装夹并敲实工件。

④调整铣刀的切削位置。移动各个进给手柄对刀，按图纸要求铣出各部阶台，并保证尺寸要求。检查并卸下工件。

## 四、任务分配

每人 1 件快换刀架 K1 -302 刀架体阶台的毛坯。按任务单图纸要求进行阶台的铣削加工，单件加工时间 120 分钟。

## 五、任务检测

阶台的宽度和深度可用游标卡尺或深度游标卡尺检测。精度要求较高的可用百分尺检测。深度较浅的用百分尺检测，不便时，可用界限量规检测，如图 2.9 所示。

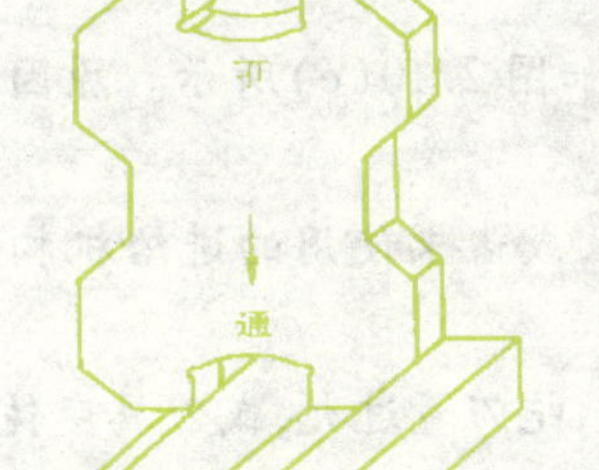


图 2.9　界限量规

## 六、任务评价

| 项目 | 精度要求 | 配分 | 评分标准 | 检测结果 | 分数 |
|---|---|---|---|---|---|
| 尺寸公差 | 48.6 ±0.05 | 16 | 不合格不得分 | | |
| | 48.6 ±0.05 | 16 | 不合格不得分 | | |
| | $40.8_{-0.1}^{0}$ | 15 | 不合格不得分 | | |
| | $40.8_{-0.1}^{0}$ | 15 | 不合格不得分 | | |
| | $54.6_{0}^{+0.1}$ | 15 | 不合格不得分 | | |
| | $54.6_{0}^{+0.1}$ | 15 | 不合格不得分 | | |
| 表面粗糙度 | $R_a$3.2(8 处) | 8 | 降级不得分 | | |
| 未注公差等级 | IT14 | | | | |
| 数量 | 1 件 | | | | |
| 时间 | 120 分 | | | | |
| 安全文明生产 | 凡违反操作规程，损坏工具、量具、刃具等，酌情扣 3～10 分 | | | | |
| 合计 | | | | | |

## 容易产生的问题及原因

(1)若阶台的侧面与工件定位基准面不平行,如图 2.10(a)所示,其原因是固定钳口未校正好。

(2)若阶台的底面与工件底面不平行,如图 2.10(b)所示,其原因是所选择的垫铁不平行,或工件和垫铁没擦净,有脏物。

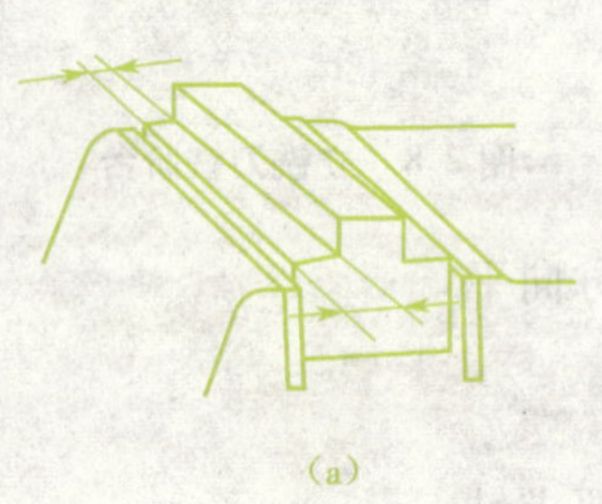
(a)

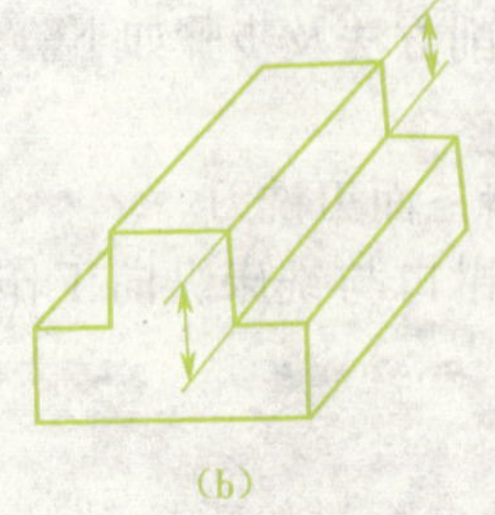
(b)

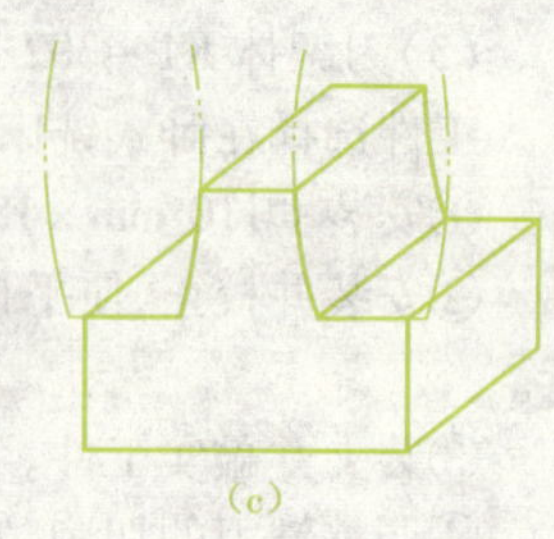
(c)

图 2.10　阶台产生的问题

(a)阶台侧面与工件定位基准面不平行;(b)阶台底面与工件底面不平行;(c)阶台侧面不平

(3)用三面刃铣刀铣阶台时,铣出的阶台侧面不平出现凹面,如图 2.10(c)所示。原因是工作台零位不准,铣刀端面与工作台进给方向不平行。

(4)若阶台表面啃伤,其原因是工件装夹不牢固,铣削中松动,或者未使用的进给机构没有紧固,铣削中工作台产生窜动现象。

(5)铣出的阶台表面粗糙度不符合要求,其原因是进给量过大,吃刀量过大,或刀具变钝。

(6)铣削钢件时,应注意使用切削液。

## 安全警告!!!

(1)在实训课上,要穿好工作服,女同学戴好工作帽,辫子要盘在工作帽内。

(2)不准穿背心、拖鞋和戴围巾进入生产实训车间。

(3)不准戴手套操作机床。

(4)走刀过程中和刀具未停稳之前,不准检测工件,不准用手触摸工件的加工表面。

# 任务三　槽类工件的铣削

目标要求

1. 掌握槽类工件的加工方法和检测方法。
2. 正确选择铣刀。
3. 分析加工中容易产生的问题及注意事项。

## 子任务一　直角槽的铣削

### 一、任务

任务单图纸如图 3.1 所示，加工直角槽如图 3.2 所示。以此任务为例，进行直角槽的铣削。

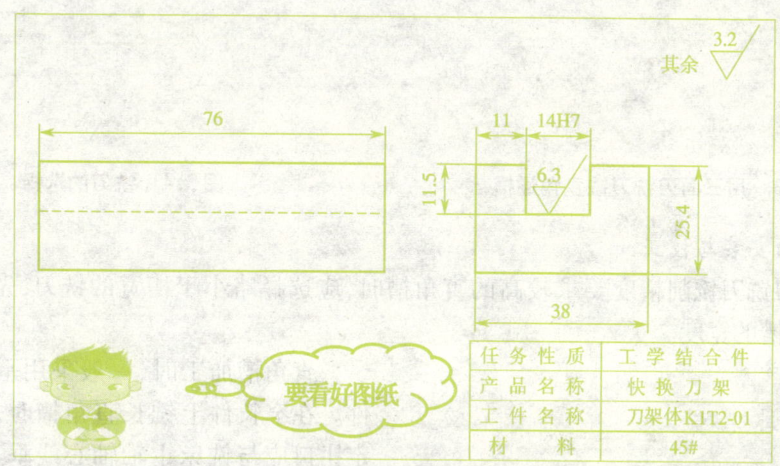


图 3.1　任务单图纸

### 二、任务准备

工件：锻坯为 76 mm×38 mm×25.4 mm。

机床：X6132 卧式铣床。

量具：0～150 mm 游标卡尺，H7 塞规，深度游标卡尺。

刀具：$\Phi$100 mm×12 mm 三面刃铣刀。

刀具材料：高速钢。

铣削用量：取 $n=95$ r/min，$V_f=60$ mm/min。

工具：垫铁、紫铜锤。

夹具：平口钳。

图 3.2　加工直角槽

**根据刀具材料合理选择铣削速度**

刀具材料不同，其铣削速度不同。

(1)高速钢刀具铣削速度一般在 20 mm/min 左右。铣削钢件时应加切削液。

(2)铣削速度计算公式为 $v_c = \dfrac{\pi dn}{1\ 000}$。

## 三、相关知识——三面刃铣刀铣直角通槽

用三面刃铣刀铣直角通槽，如图 3.3 所示。

1. 铣刀的选择

所选择的三面刃铣刀的宽度 $B$ 应等于或小于所加工的槽宽 $B'$；铣刀的直径 $D$ 应大于刀轴垫圈的直径 $d$ 加两倍的槽深 $H$，如图 3.4 所示。

图 3.3　用三面刃铣刀铣直角通槽

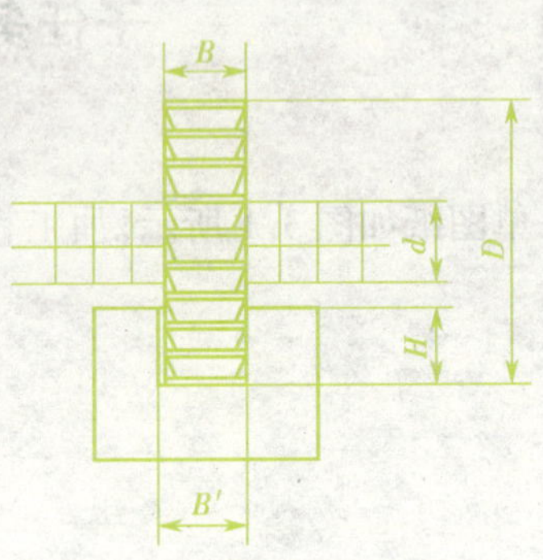


图 3.4　铣刀的选择

2. 工件的安装与校正

用三面刃铣刀铣削精度要求较高的直角槽时，应选择略小于槽宽的铣刀，先铣好槽的深度，再扩铣出槽的宽度。

图 3.5　铣直角槽时平口钳的安装

直角槽加工时，一般采用平口钳装夹工件。在窄长件上铣长直角槽时，平口钳的固定钳口应与铣床主轴轴心线垂直安装，如图 3.5 所示，以保证铣出的直角槽两侧面与工件的基准面平行或垂直。

3. 用立铣刀铣半通槽和封闭槽

用立铣刀铣半通槽时，如图 3.6 所示，所选择的立铣刀直径应等于或小于槽的宽度。由于立铣刀刚性较差，铣削时容易产生“让刀”现象，所以在铣削时要注意。在加工深度较深、精度要求较高的槽时，铣刀直径应选择小于槽宽，在铣削槽深时应分多次铣削，以免因一次铣削时铣削力过大使铣刀折断。槽深铣好后，再将槽两侧扩铣到尺寸。扩铣时应避免顺铣，防止损坏铣刀和啃伤工件。

用立铣刀铣穿通的封闭槽时，因立铣刀端面刀刃没有全部通过刀具中心，不能垂直进给切削工件，所以铣削前，先在工件上划出槽的尺寸位置线，然后按线在槽的一端预钻一个小于槽宽尺寸的落刀孔，以便由此孔落刀铣削，如图 3.7 所示。铣削时，应分数次进给，调整切削深度铣透工件，每次进给都由落刀孔一端铣向槽的另一端，槽深铣透后，再扩铣长度和两侧。扩铣两侧时应避免顺铣。

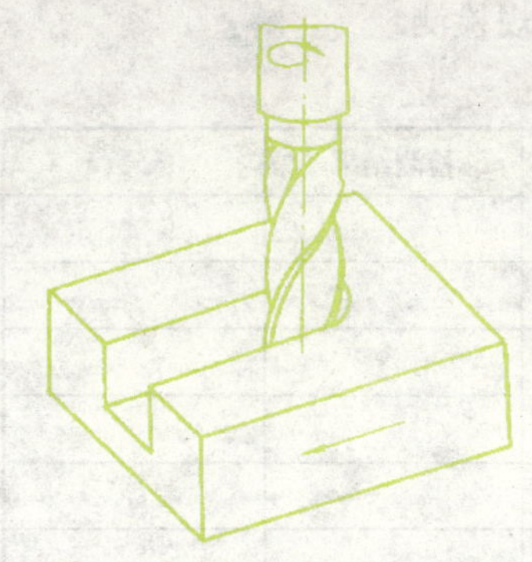

图 3.6　用立铣刀铣半通槽

图 3.7　用立铣刀铣封闭槽

1—封闭槽加工线　2—预钻落刀孔

4. 用键槽铣刀铣半通槽和封闭槽

加工深度较浅的半通槽和封闭槽时，可用键槽铣刀。键槽铣刀的端面刃能在垂直进刀时切削工件，用它加工穿通的封闭槽可不必预钻落刀孔，由槽的一端分数次进给，调整切深铣出槽。

## 四、任务实施

(1)读任务单图纸，确定加工部位。

(2)对照图纸检查毛坯料尺寸，确定加工余量。

(3)进行快换刀架 K1T2 - 01 刀夹直角槽的铣削，其方法的步骤如下。

①快换刀架 K1T2 - 01 刀夹直角槽选择在 X6132 卧式铣床上铣削。

②选择并安装 $\Phi$100 mm × 12 mm 三面刃铣刀，取 $n$ = 95 r/min，$V_f$ = 60 mm/min。

③安装并校正平口钳。

④装夹并敲实工件。

⑤对刀铣削 14H7 × 11.5 直角槽。

调整各进给手柄粗铣 14H7 × 11.5 槽至 12 × 11。退刀测量各部尺寸，按图纸要求调整深度至 11.5，保侧面尺寸 11 并扩铣 14H7 槽宽至尺寸。

## 五、任务分配

每人1件快换刀架K1T2－01刀夹直角槽的毛坯。按任务单图纸要求进行直角槽的铣削加工，单件加工时间30分钟。

## 六、任务检测

直角槽的长度、深度及宽度可分别用游标卡尺、深度尺及塞规检测。

## 七、任务评价

| 项目 | 精度要求 | 配分 | 评分标准 | 检测结果 | 分数 |
| --- | --- | --- | --- | --- | --- |
| 尺寸公差 | 11.5 | 25 | 超差不得分 | | |
| | 11 | 25 | 超差不得分 | | |
| | 14H7 | 44 | 超差不得分 | | |
| 表面粗糙度 | $R_a$6.3(1处) | 2 | 降级不得分 | | |
| | $R_a$3.2(2处) | 4 | 降级不得分 | | |
| 未注公差等级 | IT14 | | | | |
| 数量 | 1件 | | | | |
| 时间 | 30分 | | | | |
| 安全文明生产 | 凡违反操作规程，损坏工具、量具、刃具等，酌情扣3～10分 | | | | |
| 合计 | | | | | |

容易产生的问题及原因

(1)铣出的直角槽尺寸不符合图纸要求，有以下几种原因：

①选择的铣刀尺寸不正确，使槽的尺寸铣错；

②铣刀刀刃的圆跳动和端面跳动过大，使槽尺寸不符合图纸要求；

③测量错误，或摇错刻度盘，使槽宽尺寸不符合图纸要求。

(2)槽的形状、位置精度不符合图纸要求，有以下几个原因：

①槽两侧与工件中心不平行，槽底面与工件底面不平行，如图3.8所示，原因是平口钳的固定钳口没有校正好，或选择的垫铁不平行；

②槽的两侧出现凹面，如图3.9所示，原因是工作台零位不准，用三面刃铣刀铣削时，沟槽两侧出现凹面，两侧不平行。

(3)直角槽的表面粗糙度不符合图样要求，原因有以下几种：

①主轴转速过低，或进给量过大；

②铣削深度过大，铣刀切削时不平稳；

③铣削钢件没有加切削液；

④刀具刃口磨损、变钝。

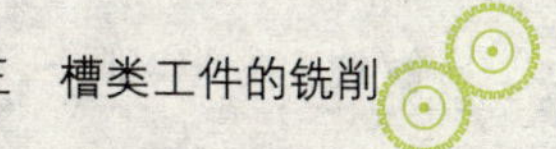

图 3.8　槽侧与工件侧面

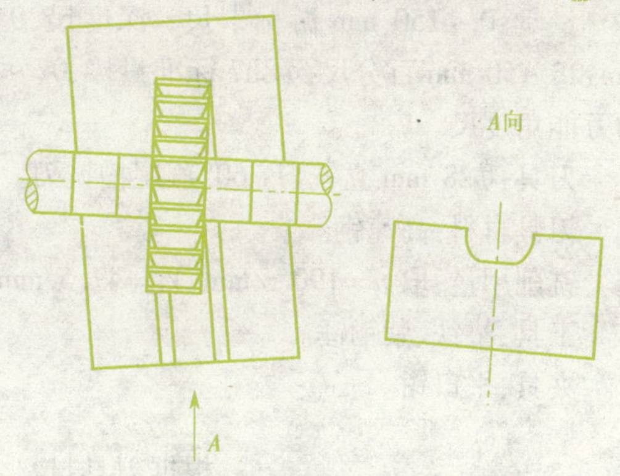


图 3.9　沟槽两侧出现凹面

**安全警告!!!**

(1)走刀过程中和刀具未停稳之前,不准检测工件,不准用手触摸工件的加工表面。

(2)清除切屑时,应使用小毛刷。

## 子任务二　燕尾槽的铣削

### 一、任务

任务单图纸如图 3.10 所示,加工燕尾槽如图 3.11 所示。以此任务为例,进行燕尾槽的铣削。

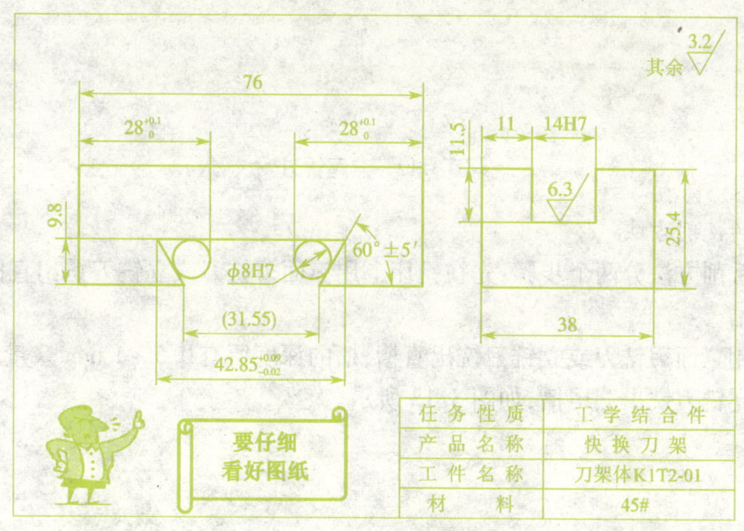


图 3.10　任务单图纸

### 二、任务准备

工件:锻坯 76 mm×38 mm×25.4 mm。

机床: X5032 立式铣床。

量具:0 ~ 150 mm 游标卡尺，深度尺,0 ~ 25 mm、25 ~ 50 mm 百分尺,Φ8h7 标准量棒,0° ~ 320°的万能角度尺。

刀具:Φ28 mm 立铣刀，60°燕尾槽铣刀。

刀具材料:高速钢。

铣削用量:取 $n = 190$ r/min,$V_f = 47.5$ mm/min。

工具:垫铁、紫铜锤。

夹具:平口钳。

图 3.11　加工燕尾槽

**根据刀具材料合理选择铣削速度**

刀具材料不同,其铣削速度不同。

(1)高速钢刀具铣削速度一般为 20 mm/min 左右。铣削钢件时,应加切削液。

(2)铣削速度计算公式为 $v_c = \dfrac{\pi dn}{1\,000}$。

## 三、相关知识:铣燕尾槽

### 1.燕尾铣刀

燕尾铣刀切削部分的形状应与单角铣刀相似。选择铣刀时,应根据燕尾槽的角度选择相同角度的铣刀,铣刀锥面的宽度应小于燕尾槽斜面的宽度。燕尾铣刀如图 3.12 所示。

图 3.12　燕尾铣刀

### 2.燕尾槽的铣削方法

燕尾槽的铣削方法分两个步骤:先在铣床上用三面刃铣刀或立铣刀铣出直槽;再用燕尾槽铣刀铣出燕尾槽。

在铣床上用三面刃铣刀或立铣刀铣出直槽,槽的深度留有 0.5 ~ 1 mm 余量,然后在 X5032 立式铣床用燕尾铣刀铣出燕尾槽,如图 3.13 所示。

图 3.13　燕尾槽铣削步骤

## 四、任务实施

(1)读任务单图纸,确定加工部位。

(2)对照图纸检查毛坯尺寸,确定加工余量。

(3)进行快换刀架 K1T2-01 刀架体燕尾槽的铣削,其方法和步骤如下。

①铣直角槽。选择 Φ28 mm 立铣刀,在立式铣床上用平口钳装夹工件铣直角槽,取 $n=190$ r/min,$V_f=47.5$ mm/min,按图 3.14(a)工艺图 1 的要求保两处 $20.7_{-0.10}^{\ 0}$ mm、深度 9.8 mm 留 0.5 mm 的余量,铣削至任务单图纸要求。

②铣燕尾。选择 60°燕尾槽铣刀或 60°单角铣刀。取 $n=95$ r/min,$V_f=47.5$ mm/min,装夹并敲实工件,调整铣刀位置使铣刀处在直槽宽度中心,对刀调整工作台保 9.8 mm 尺寸。然后调整铣刀铣两侧面,并用 Φ8h7 标准量棒测量 $28_{\ 0}^{+0.10}$ mm 尺寸,合格为止,如图 3.14(b)工艺图 2。

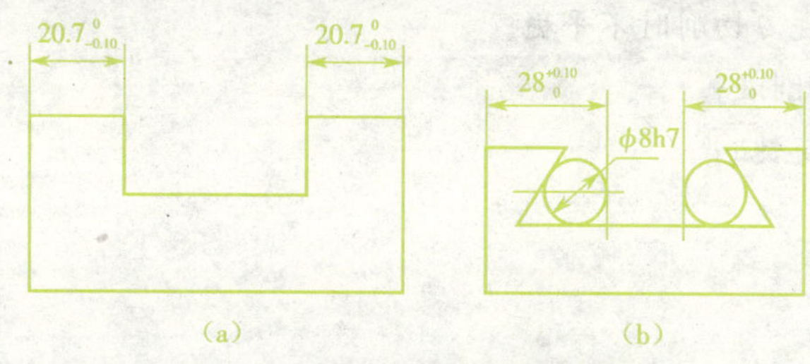


**图 3.14　工艺图**

(a)工艺图 1;(b)工艺图 2

## 五、任务分配

每人 1 件快换刀架 K1T2-01 刀架体燕尾槽的毛坯。按任务单图纸及工艺图要求进行燕尾槽铣削加工,单件加工时间 120 分钟。

## 六、任务检测

燕尾槽的槽角可用游标万能角度尺检测;燕尾槽的槽深可用深度游标卡尺检测;燕尾槽的宽度可借用标准量棒用游标卡尺或百分尺间接检测。

## 七、任务评价

| 项目 | 精度要求 | 配分 | 评分标准 | 检测结果 | 分数 |
|---|---|---|---|---|---|
| 尺寸公差 | 9.8 | 10 | 超差不得分 | | |
| | $20.7_{-0.1}^{\ 0}$(2 处) | 30 | 超差不得分 | | |
| | 60° ±5′(2 处) | 20 | 超差不得分 | | |
| | $28_{\ 0}^{+0.1}$(2 处) | 30 | 超差不得分 | | |
| 表面粗糙度 | $R_a3.2$ | 10 | 降级不得分 | | |
| 数量 | 1 件 | | | | |
| 未注公差等级 | IT14 | | | | |
| 时间 | 120 分 | | | | |
| 安全文明生产 | 凡违反操作规程,损坏工具、量具、刃具等,酌情扣 3~10 分 | | | | |
| 合计 | | | | | |

容易产生的问题及原因

(1)由于燕尾铣刀刀齿强度较弱,铣削转速不可过高,吃刀量不可过大,进给不可过快。

(2)检测时,要注意检测方法的正确性,以免造成检测误差,出现废品。

(3)为了使燕尾铣刀工作平稳,铣直槽时槽深可留 0.5 ~1.0 mm 的余量,铣燕尾槽时同时铣成槽深。

(4)为了提高燕尾槽的表面质量,在铣燕尾槽时应分粗、精铣两步进行。

(5)若燕尾槽的表面粗糙度不符合图样要求,有如下几方面原因:

①主轴转速过低,或进给量过大;

②切削深度过大,铣刀切削时不平稳;

③切削钢件未加切削液;

④刀具刃口磨损、变钝。

安全警告!!!

(1)走刀过程中和刀具未停稳之前,不准检测工件,不准用手触摸工件加工表面。

(2)清除切屑时,应使用小毛刷。

## 子任务三　V 形槽的铣削

### 一、任务

任务单图纸如图 3.15 所示,加工 V 形槽如图 3.16 所示。以此任务为例,进行 V 形槽的铣削。

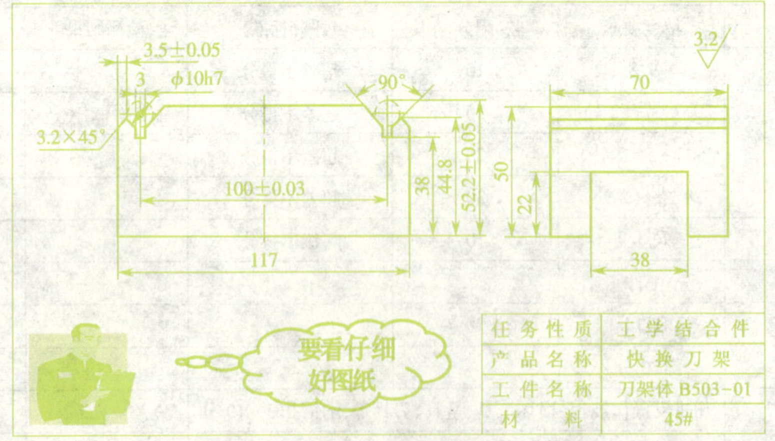


图 3.15　任务单图纸

## 二、任务准备

图 3.16　加工 V 形槽

工件:锻坯为 117 mm×70 mm×50 mm。

机床:X6132 卧式铣床。

量具:0～150 mm 游标卡尺,0°～320°的万能角度尺,100～125 mm 百分尺,Φ10h7 标注量棒。

刀具:Φ80 mm×3 mm 锯片铣刀,90°双角铣刀。

刀具材料:高速钢。

铣削用量:取 $n=95$ r/min,$V_f=47.5$ mm/min。

工具:垫铁、紫铜锤。

夹具:平口钳。

**根据刀具材料,合理选择铣削速度**

刀具材料不同,铣削速度不同。

(1)高速钢刀具铣削速度一般为 20 mm/min 左右。铣削钢件时,注意加切削液。

(2)铣削速度计算公式为 $v_c=\dfrac{\pi dn}{1\,000}$。

## 三、相关知识——铣 V 形槽

### 1. V 形槽铣刀的选择

V 形槽的铣削一般选用双角铣刀,只要选用廓形角等于 V 形槽槽形角,宽度大于 V 形槽宽度的对称双角铣刀,就可经一次铣削将槽形两侧同时铣成。在缺少双角铣刀的情况下,可选用廓形角等于 θ/2 的单角铣刀加工,先用铣刀的锥面刀刃铣好槽形的一侧,然后将工件或铣刀转过 180°,再铣另一侧,此法的优点是容易控制槽形的对称性。对于夹角等于或大于 90°的 V 形槽,可用立铣刀调转立铣头加工。如图 3.17 所示。

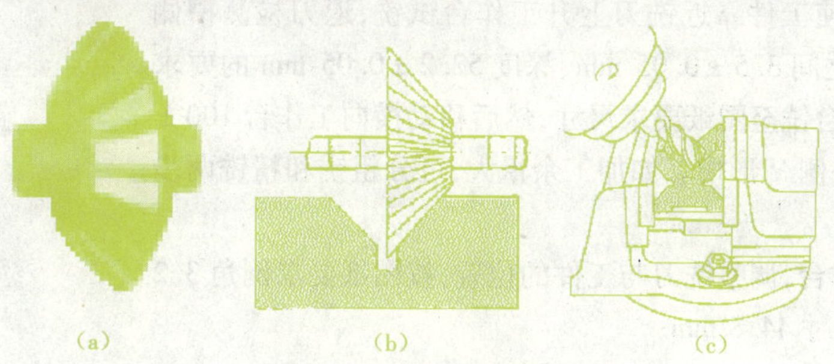

图 3.17　加工 V 形槽

(a)双角铣刀;(b)单角铣刀;(c)立铣刀调转立铣头

### 2. 工件的安装与校正

V 形槽加工一般采用平口钳装夹工件。平口钳的固定钳口应校正与铣床主轴轴心线垂直或平行安装。

### 3. 底部空刀槽

V 形槽底部的空刀槽可用锯片铣刀加工。

## 四、任务实施

(1)读任务单图纸,确定加工部位。

(2)对照图纸检查毛坯尺寸,确定加工余量。

(3)进行快换刀架 B503-01 刀架体 V 形槽的加工,其方法和步骤如下。

①快换刀架 B503-01 刀架体 V 形槽选择在卧式铣床上用 90°对称双角铣刀和 Φ80 mm×3 mm 锯片铣刀加工,取 $n=95$ r/min,$V_f=47.5$ mm/min。

②安装并校正平口钳。安装 Φ80 mm×3 mm 锯片铣刀。

③安装工件并夹紧敲实。按图纸要求铣两处 3 mm×38 mm、中心距 100±0.03 mm 的窄槽至要求的尺寸。

④安装 90°对称双角铣刀铣 V 形槽,按图 3.18 所示。

图 3.18 V 形槽的加工步骤

调整铣刀位置和进给手柄上升工作台,使铣刀中心对准工件上窄槽的中心,使工件靠近铣刀上升工作台试铣,退刀检测槽侧至 Φ10h7 量棒之间 3.5±0.05 mm、深度 52.2±0.05 mm 的要求尺寸,调整工作台铣至图纸要求尺寸,然后移动横向工作台 100±0.03 mm 铣另一侧 V 形槽。如加工余量大,可分粗铣和精铣两步进行。

⑤移动工作台,调整铣刀与工件的位置,按图纸要求倒角 3.2×45°,保两处尺寸 44.8 mm.

## 五、任务分配

每人 1 件快换刀架 B503-01 刀架体 V 形槽的毛坯。按任务单图纸及工艺图要求进行 V 形槽的铣削加工,单件加工时间 150 分钟。

## 六、任务检测

V 形槽宽度可用游标卡尺直接检测;V 形槽角度用万能角度尺检测角度 $A$ 或 $B$,间接测出 V 形槽半角角度 $\alpha/2$ 是否合格,如图 3.19 所示;用样板检测 V 形槽角度和深度,通过观察工件与样板间的缝隙判断V形槽角度、深度是否合格，如图3.20所示；检测V形槽时，可在V形槽内放一圆棒，检测其深度、宽度和位置。

图3.19 用万能角度尺检测V形槽角度

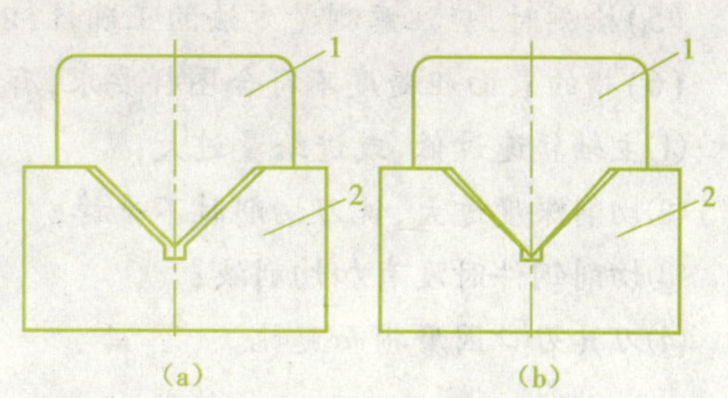


图3.20 用样板检测V形槽角度和深度

(a)测量深度；(b)测量角度

1—样板 2—工件

## 七、任务评价

| 项目 | 精度要求 | 配分 | 评分标准 | 检测结果 | 分数 |
|---|---|---|---|---|---|
| 尺寸公差 | 3.5 ±0.05(2处) | 20 | 超差不得分 | | |
| | 3.2×45°(2处) | 10 | 超差不得分 | | |
| | 3(2处) | 4 | 超差不得分 | | |
| | 90°(2处) | 10 | 超差不得分 | | |
| | 100 ±0.03 | 10 | 超差不得分 | | |
| | 38(2处) | 4 | 超差不得分 | | |
| | 44.8 | 4 | 超差不得分 | | |
| | 52.2 ±0.05 | 30 | 超差不得分 | | |
| 表面粗糙度 | $R_a$3.2 | 8 | 降级不得分 | | |
| 未注公差等级 | IT14 | | | | |
| 数量 | 1件 | | | | |
| 时间 | 150分 | | | | |
| 安全文明生产 | 凡违反操作规程，损坏工具、量具、刃具等，酌情扣3~10分 | | | | |
| 合计 | | | | | |

容易产生的问题及原因

(1)加工后，两V形面夹角中心线与定位基准面不垂直，其原因是工件或夹具基准面与工作台台面不平行。

(2)若V形槽角度超差，其原因是立铣头调转角度不正确。

(3)若V形槽中心线与两V形面间的角度不相等，其原因是工件两次装夹有误差，或二次调转立铣头的角度不相等。

(4)由于V形槽铣刀刀齿强度较弱，铣削中转速不可过高，吃刀量不可过大，进给不可过快。

(5)检测时，应注意测量方法的正确性，以免造成测量误差。

(6)槽的表面粗糙度不符合图样要求，有以下几方面原因：

①主轴转速过低，或进给量过大；

②切削深度过大，铣刀切削时不平稳；

③切削钢件时没有加切削液；

④刀具刃口因磨损而变钝。

安全警告!!!

(1)走刀过程中和刀具未停稳之前，不准测量工件，不准用手触摸工件加工表面。

(2)清除切屑时，应使用小毛刷。

## 子任务四　T形槽的铣削

### 一、任务

任务单图纸如图3.21所示，加工T形槽如图3.22所示，进行T形槽的铣剂。

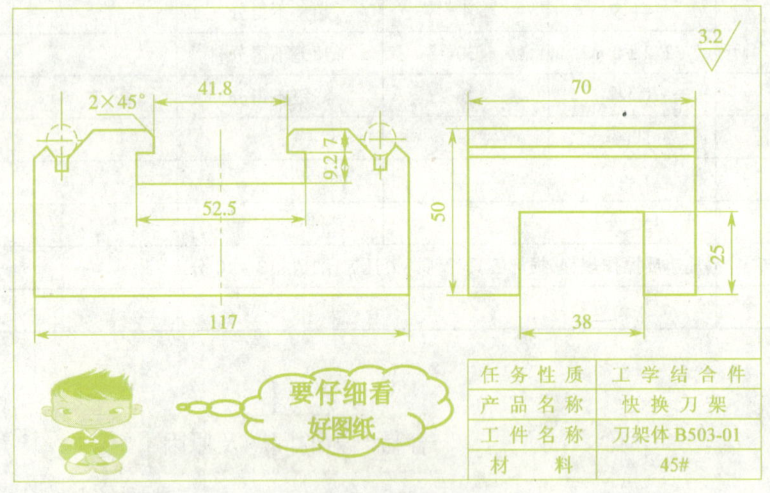


| 任务性质 | 工学结合件 |
|---|---|
| 产品名称 | 快换刀架 |
| 工件名称 | 刀架体B503-01 |
| 材料 | 45# |

图3.21　任务单图纸

## 二、任务准备

图 3.22　加工 T 形槽

工件：锻坯 117 mm × 70 mm × 50 mm。

机床：X5032 立式铣床，X6132 卧式铣床。

量具：0 ~ 150 mm 游标卡尺，深度游标卡尺。

刀具：改制 T 形槽铣刀，45°角度铣刀。

刀具材料：高速钢。

铣削用量：取 $n = 118$ r/min、$V_f = 47.5$ mm/min。

工具：垫铁、紫铜锤。

夹具：平口钳。

**根据刀具材料，合理选择铣削速度**

刀具材料不同，其铣削速度不同。

（1）高速钢刀具铣削速度一般在 20 mm/min 左右。铣削钢件时，注意加切削液。

图 3.23　T 形槽铣刀

（2）铣削速度计算公式为 $v_c = \frac{\pi dn}{1\ 000}$。

## 三、相关知识——铣 T 形槽

T 形槽一般在立式铣床采用平口钳装夹加工。

1. 铣 T 形槽铣刀的选择

T 形槽铣刀如图 3.23 所示，应按直槽的宽度选择铣刀颈部直径尺寸。

2. T 形槽的加工步骤

铣削时先用三面刃铣刀或立铣刀铣出直槽，槽的深度留 1 mm 左右余量，然后在立式铣床上用 T 形槽铣刀铣出底槽，槽口倒角部分可用角度铣刀铣削，如图 3.24 所示。

## 四、任务实施

（1）读任务单图纸，确定加工部位。

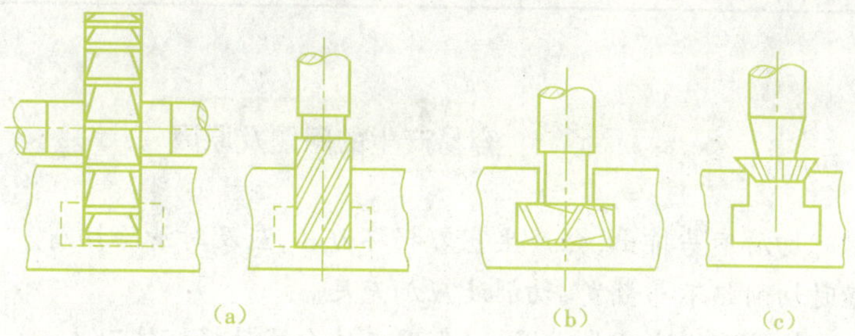

图 3.24　T 形槽的加工步骤

(a) 铣直槽；(b) 铣底槽；(c) 槽口倒角

（2）对照图纸检查坯料尺寸，确定加工余量。

（3）进行快换刀架 B503 - 01 刀架体 T 形槽的铣削，其方法和步骤如下。

①快换刀架 B503 - 01 刀架体 T 形槽直角槽部分，可选择在 X6132 卧式铣床上采用平口

钳装夹加工，选择 $\Phi$125 mm×18 mm 镶齿三面刃铣刀，取 $n=75$ r/min，$V_f=60$ mm/min，按图纸要求加工保槽宽尺寸 41.8 mm、槽深 16.2 mm 留量 0.5 mm.

②快换刀架 B503－01 刀架体 T 形槽部分，可选择在 X5032 立式铣床上采用平口钳装夹加工，选择 $\Phi$28 mm 立铣刀改制成厚度为 9.2 mm 的 T 形槽铣刀，取 $n=118$ r/min，$V_f=47.5$ mm/min，按图纸要求加工保槽宽尺寸 52.5 mm、槽深 16.2 mm。

③安装角度铣刀，按图纸倒两处 2×45°角至尺寸。

## 五、任务分配

每人 1 件快换刀架 B503－01 刀架体 T 形槽的毛坯。按任务单图纸及工艺要求进行 T 形槽铣削加工，单件加工时间 120 分钟。

## 六、任务检测

检测工具：0～150 mm 游标卡尺，深度游标卡尺。按图纸要求检测 T 形槽各尺寸。

## 七、任务评价

| 项目 | 精度要求 | 配分 | 评分标准 | 检测结果 | 分数 |
|---|---|---|---|---|---|
| 尺寸公差 | 2×45°(2 处) | 10 | 超差不得分 | | |
| | 41.8 | 30 | 超差不得分 | | |
| | 52.5 | 30 | 超差不得分 | | |
| | 9.2 | 10 | 超差不得分 | | |
| | 7 | 10 | 超差不得分 | | |
| 表面粗糙度 | $R_a3.2$ | 10 | 降级不得分 | | |
| 未注公差等级 | IT14 | | | | |
| 数量 | 1 件 | | | | |
| 时间 | 120 分 | | | | |
| 安全文明生产 | 凡违反操作规程，损坏工、量、刃具等，酌情扣 3～10 分 | | | | |
| 合计 | | | | | |

容易产生的问题及原因

(1)铣 T 形槽时切屑不易排出，会产生塞刀损坏刀具，应及时清除切屑。

(2)铣 T 形槽时切削热不易散发，切削液应加充足。

(3)铣刀切出工件时进给速度要减慢，以免因工作台窜动损坏铣刀。

(4)为使 T 形槽铣刀工作平稳，铣直槽时深度可留 0.5～1 mm 余量，铣 T 形槽时将深度一次铣够。

**安全警告!!!**

(1)走刀过程中和刀具未停稳之前,不准测量工件,不准用手触摸工件加工表面。

(2)清除切屑时,应使用小毛刷。

# 产品零件加工(一)

## 一、任务

任务单图纸(K1T7－01 刀架体)如图 3.25 所示,加工零件实体如图 3.26 所示。

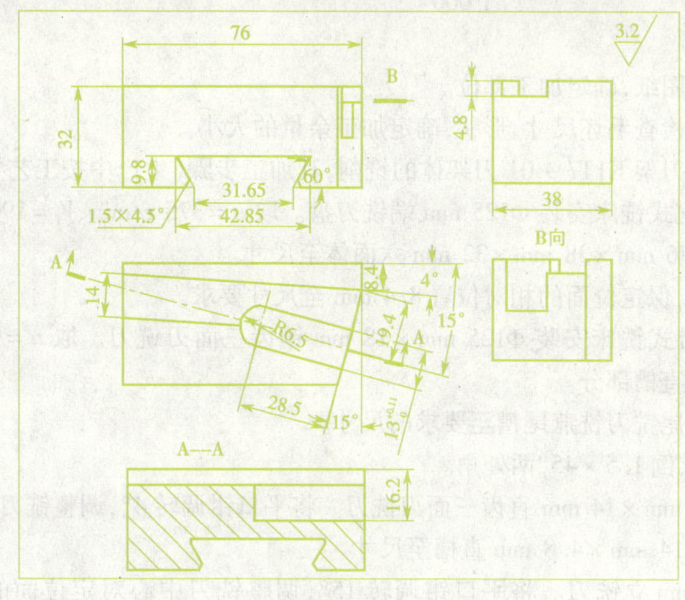


图 3.25　任务单图纸(K1T7－01 刀架体)

## 二、任务准备

工件:锻坯 80 mm×42 mm×36 mm。

机床:X5032 立式铣床,X6132 卧式铣床。

量具:0～150 mm 游标卡尺,0～25 mm、25～50 mm 百分尺,Φ13H11 塞规,0°～320°的万能角度尺,Φ8h7 标注量棒。

刀具:Φ125 mm 端铣刀盘,Φ100 mm×14 mm 直齿三面刃铣刀,Φ125 mm×18 mm 镶齿三面刃铣刀,Φ12 mm 立铣刀,60°燕尾铣刀,45°角度铣刀。

图 3.26　加工零件实体

刀具材料:YT15 高速钢。

铣削用量:①取 $n=375$ r/min,$V_f=190$ mm/min,$a_p=1\sim3$ mm;②取 $n=95$ r/min,$V_f=60$

mm/min。

工具:垫铁,紫铜锤。

夹具:平口钳。

**根据刀具材料,合理选择铣削速度**

刀具材料不同,其铣削速度不同。

(1)高速钢刀具铣削速度一般在 20 mm/min 左右,使用高速钢刀具应加切削液。硬质合金刀具铣削速度一般为 80~100 mm/min。

(2)铣削速度计算公式为 $v_c=\dfrac{\pi dn}{1\ 000}$。

### 三、任务实施

(1)读任务单图纸,确定加工部位。

(2)对照图纸检查毛坯尺寸、形状,确定加工余量的大小。

(3)进行快换刀架 K1T7-01 刀架体的铣削,其加工步骤(生产中按工艺要求加工)如下。

①在 X5032 立式铣床安装 Φ125 mm 端铣刀盘。取 $n=375$ r/min、$V_f=190$ mm/min、$a_p=1\sim3$ mm。粗精铣 76 mm×38 mm×32 mm 六面体至尺寸。

②铣 15°斜面,保定位面的相对位置 8.4 mm 至尺寸要求。

③在 X6132 卧式铣床安装 Φ125 mm×18 mm 镶齿三面刃铣刀。取 $n=95$ r/min,$V_f=60$ mm/min 铣燕尾槽直槽部分。

④安装 60°燕尾铣刀铣燕尾槽至要求的尺寸。

⑤按图纸要求倒 1.5×45°两处角。

⑥安装 Φ100 mm×14 mm 直齿三面刃铣刀。将平口钳调转 4°,调整铣刀对定位面的相对位置 8.4 mm。铣 14 mm×4.8 mm 直槽至尺寸。

⑦安装 Φ12 mm 立铣刀。将平口钳调转 15°,调整铣刀中心对定位面的相对位置 19.4 mm,粗精铣 $13^{+0.11}_{0}$ mm×16.2 mm×28.5 mm 半封闭槽至要求的尺寸。

### 四、任务检测

按图纸要求检测各个尺寸。

## 产品零件加工(二)

### 一、任务

任务单图纸(K1-302 刀架体)如图 3.27 所示,加工零件实体如图 3.28 所示。

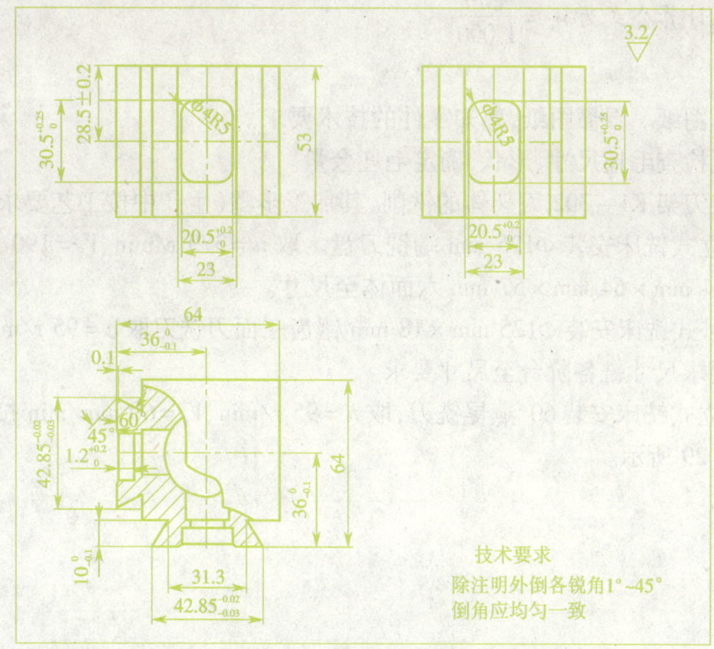


**图 3.27　任务单图纸（K1-302 刀架体）**

## 二、任务准备

工件：锻坯 70 mm×70 mm×63 mm。

机床：X5032 立式铣床、X6132 卧式铣床。

量具：0～150 mm 游标卡尺，0～200 mm 深度尺，25～50 mm、50～75 mm 百分尺，Φ8h7 标准量棒，0°～320°的万能角度尺。

**图 3.28　加工零件实体**

刀具：Φ125 mm 端铣刀盘，Φ125 mm×18 mm 镶齿三面刃铣刀，Φ10 立铣刀，Φ23 自制铣刀，60°燕尾铣刀，45°角度铣刀。

刀具材料：YT15 高速钢。

铣削用量：①取 $n=375$ r/min，$V_f=190$ mm/min，$a_p=1\sim3$ mm；②取 $n=95$ r/min，$V_f=60$ mm/min。

工具：垫铁，紫铜锤。

夹具：平口钳。

**根据刀具材料合理选择铣削速度**

刀具材料不同，其铣削速度不同。

（1）高速钢刀具铣削速度一般为 20 mm/min 左右，使用高速钢刀具应加切削液。硬质合金刀具铣削速度一般为 80～100 mm/min。

(2)铣削速度计算公式为 $v_c=\dfrac{\pi dn}{1\ 000}$。

## 三、任务实施

(1)读任务单图纸。看懂图纸,熟知零件的技术要求。

(2)对照图纸检查毛坯尺寸、形状,确定毛坯余量。

(3)进行快换刀架 K1-302 刀架体的铣削,其加工步骤(生产中按工艺要求加工)如下。

①在 X5032 立式铣床安装 Φ125 mm 端铣刀盘。取 $n=375$ r/min、$V_f=190$ mm/min、$a_p=1\sim3$ mm,粗精铣 64 mm×64 mm×57 mm 六面体至尺寸。

②在 X6132 卧式铣床安装 Φ125 mm×18 mm 镶齿三面刃铣刀取 $n=95$ r/min、$V_f=60$ mm/min 按工艺图纸要求尺寸铣各阶台至尺寸要求。

③在 X5032 立式铣床安装 60°燕尾铣刀,取 $n=95$ r/min、$V_f=60$ mm/min 按工艺要求铣燕尾至尺寸,如图 3.29 所示。

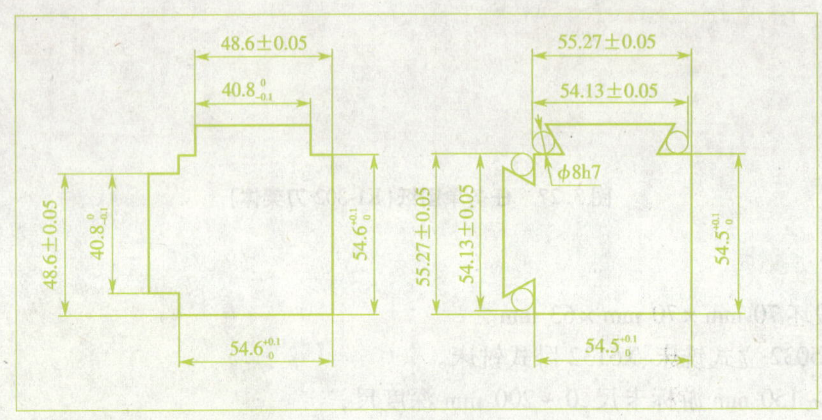


图 3.29 K1-302 刀架体工艺图

④安装 Φ23 自制铣刀铣 23 mm×0.7 mm 两处至要求的尺寸。

⑤安装 Φ10 立铣刀铣两处 $30.5^{+0.25}_{0}$ mm×$20.5^{+0.2}_{0}$ mm×$7.2^{+0.2}_{0}$mm 凹槽至要求的尺寸。

⑥安装 45°角度铣刀倒各处 1×45°角至要求的尺寸。

## 四、任务检测

按图纸要求检测各个尺寸。

**安全警告!!!**

(1)走刀过程中和刀具未停稳之前,不准检测工件,不准用手触摸工件的加工表面。

(2)清除切屑时,应使用毛刷。

(3)高速铣削时,应戴防护眼镜。

(4)在切屑飞出的方向,禁止站人。

(5)及时修整工件上的毛刺和锐边,以防伤手。但修整时,不可将已加工表面损坏。

# 任务四　用简单分度法加工多边形工件

目标要求

1. 掌握简单分度的方法。
2. 正确选择切削用量。
3. 掌握用立铣刀和组合铣刀铣多边形工件的铣削方法。
4. 分析铣削中产生的质量问题及注意事项。

## 子任务一　小平面的铣削

### 一、任务

任务单图纸如图 4.1 所示，手柄杆实物如图 4.2 所示。以此任务为例，进行小平面的铣削。

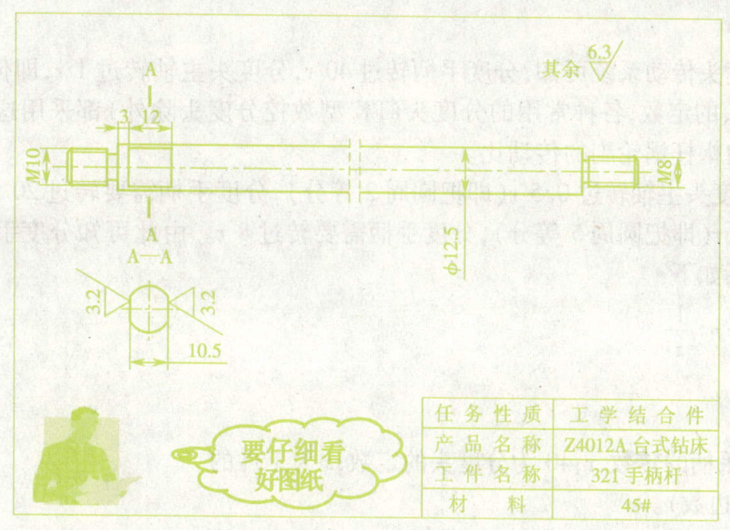


图 4.1　任务单图纸

图 4.2　手柄杆实物

### 二、任务准备

工件：车削加工坯料。

机床：X5032 立式铣床。

量具:0 ~ 150 mm 游标卡尺。

刀具:Φ12 mm 立铣刀。

刀具材料:高速钢。

铣削用量:取 $n = 475$ r/min、$V_f = 60$ mm/min。

工具:卡盘扳手。

夹具:分度头。

根据刀具材料,合理选择铣削速度

刀具材料不同,其铣削速度不同。

(1)高速钢刀具铣削速度一般在 20 mm/min 左右。

(2)铣削速度计算公式为 $v_c = \dfrac{\pi d n}{1\,000}$。

### 三、相关知识——分度

分度头是铣床的重要附件。分度头常用的分度方法有简单分度法、角度分度法、差动分度法、直线移距分度法等,其中简单分度法(单式分度法)是最常用的分度方法。用简单分度法分度时,应先将分度盘固定,摇动分度手柄,使蜗杆带动蜗轮旋转,从而带动主轴和工件转过一定的转(度)数。

1. 分度原理

由万能分度头传动系统可知,分度手柄转过 40 r,分度头主轴转过 1 r,即传动比为 40∶1。"40"叫做分度头的定数,各种常用的分度头(FK 型数控分度头除外)都采用这个定数。定数也就是分度头内蜗杆蜗轮副的传动比。

例如,要分度头主轴转过 0.5 r(即把圆周 2 等分),分度手柄需要转过 20 r。如果分度头主轴要转过 0.2 r(即把圆周 5 等分),分度手柄需要转过 8 r。由此可知分度手柄的转数与工件等分数的关系如下:

$$40:1 = n:\frac{1}{z}$$

即

$$n = \frac{40}{z}$$

记住啊!!

式中:$n$ 为分度手柄的转数,r;40 为分度头的定数;$z$ 为工件的等分数(齿数或边数)。

上式为简单分度的计算公式。当计算得到的转数不是整数而是分数时,可利用分度盘上相应孔圈进行分度。具体方法:选择分度盘上某孔圈,其孔数为分母的整倍数,然后将该分数的分子、分母同时增大到整数倍,利用分度叉实现非整转数部分的分度。

**例** 在 FW250 型万能分度头上铣削一个正八边形工件,试求每铣一边后分度手柄的转数。

**解** 以 $z = 8$ 代入简单分度的计算公式得:

$$n = \frac{40}{z} = \frac{40}{8} = 5\ \text{r}$$

所以,每铣完一边后,分度手柄应转过 5 r。

2. 分度盘和分度叉的使用

当按简单分度计算公式计算出的分度手柄转数为分数时，其非整转数部分的分度需要用分度盘和分度叉进行。使用分度盘和分度叉时应注意以下几点。

（1）选择孔圈时，在满足孔数是分母的整倍数条件下，一般选择孔数较多的孔圈。例如，$n=6\frac{2}{3}=6\frac{16}{24}=6\frac{20}{30}=\cdots=6\frac{44}{66}$，可选择的孔圈孔数可以是24，30，…，66共8个，一般选择孔数为42或66的孔圈（分别在第1块和第2块分度盘的反面）。一方面在分度盘上孔数多的孔圈离轴心较远，操作方便；另一方面分度误差较小（准确度高）。

（2）分度叉两叉脚间的夹角可调。调整的方法是使两叉脚间的孔数比需摇的孔数应多1个。例如，$2/3=28/42=44/66$，选择孔数为42的孔圈时，分度叉两叉脚间应有$28+1=29$个孔；选择孔数为66的孔圈时，则应有45个孔（45个孔只包含44个孔距）。

## 四、任务实施

（1）读任务单图纸，确定加工部位。

（2）对照图样检查坯料尺寸，确定加工余量。

（3）进行Z4012A手柄杆的铣削，其方法和步骤如下。

①在X5032立式铣床安装$\Phi12$ mm立铣刀，取$n=475$ r/min，$V_f=60$ mm/min。

②安装并校正分度头。分度头底面及铣床工作台面要擦干净。分度头在工作台上的位置要便于工件加工。校正主轴轴线（上母线和侧母线）与纵向工作台进给方向的平行度。

③安装并夹紧工件，如图4.3所示。

**图4.3　分度头装夹工件铣小平面**

④计算分度手柄转数 $n=\frac{40}{z}=\frac{40}{2}=20$ r。

⑤对刀试铣。启动机床后使工件的端面与铣刀圆周刃轻轻接触，降下工作台移动纵向工作台15 mm，上升工作台使工件与铣刀的端面刃轻轻接触，使工作台上升一面余量的一半，试铣一刀，然后将工件转180°（分度头手柄转20 r），铣出对边尺寸，并进行测量、调整，以使对边尺寸达到10.5 mm要求。

## 五、任务分配

每人10件Z4012A－321台式钻床手柄杆的坯料。按任务单图纸及工艺要求进行手柄杆的铣削加工，单件加工时间3分钟。

## 六、任务检测

使用量具，检测各个尺寸是否达到图纸要求。

## 七、任务评价

| 项目 | 精度要求 | 配分 | 评分标准 | 检测结果 | 分数 |
|---|---|---|---|---|---|
| 尺寸公差 | 3 | 2 | 超差不得分 | | |
| | 12 | 2 | 超差不得分 | | |
| | 10.5 | 4 | 超差不得分 | | |
| 表面粗糙度 | $R_a3.2$（2处） | 1 | 降级不得分 | | |
| | $R_a6.3$ | 1 | 降级不得分 | | |
| 未注公差等级 | IT14 | | | | |
| 数量 | 10件 | | | | |
| 时间 | 30分 | | | | |
| 安全文明生产 | 凡违反操作规程，损坏工具、量具、刃具等酌情扣3～10分 | | | | |
| 合计 | | | | | |

容易产生的问题及原因

（1）分度手柄一般应顺时针转，如果转过定位孔，应消除间隙后重新分度。

（2）注意铣削位置。

（3）用尾座顶尖时，顶力要适当，防止工件弯曲。

（4）防止夹伤工件。

# 子任务二　四方的铣削

## 一、任务

任务单图纸如图 4.4 所示，丝杆实物如图 4.5 所示。以此任务为例，进行四方的铣削。

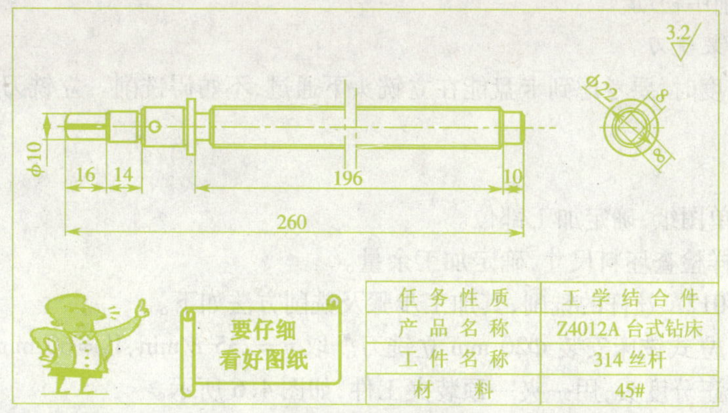


| 任务性质 | 工学结合件 |
|---|---|
| 产品名称 | Z4012A 台式钻床 |
| 工件名称 | 314 丝杆 |
| 材　料 | 45# |

图 4.4　任务单图纸

图 4.5　丝杆实物

## 二、任务准备

工件：车削加工坏料。

机床：X5032 立式铣床。

量具：0 ~ 150 mm 游标卡尺。

刀具：Φ20 mm 立铣刀。

刀具材料：高速钢。

铣削用量：取 $n = 235$ r/min、$V_f = 60$ mm/min。

工具：卡盘扳手。

夹具：分度头。

**根据刀具材料，合理选择铣削速度**

刀具材料不同，其铣削速度不同。

(1) 高速钢刀具铣削速度一般为 20 mm/min 左右。

(2) 铣削速度计算公式为 $v_c = \dfrac{\pi dn}{1\ 000}$。

## 三、相关知识

1. 安装并校正分度头

分度头底面及铣床工作台面要擦干净。分度头在工作台上的位置要便于工件加工。

2. 装夹工件

工件用三爪卡盘装夹,工件螺纹部分要用铜皮垫好,防止夹伤螺纹。露出卡盘的部分应尽量短些,防止铣削中松动。

3. 选择并安装铣刀

选择铣刀长度时,要考虑到卡盘能在立铣头下通过,不妨碍铣削。立铣刀的直径要大于丝杆头四方边长。

## 四、任务实施

(1)读任务单图纸,确定加工部位。

(2)对照图样检查坯料尺寸,确定加工余量。

(3)进行 Z4012A 丝杆的铣削,其加工步骤及铣削方法如下。

①在 X5032 立式铣床安装 $\Phi20$ mm 立铣刀。取 $n=235$ r/min,$V_f=60$ mm/min。

②安装并校正分度头,用一夹一顶装夹工件,如图 4.6 所示。

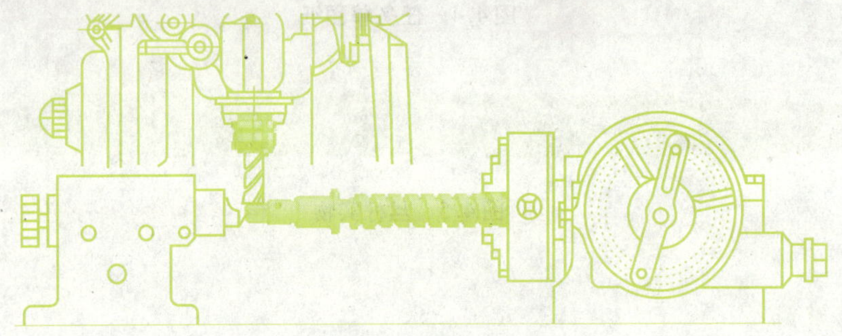

图 4.6　分度头装夹铣四方

③计算分度手柄转数 $n=\frac{40}{z}=\frac{40}{4}=10$ r。

④对刀试铣。启动机床后上升工作台使工件与铣刀的端面刃轻轻接触,上升余量的一半试铣,测量并调整对边尺寸达到图纸要求。

## 五、任务分配

每人 10 件 Z4012A－314 台式钻床丝杆的坯料。按任务单图纸及工艺要求进行细杆铣削加工,单件加工时间 10 分钟。

## 六、任务检测

使用量尺,检测各个尺寸是否达到图纸要求。

## 七、任务评价

| 项目 | 精度要求 | 配分 | 评分标准 | 检测结果 | 分数 |
| --- | --- | --- | --- | --- | --- |
| 尺寸公差 | 8 | 6 | 超差不得分 | | |
| | 16 | 2 | 超差不得分 | | |
| 表面粗糙度 | $R_a$3.2(4 处) | 2 | 降级不得分 | | |
| 未注公差等级 | IT14 | | | | |
| 数量 | 10 件 | | | | |
| 时间 | 100 分 | | | | |
| 安全文明生产 | 凡违反操作规程，损坏工具、量具、刃具等，酌情扣 3 ~ 10 分 | | | | |
| 合计 | | | | | |

容易产生的问题及原因

(1)分度手柄一般应顺时针转，如果转过定位孔，应消除间隙后重新分度。

(2)加工较长零件，中间用千斤顶支撑时，支撑力应适当。

(3)用尾座顶尖时，顶力要适当，防止工件弯曲。

(4)防止夹伤工件。

# 子任务三　六角螺母的铣削

## 一、任务

任务单图纸如图 4.7 所示，六角螺母实物如图 4.8 所示。以此任务为例，进行六角螺母的铣削。

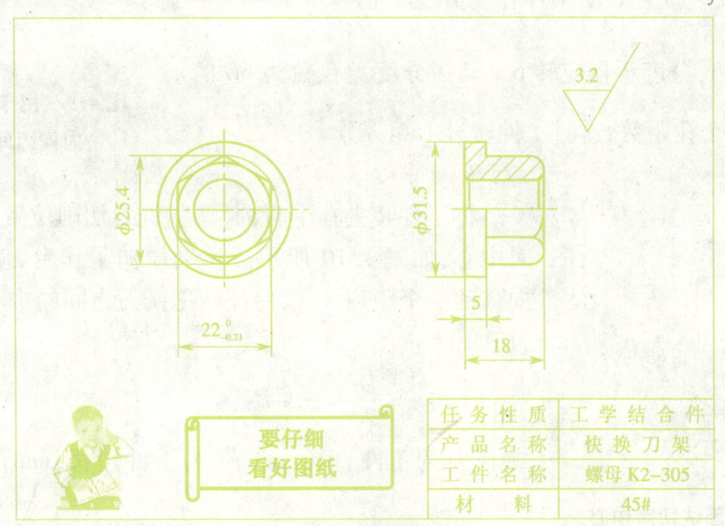


图 4.7　任务单图纸

图 4.8 六角螺母实物

## 二、任务准备

工件：车削加工坏料。

机床：X5032 立式铣床。

量具：0 ~ 150 mm 游标卡尺。

刀具：$\Phi$100 mm × 12 mm 三面刃铣刀。

刀具材料：高速钢。

铣削用量：取 $n = 95$ r/min、$V_f = 60$ mm/min。

工具：卡盘扳手。

夹具：分度头。

**根据刀具材料合理选择铣削速度**

刀具材料不同，其铣削速度不同。

(1) 高速钢刀具铣削速度一般在 20 mm/min 左右。

(2) 铣削速度计算公式为 $v_c = \dfrac{\pi dn}{1\,000}$。

## 三、相关知识

1. 选择铣刀

选择两把直径尺寸相同的三面刃铣刀。用垫圈适当调整两把三面刃铣刀内端的距离，用卡尺测量，使其等于六方对边的宽度尺寸，如图 4.9 所示。再试铣，检查尺寸符合图样要求，才可加工工件，试铣时的尺寸最好等于图样要求的中间公差。铣刀直径应能将螺母头部铣完。

图 4.9 用卡尺测量铣刀内侧刃间的距离

2. 安装分度头及计算分度头手柄转数

分度头的安装位置要便于操作。分度手柄转数 $n = \dfrac{40}{z} = \dfrac{40}{6} = 6\dfrac{2}{3} = 6\dfrac{44}{66}$ r，分度手柄应转 6 r 又在分度盘孔数为 66 的孔圈上转过 44 个孔距数，这时工件转过 1/6 等分。

3. 对中心

将工件装夹在卡盘内，调整铣刀切削位置，采用侧面试切对中心，如图 4.10 所示。移动横向工作台，使工件向铣刀方向移动一个距离 $A$，以保证两把铣刀之间的中心与工件中心一致，即

$$A = \frac{D}{2} + \frac{S}{2} + B$$

式中：$D$ 为工件直径，mm；$S$ 为工件边长，mm；$B$ 为铣刀宽度，mm。

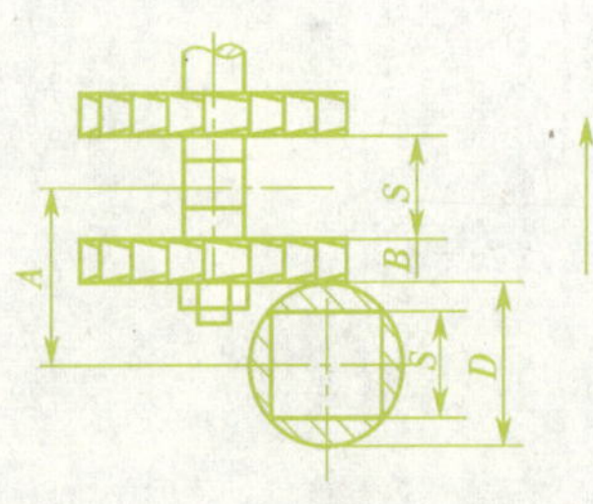


图 4.10 侧面试切对中心

## 四、任务实施

(1)读任务单图纸,确定加工部位。

(2)对照图纸检查坯料尺寸,确定加工余量。

(3)进行快换刀架 K2－305 螺母的铣削,其加工步骤及铣削方法如下。

①选择铣刀。选择两把相同的 $\Phi100$ mm × 12 mm 三面刃铣刀。调整两把三面刃铣刀内端刃间的距离为 $22_{-0.21}^{\ 0}$ mm。取 $n = 95$ r/min, $V_f = 60$ mm/min。

②安装分度头及计算分度头手柄转数。分度头的安装位置要便于操作,分度手柄转数 $n = \frac{40}{z} = \frac{40}{6} = 6\frac{2}{3} = 6\frac{44}{66}$ r。调整孔距数。

③装夹工件。检查坯料余量,采用圆柱心轴装夹工件,如图 4.11 所示。

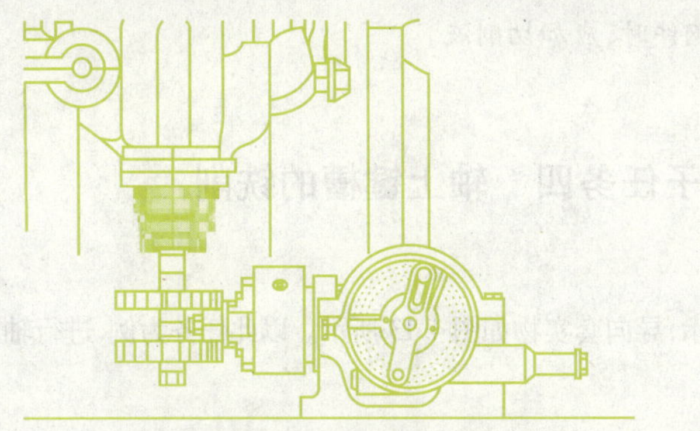

图 4.11　圆柱心轴装夹工件

④对中心。将工件装夹在卡盘内,调整铣刀切削位置,采用侧面试切对正中心,中心对好后依次分度铣削铣完六面。注意保证尺寸 5 mm。

## 五、任务分配

每人 5 件快换刀架 K2－305 螺母的坯料。按任务单图纸及工艺要求进行六角螺母的铣削加工,单件加工时间 12 分钟。

## 六、任务检测

使用量具,检测各个尺寸是否达到图纸要求。

## 七、任务评价

| 项目 | 精度要求 | 配分 | 评分标准 | 检测结果 | 分数 |
|---|---|---|---|---|---|
| 尺寸公差 | $22_{-0.21}^{\ 0}$ | 8 | 超差不得分 | | |
| | 5 | 3 | 超差不得分 | | |
| | 等分 60° | 6 | 超差不得分 | | |
| 表面粗糙度 | $R_a3.2$(6 处) | 3 | 降级不得分 | | |
| 未注公差等级 | IT14 | | | | |
| 数量 | 5 件 | | | | |

续表

| 项目 | 精度要求 | 配分 | 评分标准 | 检测结果 | 分数 |
|---|---|---|---|---|---|
| 时间 | 60 分 | | | | |
| 安全文明生产 | 凡违反操作规程,损坏工具、量具、刀具等,酌情扣 3 ~ 10 分 | | | | |
| 合计 | | | | | |

(1)分度手柄一般应顺时针转,如果转过了定位孔,应消除间隙后重新分度。

(2)用高速钢刀具铣削钢件时,应加切削液。

(3)防止夹伤工件。

## 子任务四　轴上键槽的铣削

### 一、任务

任务单图纸如图 4.12 所示,导向套实物如图 4.13 所示。以此任务为例,进行轴上键槽的铣削。

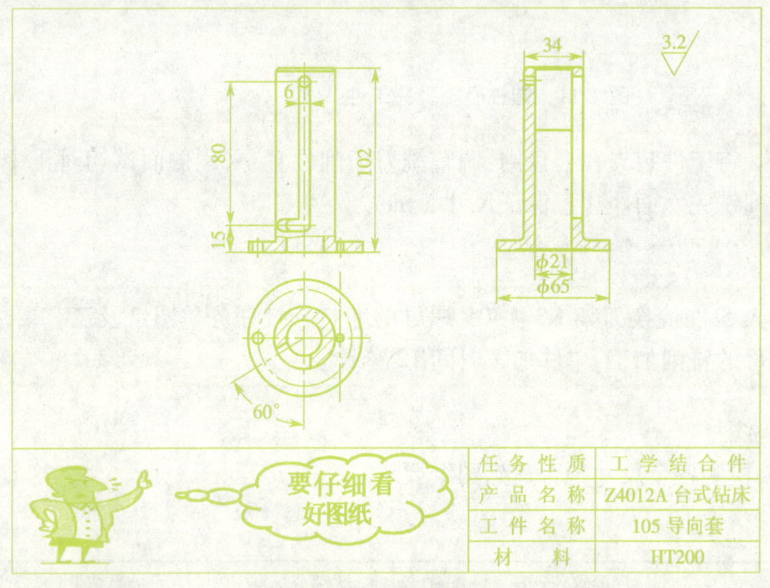


图 4.12　任务单图纸

### 二、任务准备

工件:车削加工坯料。

机床:X5032 立式铣床。

量具:0 ~ 150 mm 游标卡尺,百分表。

刀具:Φ5 键槽铣刀,Φ6 立铣刀。

刀具材料:高速钢。

铣削用量：取 $n=600$ r/min，$V_f=30$ mm/min。

工具：分度头扳手。

夹具：分度头。

图 4.13　导向套实物

**根据刀具材料，合理选择铣削速度**

刀具材料不同，其铣削速度不同。

(1)高速钢刀具铣削速度一般为 20 mm/min 左右。

(2)铣削速度计算公式为 $v_c=\frac{\pi dn}{1\,000}$。

## 三、相关知识——铣削轴上键槽

1. 铣轴上键槽用的铣刀及其选择

铣轴上的通槽和槽底一端有圆弧半径要求的半通槽时，一般选用盘形铣刀，键槽的宽度由铣刀宽度保证，半通槽一端的槽底圆弧半径由铣刀半径保证。因此，应选用和键槽宽度一致的盘形铣刀，按图样标注的半通槽槽底圆弧半径确定铣刀半径。

铣轴上的封闭键槽和槽底端是直角的半通槽时，应选用键槽铣刀，并按键槽的宽度尺寸来确定铣刀直径。

铣削精度要求较高的轴上键槽，选好铣刀后要经试切检查，槽宽尺寸合格后才可加工工件。试切时槽宽尺寸大，若刀具圆跳动合格，可适当用油石修整刀具刃口，使铣出的槽宽合乎要求。

2. 工件的装夹与校正

(1)用平口钳装夹工件，用键槽铣刀铣轴上键槽，如图4.14所示。用平口钳装夹工件时，应校正固定钳口与铣床工作台纵向进给方向平行。工件装夹后，用划针盘校正工件上母线与工作台面平行，保证铣出的键槽两侧面和槽底面与工件轴心线平行。

(2)用 V 形铁装夹工件铣轴上键槽。铣键槽时，应选择两块等高的 V 形铁，由压板和螺栓配合将工件夹紧。若用底面上带凸键的 V 形铁装夹工件时，应将两块 V 形铁的凸键放入工作

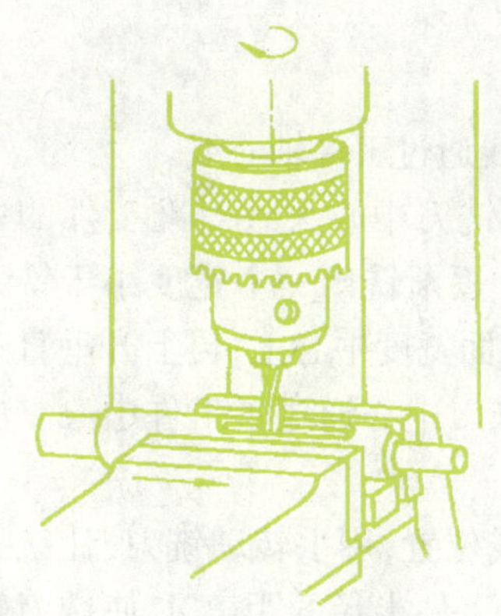

图 4.14　平口钳装夹工件，铣轴上键槽

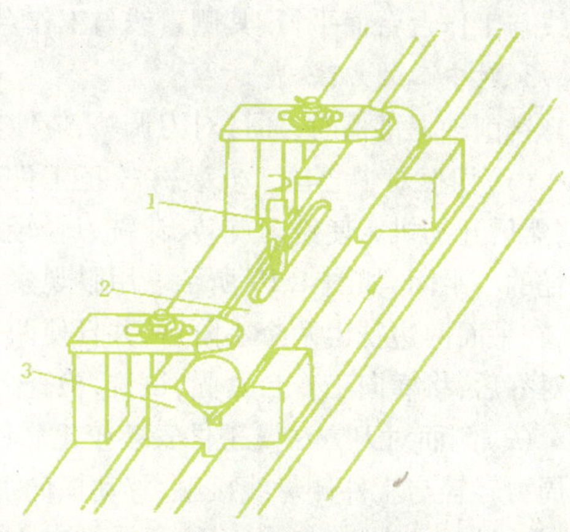


图 4.15　用 V 形铁装夹工件，铣削轴上键槽

1—铣刀　2—工件　3—V 形铁

台中央T形槽内,并使其同一个侧面靠向T形槽的一侧定位安装,如图4.15所示。

V形铁安装后,可选用标准的量棒放入V形槽上,用百分表校正其上母线与工作台面的平行性,校正其侧母线与工作台纵向进给方向的平行性,如图4.16所示。这样能保证装夹工件后,铣出的键槽两侧面和槽底与工件轴心线平行;能保证批量加工轴上键槽时,不受工件外径制造公差的影响,使工件的键槽两侧与轴心线有稳定的对称度。

图4.16　用百分表校正V形铁

(3)用分度头装夹工件。用两顶尖或三爪定心卡盘装夹工件,如图4.17、图4.18所示。工件的轴线始终在两顶尖或三爪定心卡盘中心与后顶尖的连心线上,工件轴线的位置不因工件直径变化而变化。因此,轴上键槽的对称性不会受工件直径变化的影响。

图4.17　用两顶尖装夹

图4.18　用三爪定心卡盘和顶尖装夹

安装分度头和尾座时,也应该用标准量棒在两顶尖间或一夹一顶装夹,用百分表校正其上素线与工作台台面平行、其侧素线与工作台纵向进给方向平行。

3.对中心的方法

铣削轴上键槽时,通过对刀调整,应使键槽铣刀的回转中心线通过工件轴心线。

(1)切痕对中心法。安装并校正工件后,调整机床,使键槽铣刀中心大致对准工件的中心,然后开动机床使铣刀旋转,让铣刀轻轻划着工件,并在工件上逐渐铣出一个宽度小于铣刀直径的小平面,如图4.19所示。用眼观察,使铣刀的中心落在平面宽度中心上,再上升垂直进给,在平面两边铣出两个小阶台,并且使两边阶台高度一致,则铣刀中心通过了工件中心。中心对好后,将横向工作台紧固,试铣,检查无误后,开始加工工件。

(2)侧面对刀方法。工件安装校正后使铣刀处于工件侧母线位置,用手转动铣刀,让铣刀圆周刃轻轻与工件侧母线接触,移动横向工作台一个铣刀半径加工件半径的距离A,使铣刀轴心线通过工件中心,如图4.20所示。中心对好后,应将横向工作台紧固,然后再加工工件。

4.铣削方法

(1)分层铣削法。安装铣刀后先试铣,检查所铣键槽的宽度尺寸符合图样要求后,才可加

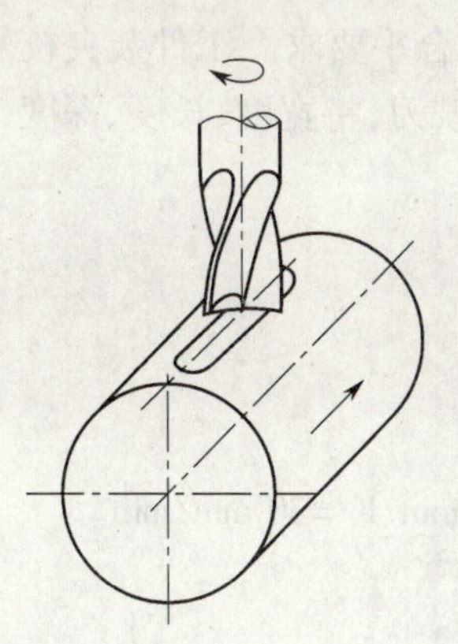
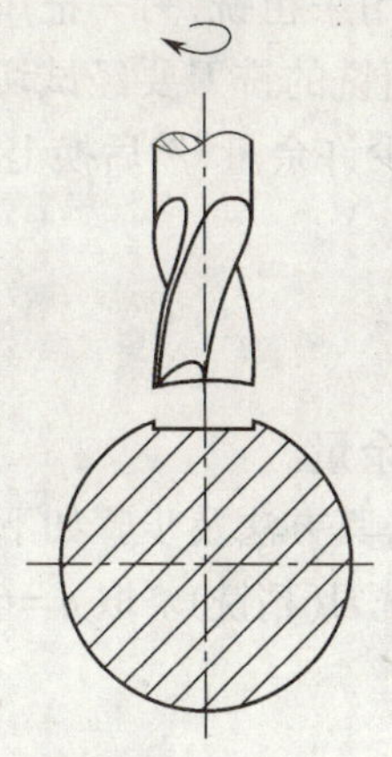
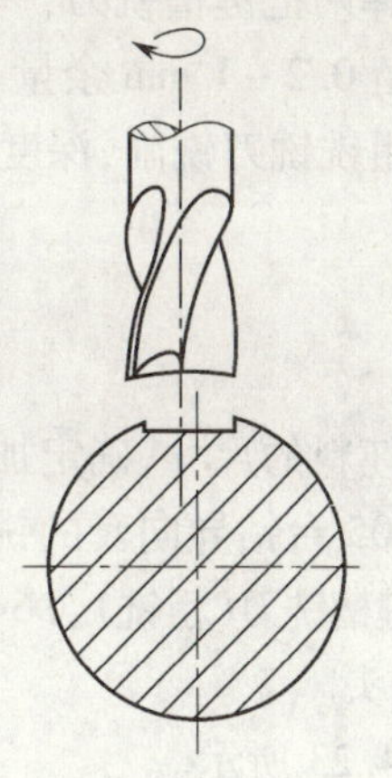

图 4.19　键槽铣刀对中心

4.20　侧面铣刀对中心

工工件。铣削前,先在工件上划出键槽的长度尺寸位置线,对刀时记住刻度盘数值,按照铣刀每次走刀的吃刀深度约在 0.1 ~1 mm,手动进给由键槽的一端铣向另一端,然后以较快的速度手动将工件退至原位,再吃深,仍由原来一端铣向另一端。铣削中注意键槽两端各留 0.2 ~0.5 mm 余量,逐次铣到要求的深度尺寸后,再铣成键槽长度尺寸。如图 4.21 所示。

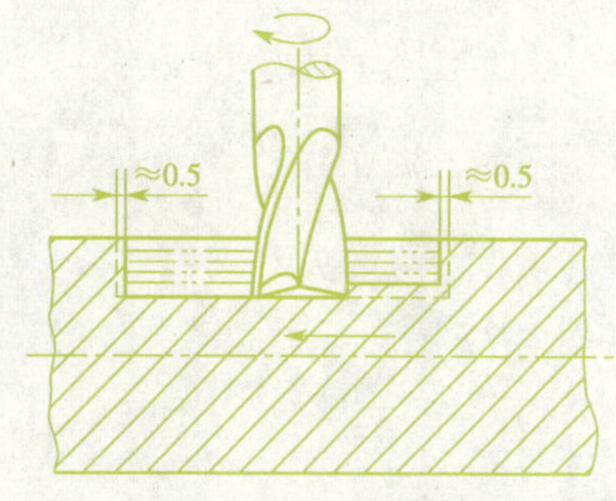


图 4.21　分层铣削

(2)扩刀铣削法。先将所选择的键槽铣刀直径磨小 0.2 ~0.5 mm,磨出的铣刀圆柱度要好。在工件上划出键槽尺寸位置线,装夹校正工件并对好中心,记住横向刻度盘的刻度数值,将横向进给紧固。键槽两端各留 0.2 ~0.5 mm 余量,分层往返吃刀粗铣到键槽深度,测量槽宽尺寸,确定宽度余量大小,根据横向刻度盘的刻度数,由键槽中心对称扩铣两侧到要求尺寸,同时将键槽深度和长度精铣成,如图 4.22 所示。深度留精铣余量可在 0.1 ~0.3 mm。扩铣两侧时,应注意消除横向进给丝杠和螺母间隙的影响,以免中心位置铣错。

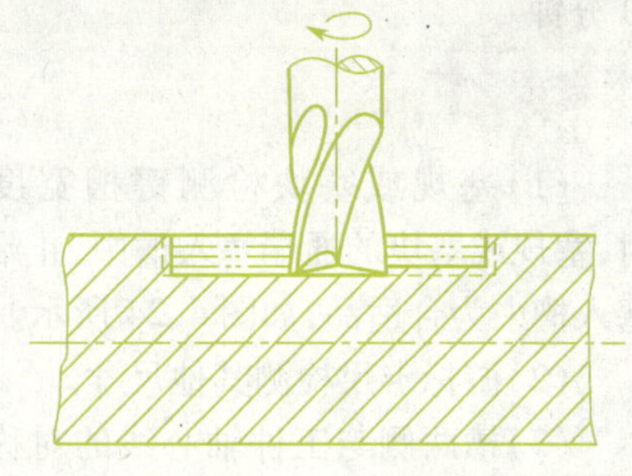

图 4.22　分层铣够深度再扩铣两侧

铣完一件后,仍将横向工作台调整到原来的中心位置,按以上方法铣另一件。铣短键槽可用手动进给;铣长键槽可用机动进给,但铣刀接近键槽一端时,应及时停止机动进给,再手动进给铣出长度尺寸。

(3)粗精铣法。选择两把键槽铣刀,一把用来粗铣,另一把用来精铣。粗铣的铣刀按照键槽尺寸大小,可将槽宽留 0.2 ~1 mm 余量。精铣的铣刀要经试切检验合乎要求。工件装夹校正后并对好中心,先用粗铣铣刀铣削,深度留少许余量,然后换上精铣铣刀,将宽度、长度、深度精铣到要求尺寸。

## 四、任务实施

(1)读任务单图纸。

(2)对照图纸检查坯料的尺寸,确定加工余量。

(3)进行 Z4012A-105 台钻导向套的铣削,其方法及步骤如下。

①选择并安装 $\Phi5$ 键槽铣刀(粗铣)、$\Phi6$ 立铣刀(精铣)。取 $n=600$ r/min、$V_f=30$ mm/min。

②装夹及校正分度头。

③装夹工件,如图 4.23 所示。

图 4.23 工件的装夹

④在工件上划出长度方向的尺寸位置线。

⑤调整铣刀的切削位置,对中心。用 $\Phi5$ 键槽铣刀粗铣 6 mm 槽,换 $\Phi6$ 立铣刀精铣 6 mm 槽至尺寸。注意槽的位置及 60°的角度要求。

## 五、任务分配

每人 2 件 Z4012A - 105 台式钻床导向套的坯料。按任务单图纸及工艺要求进行导向套的铣削加工,单件加工时间 30 分钟。

## 六、任务检测

(1)塞规或塞块检测键槽宽度。检测时,塞规或塞块的通端塞入槽中,止端不允许塞入槽中为合适品,如图 4.24 所示。

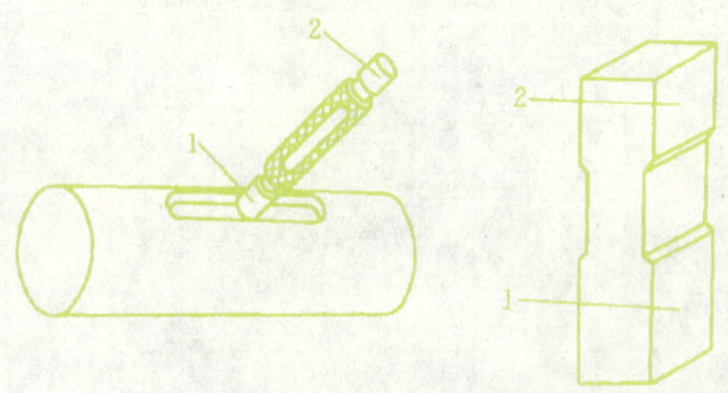


图 4.24 用塞规或塞块检测键槽宽度

1—通端 2—止端

(2)游标卡尺检测其他尺寸。

(3)槽两侧与工件轴心线的对称度可用百分表检测。检测时如图 4.25 所示,选择两块等高 V 形铁,将 V 形铁放在平板或工作台面上,将工件置入 V 形铁的 V 形内。选择一块与键槽宽度尺寸相同的塞块塞入键槽内，并使塞块的平面大致处于水平位置，用百分表检测塞块的 A 面与工作台台面平行，记住表的读数，然后将工件转动 180°，用百分表检测塞块 B 面与工作台台面平行，仍记住表的读数，两次读数差值就是键槽两侧与工件轴心线的对称度误差。

图 4.25　用百分表检测键槽两侧对称度

## 七、任务评价

| 项目 | 精度要求 | 配分 | 评分标准 | 检测结果 | 分数 |
|---|---|---|---|---|---|
| 尺寸公差 | 60° | 10 | 超差不得分 | | |
| | 15 | 10 | 超差不得分 | | |
| | 80 | 10 | 超差不得分 | | |
| | 6 | 15 | 超差不得分 | | |
| 表面粗糙度 | $R_a3.2$ | 5 | 降级不得分 | | |
| 未注公差等级 | IT14 | | | | |
| 数量 | 2 件 | | | | |
| 时间 | 60 分 | | | | |
| 安全文明生产 | 凡违反操作规程，损坏工具、量具、刃具等，酌情扣 3 ~ 10 分 | | | | |
| 合计 | | | | | |

容易产生的问题及原因

(1)键槽的宽度尺寸不合格，有以下原因：

①没有经过试切检查铣刀尺寸就加工工件；

②用键槽铣刀铣削，铣刀圆跳动过大，用盘形铣刀铣削，铣刀端面跳动过大，将键槽铣宽；

③铣削时，吃刀深度过大，进给过大，产生“让刀”现象，将槽铣宽；

④扩刀铣削时，刻度盘记错或手柄摇错，将键槽铣宽。

(2)键槽的两侧与工件轴心线不对称(如图 4.26 所示)，有以下原因：

①铣刀没有对准中心；

②扩刀铣削时，两边扩铣的余量不一致；

③成批加工时，没有检查毛坯尺寸，因工件外圆直径的制造公差，影响了键槽的对称度。

(3)键槽两侧与工件轴心线不平行(如图4.27所示),有以下原因:

①用V形铁或平口钳装夹工件时,V形铁或平口钳没有校正好;

②毛坯的外圆直径两端不一致,有大小头。

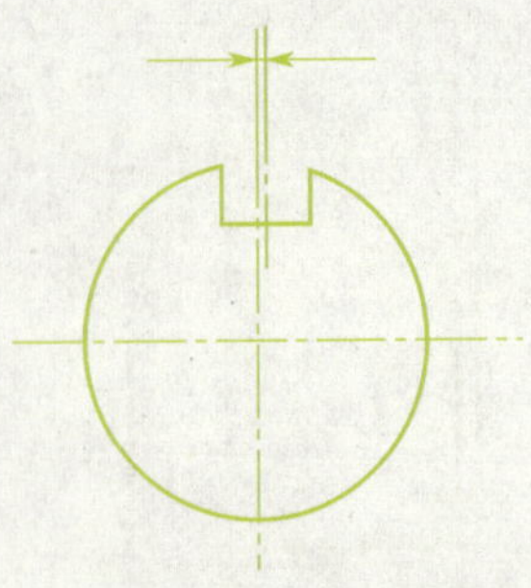

图4.26　键槽两侧不对称工件中心

图4.27　键槽两侧与轴心线不平行

(4)槽底与工件轴心线不平行(如图4.28所示),有以下原因:

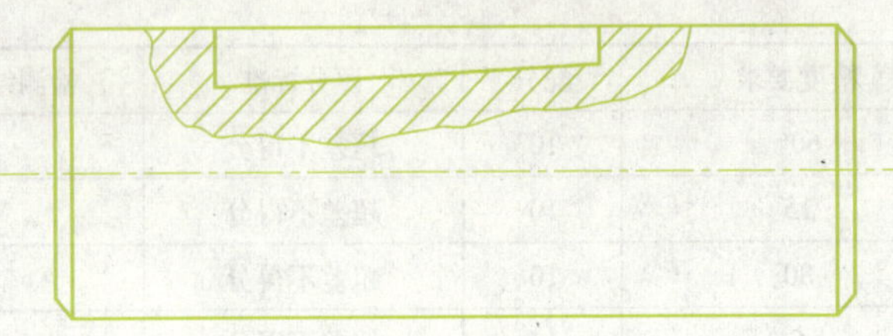

图4.28　槽底与轴心线不平行

①工件上母线未找平;

②选用的垫铁不平行,或选用的两块V形铁不等高。

(5)键槽的深度和长度尺寸不符合图样要求,有以下原因:

①工作台移动尺寸有错误,或刻度盘数值看错、记错;

②测量错误,导致尺寸铣错。

## 安全警告!!!

(1)用钻夹头或弹簧夹头装夹铣刀时,应先检查铣刀的圆跳动,然后再加工工件。

(2)铣刀应装夹牢固,防止铣削时松动。

(3)铣刀磨损后,应及时刃磨或更换,以免铣出的键槽表面粗糙度不符合要求,或者使铣出的键槽上下尺寸不一致。

(4)工作中不使用的进给机构应紧固,工作完毕后再松开。

(5)校正工件时,不准用手锤直接敲击工件,以防破坏工件表面。

(6)检测工件时,应停止铣刀旋转。

(7)铣削中,应及时使用小毛刷清除切屑。

# 任务五　　花键轴的铣削

目标要求

1. 掌握矩形齿花键轴的铣削方法。
2. 正确安装和校正工件。
3. 掌握花键轴的检验检测方法。
4. 分析铣削中产生的问题及注意事项。

## 一、任务

任务单图纸如图 5.1 所示，花键轴实物如图 5.2 所示。以此任务为例，进行花键轴的铣削。

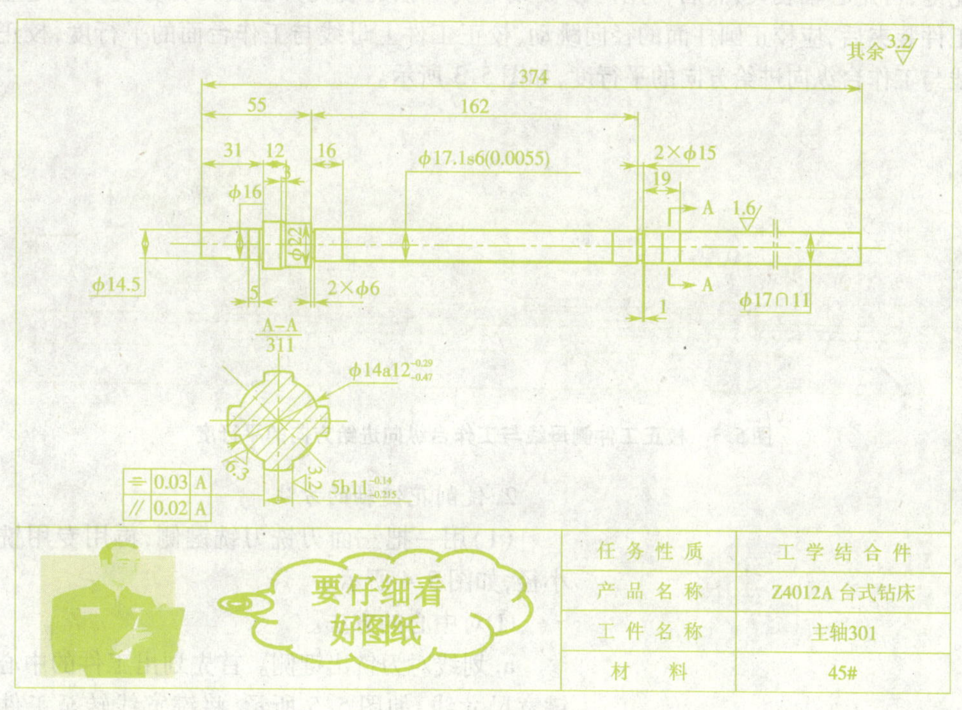


图 5.1　任务单图纸

## 二、任务准备

工件：车削加工坯料。

机床：X6132 卧式铣床。

量具：0 ~ 150 mm 游标卡尺，0 ~ 25 mm 百分尺，高度尺，杠杆百分表。

刀具：Φ63 mm × 6 mm 三面刃铣刀，*R*7 圆弧专用铣刀。

图 5.2 花键轴实物

刀具材料：高速钢。

铣削用量：取 $n = 95$ r/min，$V_f = 60$ mm/min。

工具：卡盘扳手。

夹具：分度头。

根据刀具材料合理选择铣削速度

刀具材料不同，其铣削速度不同。

(1)高速钢刀具铣削速度一般为 20 mm/min 左右。

(2)铣削速度计算公式为 $v_c = \dfrac{\pi dn}{1\ 000}$。

## 三、相关知识——花键轴的铣削

1. 工件的装夹和校正

工件可采用两顶尖或一夹一顶的装夹方法装夹在分度头和尾座顶尖间；如果在套类零件上铣花键，可用心轴装夹，然后再用两顶尖或一夹一顶的装夹方法装夹在分度头和尾座顶尖间。工件装夹后，应校正圆柱面的径向跳动，校正工件上母线与工作台面的平行度，校正工件侧母线与工作台纵向进给方向的平行度，如图 5.3 所示。

图 5.3 校正工件侧母线与工作台纵向进给方向的平行度

2. 铣削花键轴的方法

(1)用一把三面刃铣刀铣键侧，再用专用铣刀铣小径，如图 5.4 所示。

①对中心的方法。

a. 划线对刀铣出键侧。首先划出工件的中心线和键宽尺寸线，如图 5.5 所示，将键宽线转至工件的上方，按线对刀试铣，对中心。使三面刃铣刀的端刃距键宽线一侧约 0.3 ~ 0.5 mm 对刀，铣刀轻轻划着工件后，根据切深 $H$ 调整工作台上升量，$H$ 可按下式计算：

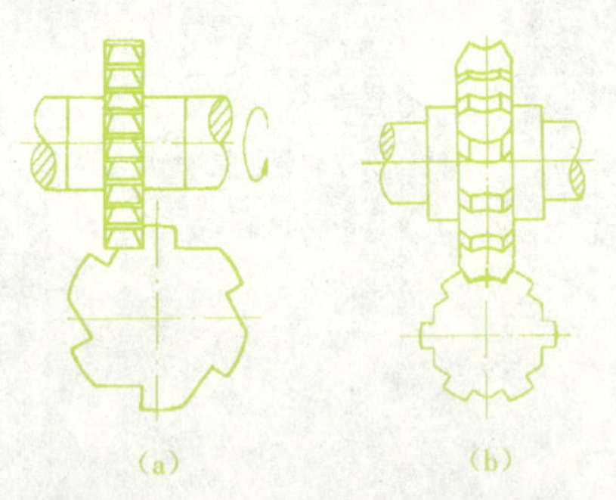


图 5.4 用一把三面刃铣刀铣花键

(a)用三面刃铣刀铣键侧；(b)用专用铣刀铣小径

$$H = \frac{D - d}{2} + 0.5$$

式中：$H$ 为工作台垂直上升量，mm；$D$ 为花键轴大径，mm；$d$ 为花键轴小径，mm。

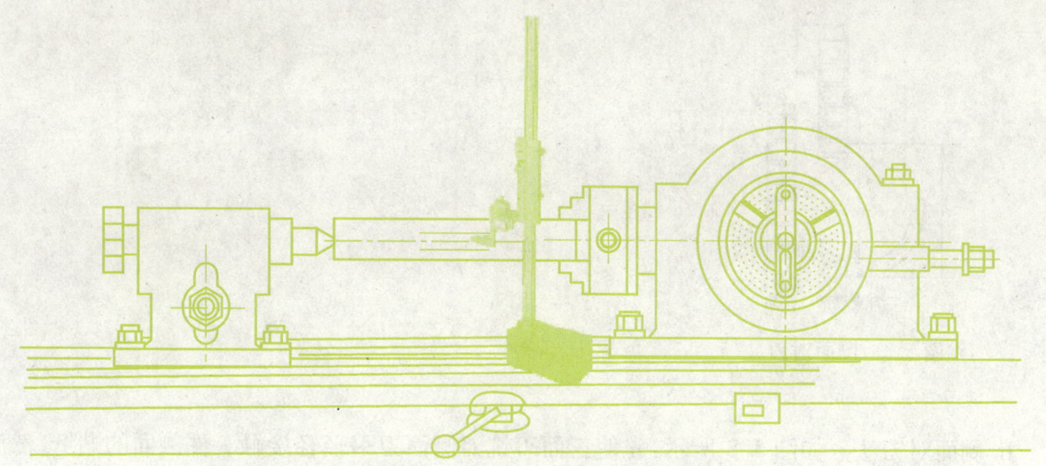

图 5.5　铣花键时在工件上划中心线

如图 5.6 所示，先铣出键侧 1，将工件转过 180°再铣出键侧 2，退刀后移动横向工作台一个距离 $A$，铣出键侧 3。横向工作台移动距离 $A$ 按下式计算：

$$A = B + b + 2(0.3 \sim 0.5)$$

式中：$A$ 为工作台横向移动距离，mm；$B$ 为三面刃铣刀宽度，mm；$b$ 为花键轴键宽，mm。

将铣成的键侧转至水平位置，按图 5.6(c) 所示，测量键侧 1 和 3 是否等高。如果等高，说明键侧对称于工件中心。如果键侧 1 和键侧 3 不等高，说明试铣后的键侧不对称于工件中心，这时应调整横向工作台的移动距离，将高的键侧铣去两侧高度的差值，使键侧对称于工件中心。调整工作台铣去 0.3 ~ 0.5 mm 留量，按图纸要求保证键宽，按图 5.7 所示的顺序依次铣成各键。

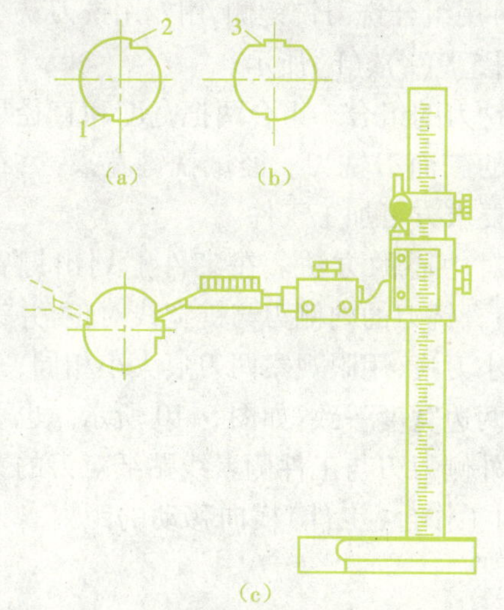


图 5.6　试铣对刀步骤及键侧中心位置检验

(a) 铣键侧 1、2；(b) 铣键侧 3；

(c) 测量键侧 1、3 高度

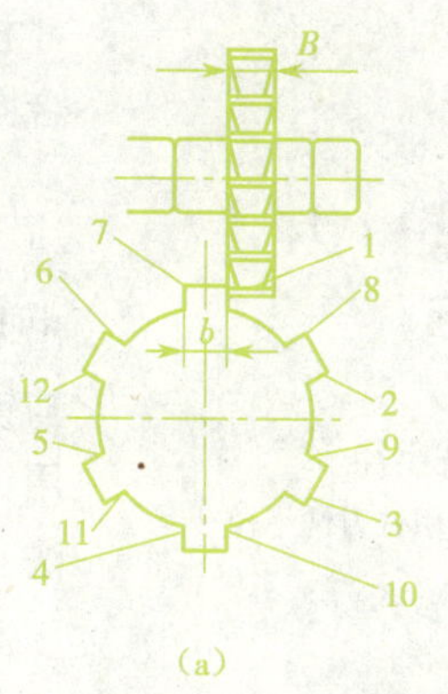


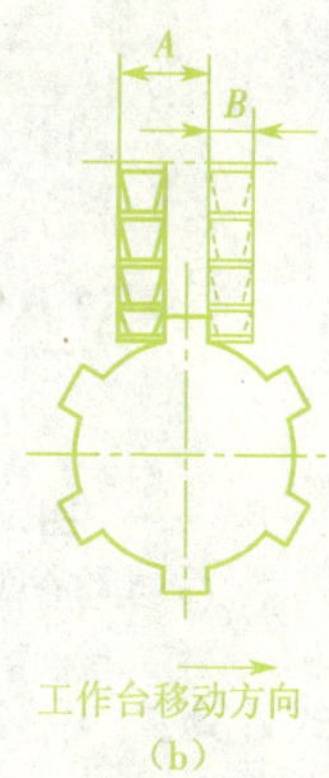


图 5.7　铣花键的步骤

(a) 铣键侧 1、2、3、4、5、6；

(b) 移动横向工作台铣键侧 7、8、9、10、11、12

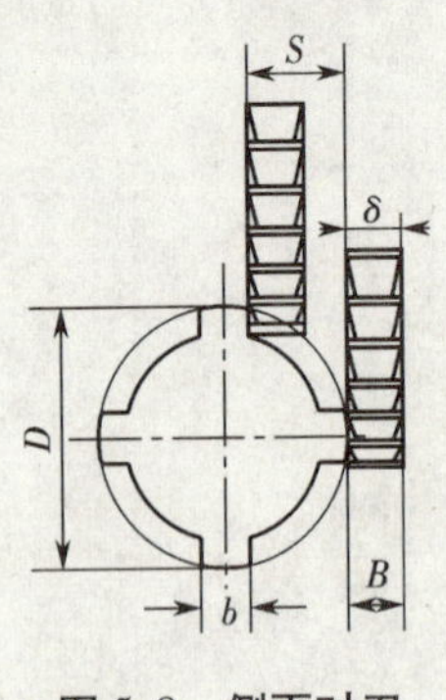


图5.8　侧面对刀

b. 侧面对刀法。如图5.8所示，先使三面刃铣刀侧面刀刃轻轻接触工件侧面的贴纸，然后垂直向下退出工件，再将工作台向铣刀方向横向移动距离 $S$：

$$S=\frac{1}{2}(D-b)+\delta$$

式中：$S$ 为工作台（工件）横向移动距离，mm；$D$ 为花键大径（工件外径），mm；$b$ 为花键键宽，mm；$\delta$ 为贴纸厚度，mm。

侧面对刀法方法简单，但有一定局限性，当工件的外径较大时，受三面刃铣刀直径的限制，铣刀杆可能会与工件相碰，因而不能用此法对刀。

②安装专用铣刀铣出花键小径。如果没有专用铣刀可用锯片铣刀代替。开始时，应使锯片铣刀对准工件中心，然后使工件转过一个角度，调整好切削深度铣削小径。每完成一次走刀，应将工件转过一个角度后再铣，直至将小径铣完。铣出的小径呈多边形，每次走刀后工件转过角度越小，铣小径的次数越多，小径就越接近圆弧面。

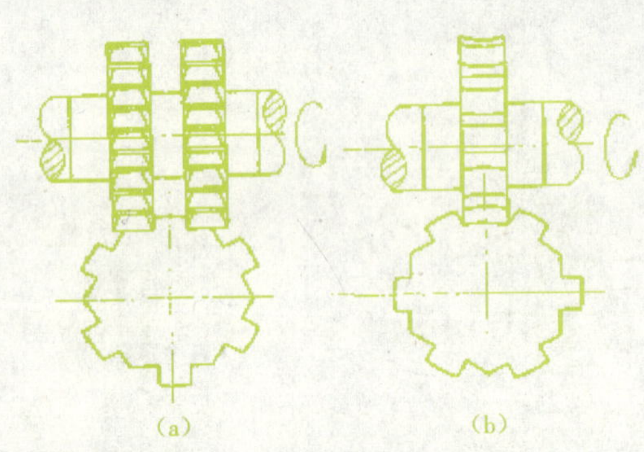


图5.9　铣键侧与铣小径

(a)用组合铣刀铣花键；(b)专用铣刀铣小径

(2)用组合铣刀铣键侧，用专用铣刀铣小径，如图5.9(a)、(b)所示。

①铣刀的组合。组合两把宽度和直径尺寸相同的三面刃铣刀。经试铣键宽尺寸，符合图样要求方可加工工件。

②对中心的方法。在工件上划出键宽线，使组合铣刀的内侧刃与键宽线对正，并铣出两个小刀痕，用眼观察两刀痕大小相同，并与键侧两边宽度一致，如图5.10所示。也可用铣刀外侧刀刃与工件侧素线贴纸对刀的方法，此时工作台（工件）横向移动的距离 $S$ 按下式计算：

$$S=\frac{1}{2}(D+b)+B+\delta$$

式中：$S$ 为工件横向移动距离，mm；$D$ 为花键大径（工件外径），mm；$b$ 为花键键宽，mm；$B$ 为三面刃铣刀宽度，mm；$\delta$ 为贴纸厚度，mm。

对刀结束后调整好切深即可铣削。采用组合铣刀铣削花键的键侧和小径，工件可两次装夹分别铣削，因此可避免每铣一根花键轴都要横向移动工作台和调整切深的麻烦。

③铣削方法。中心对准后，铣出第一个键，按一把三面刃铣刀铣键侧的检验方法，检验键宽是否按工件中心对称，检测合格，依次铣出各键。安装专用铣刀，按前面的对刀方法对中心，铣出工件的小径，如图 5.11 所示。

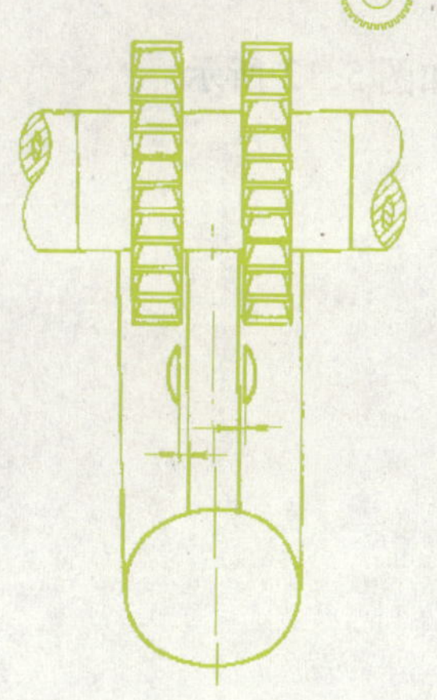

图 5.10　切痕对中心

## 四、任务实施

(1)读任务单图纸，确定加工部位。

(2)对照图样检查坯料尺寸和加工余量。

(3)进行 Z4012A－301 台钻主轴的铣削，其加工步骤及铣削方法(用组合铣刀加工键宽，用成形刀加工小径)如下。

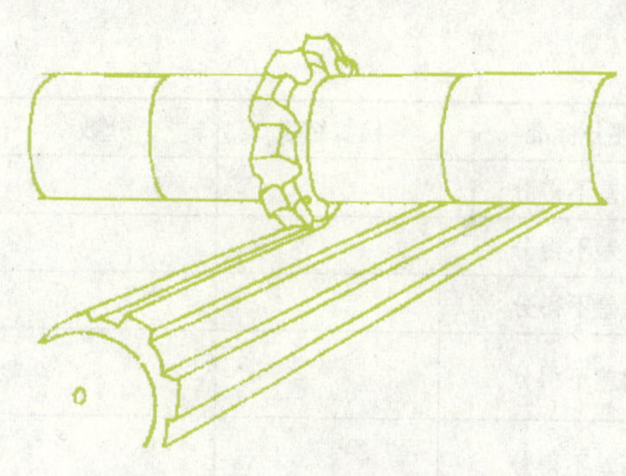

图 5.11　成型铣刀铣小径

①选择并安装两把相同的 $\Phi$63 mm×6 mm 三面刃铣刀。两铣刀中间加平垫。平垫的尺寸等于键宽尺寸。

②安装并校正分度头及尾座。

③采用一夹一顶装夹工件，校正工件圆周跳动在 0.03 mm 内，校正工件上母线与工作台面的平行度以及工件侧母线与工作台进给方向的平行度在 0.03 mm 内。

④铣削用量：取 $n=95$ r/min，$V_f=60$ mm/min。

⑤调整铣刀切削位置对中心，试铣并检查键宽保证尺寸 $5\text{b}11^{-0.14}_{-0.215}$ mm 和中心(键的对称度)。符合图纸要求(可用试件对刀)，则按要求铣出各键。

⑥安装成形圆弧铣刀，调整分度头使其中一个键的小径圆弧部分处于上方。

⑦调整中心位置，试铣保证小径尺寸 $\Phi 14\text{a}12^{-0.29}_{-0.47}$ mm 符合图纸要求。

⑧分度依次铣出小径圆弧。

## 五、任务分配

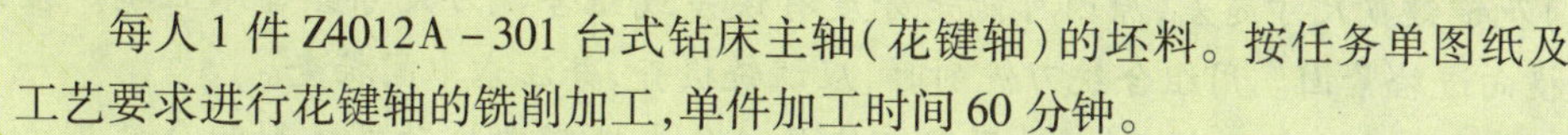

每人 1 件 Z4012A－301 台式钻床主轴(花键轴)的坯料。按任务单图纸及工艺要求进行花键轴的铣削加工，单件加工时间 60 分钟。

## 六、任务检测

(1)用百分尺或游标卡尺检测花键齿宽和小径尺寸。

(2)用杠杆百分表检验键侧与工件轴心线的平行度及键侧与工件轴心线的对称度，方法如图 5.12 所示。

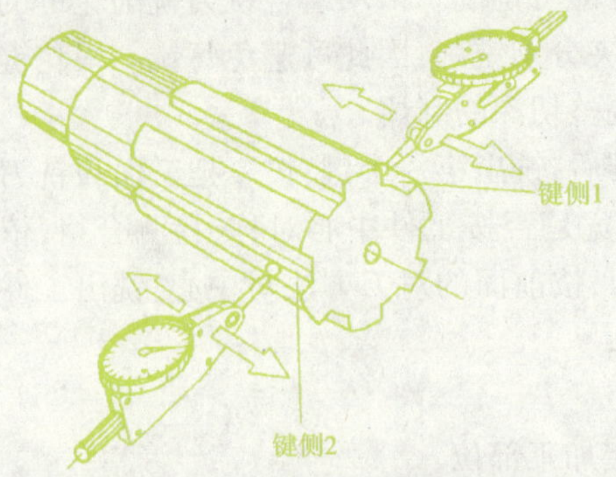


图 5.12　用百分表检验对称度

(3)用对比法检测键侧和小径表面粗糙度。

## 六、任务评价

| 项目 | 精度要求 | 配分 | 评分标准 | 检测结果 | 分数 |
|---|---|---|---|---|---|
| 尺寸公差 | $\Phi 14a12^{-0.29}_{-0.47}$ | 15 | 超差不得分 | | |
| | $5b11^{-0.14}_{-0.215}$ | 40 | 超差不得分 | | |
| | 152 | 12 | 超差不得分 | | |
| 形位公差 | ⌯ 0.03 A | 18 | 超差不得分 | | |
| | // 0.02 A | 6 | 超差不得分 | | |
| 表面粗糙度 | $R_a$3.2(8 处) | 6 | 降级不得分 | | |
| | $R_a$6.3(4 处) | 3 | 降级不得分 | | |
| 未注公差等级 | IT14 | | | | |
| 数量 | 1 件 | | | | |
| 时间 | 60 分 | | | | |
| 安全文明生产 | 凡违反操作规程,损坏工具、量具、刃具等,酌情扣 3 ~ 10 分 | | | | |
| 合计 | | | | | |

容易产生的问题及原因

(1)花键键宽尺寸超差,原因可能是分度有误差或组合铣刀尺寸组合不正确。应注意铣削时将横向进给紧固。用组合铣刀铣削时,应试铣检查,并注意中间抽查。

(2)花键两端键宽尺寸不相等,原因可能是工件在铣削中松动或铣削时分度头主轴紧固手柄没有紧固。

(3)花键等分超差,原因可能是分度手柄摇错或分度手柄摇过,没有消除分度间隙。

(4)键侧与工件轴心线不平行,小径两端尺寸不平行,原因可能是上母线和侧母线没有校

正好。

(5)小径圆周面与工件外圆周面不同轴，原因可能是工件圆周面的跳动没有校正好。

(6)表面粗糙度不符合要求，原因可能是铣刀变钝，刀杆弯曲，挂架轴承间隙大，铣削中振动或进给速度过快，铣削较长工件时中间没有支承等。

**安全警告!!!**

(1)走刀过程中和刀具未停稳之前，不准检测工件，不准用手触摸工件加工表面。

(2)清除切屑时，应使用毛刷。

# 任务六 刻线

目标要求

1. 掌握刻线刀的刃磨方法。
2. 正确掌握在圆周面和平面上的刻线方法。
3. 分析刻线中产生的问题及注意事项。

## 一、任务

任务单图纸如图 6.1 所示，Z4012A－324 刻度盘实物如图 6.2 所示。以此任务为例，进行刻度变圆周刻线。

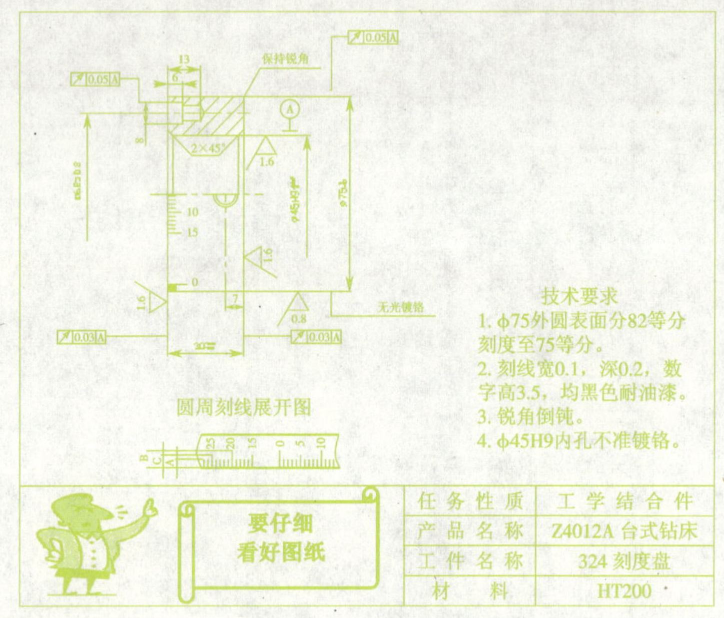


图 6.1 任务单图纸

图 6.2 Z4012A－324 刻度盘实物

## 二、任务准备

工件：车削、磨削加工坯料。

机床：X5032 立式铣床。

量具：0～150 mm 游标卡尺。

刀具：自制刻线刀。

刀具材料：高速钢。

工具：卡盘扳手。

夹具：分度头。

## 三、相关知识——刻线

1. 对刻线工件的技术要求

要求刻出的线条间隔距离相等、长短分明、粗细均匀、清晰美观。

2. 刻线刀的刃磨方法和顺序

刻线刀通常采用高速钢(白钢条)磨制而成,也可以用废旧立铣刀或锯片铣刀改磨成形。刻线刀的几何形状及主要角度如图 6.3 所示。刻线刀的刃磨方法和顺序如图 6.4 所示,刃磨后的刻线刀要用油石修磨前、后刀面,提高刃口质量,保持刃口锋利。在铸铁件上刻线时,刻线刀的前角可以磨成零度。

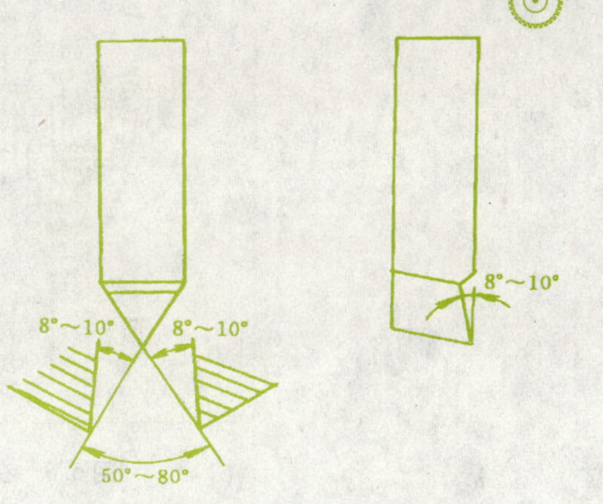


图 6.3 刻线刀的几何形状

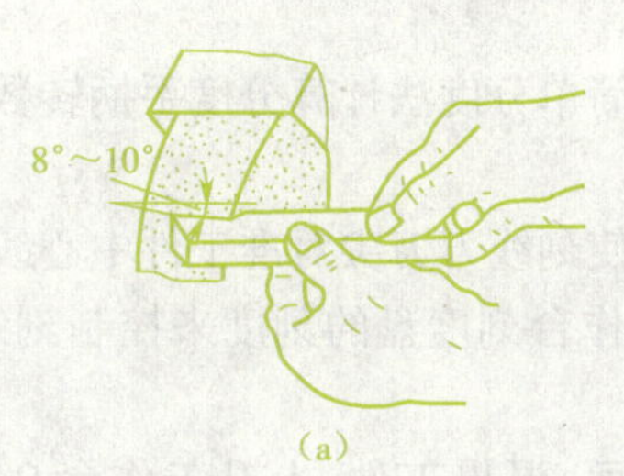


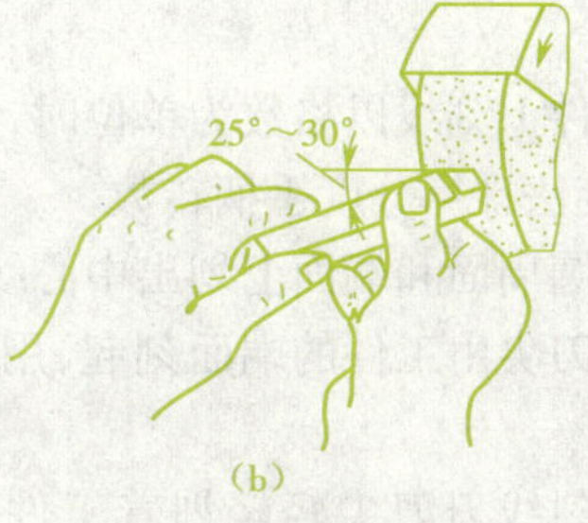


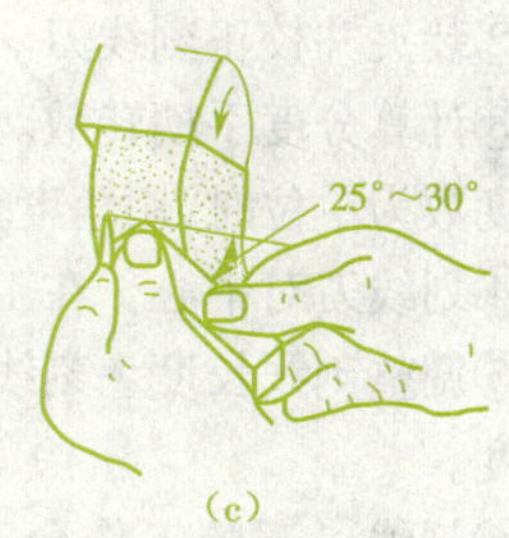


图 6.4 刻线刀的刃磨方法和顺序

(a)刃磨前角;(b)刃磨偏角;(c)磨成刀尖

3. 刻线刀装夹方法

用白钢条磨成的刻线刀,其装夹方法如图 6.5 所示,一起安装在挂架中紧固即可。

图 6.5 刻线刀的装夹方法

用立铣刀改磨的刻线刀,可直接安装在立铣头主轴锥孔内;用废旧锯片铣刀改磨成的刻线刀,可用刀轴垫圈夹,紧固在刀轴上。刻线刀安装要牢固。安装后,刻线刀前刀面应垂直于刻线进给方向。

4. 圆柱面刻线

如图 6.6 所示。

(1)工件的装夹和校正。在圆柱面上刻线时,应将分度头主轴呈水平状态。带孔工件刻线,可采用心轴装夹工件;轴类工件刻线时,可用三爪卡盘装夹工件。前一种装夹方法,应校正

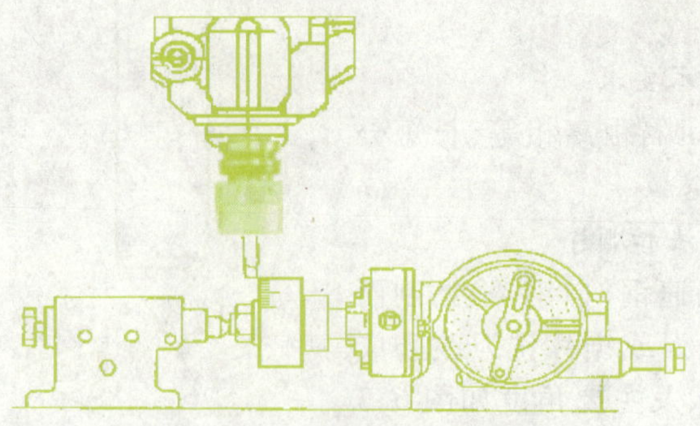

图 6.6 在圆柱面上刻线

心轴的圆跳动,后一种应校正工件的外圆柱面的圆跳动在 0.03 mm 内。

(2)刻线方法及步骤。

①装夹并校正工件。

②装夹并校正刻线刀。

③计算分度手柄转数。工件上刻线以格数为单位时,用简单分度法计算分度手柄转数;刻线以度数为单位时,用角度分度法计算分度手柄转数。

④划线刀对中心。在工件圆周面和端面上划出中心线,使刻线刀刀尖对准工件中心线。

⑤调整刻线长度。刻线刀刀尖由工件的端面刻起,用工作台刻度盘的刻度来控制刻线时的长度。

⑥刻线。调整工作台,使刻线刀刀尖轻轻划着工件表面,退出工件,上升工作台 0.1 ~ 0.15 mm 的刻线深度试刻几条线,检查线条没有问题后,再适当调整刻线深度,刻完所有线条。刻线深度根据工件材料、刀具角度、刻线要求等可在 0.25 ~ 0.5 mm 内。

5. 直线间隔刻线

如图 6.7 所示。

(1)利用工作台刻度环移距刻线。当工件上的刻线间隔要求精度不高时,可用纵、横工作台刻度环的刻度,控制工作台的移动距离,完成平面工件上的直线间隔刻线。

①工件的装夹和校正。较小工件可用平口钳装夹,工件形体较大时,可用压板压紧在工作台面上。以上两种装夹方法,都应使工件的刻线方向与工作台的进给方向平行,工件装夹时,应校正其刻线平面与工作台面平行。

②对刀方法。工件装夹并校正后,应使刻线刀的刀尖与工件侧面对齐,调整横向工作台,通过其刻度盘控制不同刻线长度。然后再使刻线刀刀尖与工件端面对齐,调整好纵向工作台刻度盘,控制直线间隔分度,调整刻线深度,用纵向工作台移距,用横向工作台进给,刻出所有线条。如图 6.8 所示。

(2)用分度头主轴挂轮法进行直线间隔刻线。当工件上的刻线精度要求较高时,或者刻线间隔距离是小数值时,应用主轴挂轮法分度并刻线。

①分度原理。主轴挂轮法是在分度头的主轴后锥孔中装上挂轮轴,用交换齿轮把分度头主轴与工作台纵向丝杠连接起来,如图 6.9 所示。转动分度手柄,使工作台产生移距。

这种直线移距分度方法利用了分度头的减速作用,分度手柄转动若干转,工作台纵向移动

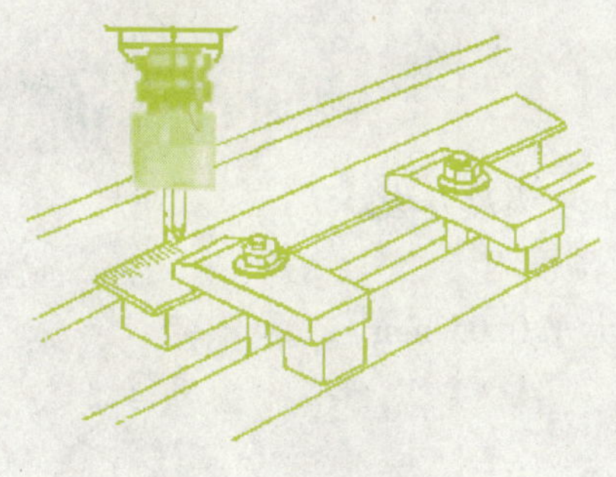

图 6.7　直线间隔刻线

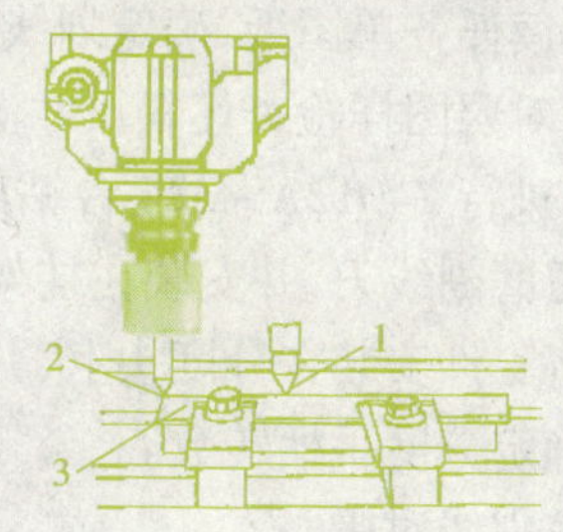


图 6.8　直线间隔刻线时的对刀

1—刀尖对准侧面　2—刀尖对准端面　3—工件

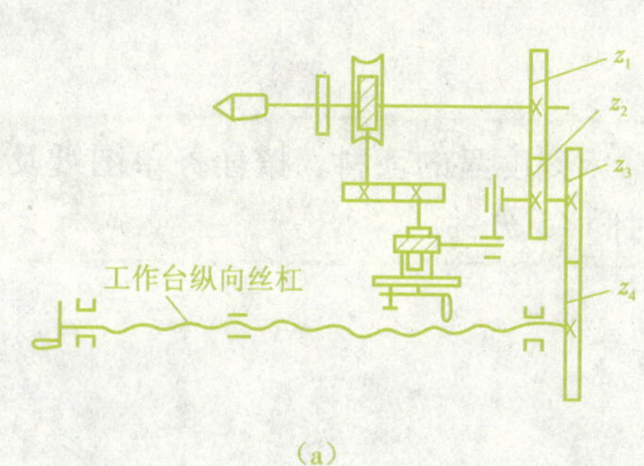


(a)

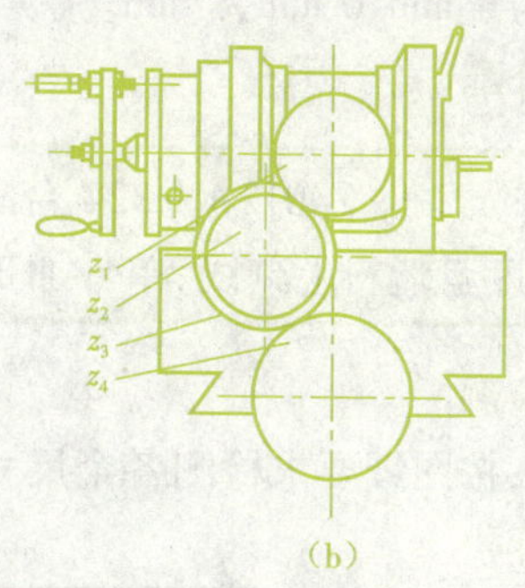


(b)

图 6.9　主轴挂轮法

(a)传动系统;(b)交换齿轮安装

一个很小的距离,这种方法适用于间隔距离较小或移距精度要求较高时。

②交换齿轮计算。由图 6.9 可知:

$$n\frac{1}{40}\frac{z_1z_3}{z_2z_4}P_{丝}=L$$

$$\frac{z_1z_3}{z_2z_4}=\frac{40L}{nP_{丝}}$$

要记住方法
及步骤啊!!

式中:$z_1$、$z_3$ 为主动交换齿轮的齿数;$z_2$、$z_4$ 为从动交换齿轮的齿数;40 为分度头定数; $L$ 为每次分度工作台(工件)移动距离,mm;$P_{丝}$ 为工作台纵向进给丝杠螺距,mm;$n$ 为每次分度时分度手柄的转数,r。

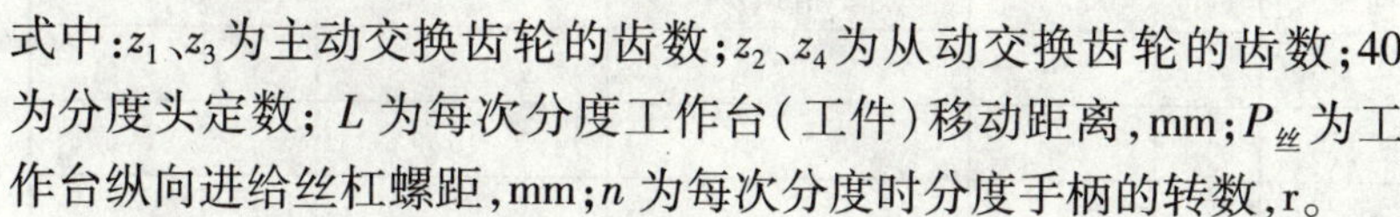

计算交换齿轮时,一般应先确定分度手柄的转数 $n$(不可选得过大,一般取整数 10 以内)。计算出交换齿轮的传动比$\frac{z_1z_3}{z_2z_4}$不大于 6 或不小于 1/6 时,采用单式轮系;当传动比大于 6 或小于 1/6 时,应采用复式轮系,并满足交换齿轮正常啮合的条件,即

$$z_1+z_2>z_3+(15\sim20)$$

$$z_3+z_4>z_2+(15\sim20)$$

## 四、任务实施

(1)读任务单图纸,确定划线部位。

(2)对照图样检查坯料尺寸。

(3)进行 Z4012A－324 台钻刻度盘刻线,其加工步骤及方法。

①刃磨刻线刀,并安装在挂架上。

②将工件安装在分度头上,并校正径向跳动不大于 0.05 mm。

③确定分度手柄转数。

④按划线对中心。

⑤对刀并调整刻线长度,用纵向进给刻度盘控制长、短线长度。

⑥调整刻线宽 0.1 mm,深 0.2 mm。按要求在 Φ75 外圆表面分 82 等份刻线,刻至 75 等份,线长分别为 4 mm、6 mm、8 mm。

## 五、任务分配

每人 1 件 Z4012A—324 台式钻床刻度盘的坯料。按任务单图纸及工艺要求在刻度盘坯料上刻线,单件加工时间 45 分钟。

## 六、任务检测

使用量具,按图纸要求检测各个尺寸。

## 七、任务评价

| 项目 | 精度要求 | 配分 | 评分标准 | 检测结果 | 分数 |
|---|---|---|---|---|---|
| 尺寸公差 | 4 | 10 | 超差不得分 | | |
| | 6 | 10 | 超差不得分 | | |
| | 8 | 10 | 超差不得分 | | |
| | 线宽 0.1 | 10 | 超差不得分 | | |
| | 线深 0.2 | 10 | 超差不得分 | | |
| | 圆周分度 82 等分,刻 75 等份 | 30 | 分度错误不得分 | | |
| 外观 | 整齐、方向一直 | 20 | 酌情扣分 | | |
| 未注公差等级 | IT14 | | | | |
| 数量 | 1 件 | | | | |
| 时间 | 45 分 | | | | |
| 安全文明生产 | 凡违反操作规程,损坏工具、量具、刃具等酌情扣 3～10 分 | | | | |
| 合计 | | | | | |

容易产生的问题及原因

(1)刻线线条粗细不均匀,原因可能是工件圆跳动超差或在平面上刻线时表面不平。

(2)刻线线条长短不一致,原因可能是工作台刻度盘松动或刻线过程中摇错手柄。

(3)刻线间隔大小不一致,原因可能是分度错误或工作中没有消除各传动间隙。

(4)进行刻线工作时,应切断电源。

(5)刻线时刀具不能转动,刻好一条线后,退出工件,将分度头转过一个角度,接着刻第二条线。

# 任务七 离合器的铣削

目标要求

1. 掌握铣削奇数齿和偶数齿离合器的方法和步骤。
2. 正确计算并调整分度头主轴倾斜角度。
3. 正确选择铣离合器用的铣刀。
4. 分析铣削中产生的问题及注意事项。

## 子任务一 矩形齿离合器的铣削

### 一、任务

任务单图纸如图7.1所示，矩形齿离合器实物如图7.2所示。以此任务为例，进行矩形齿离合器的铣削。

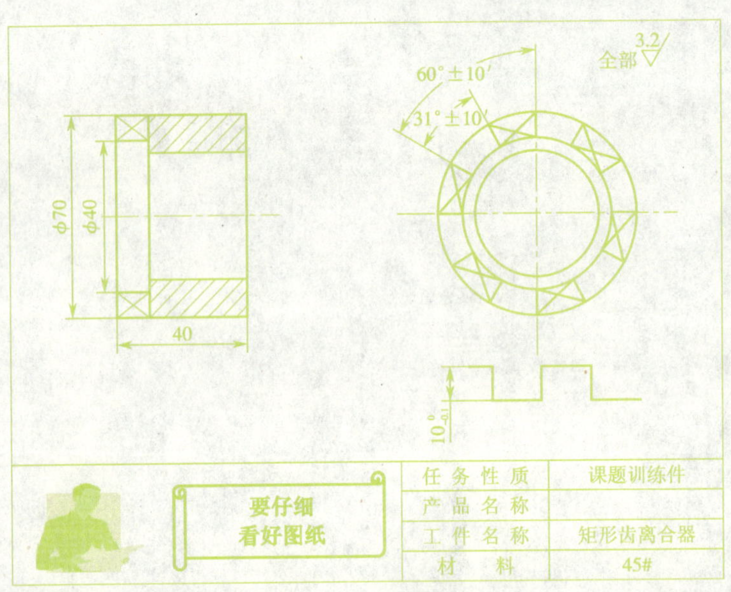


图7.1 任务单图纸

### 二、任务准备

工件：坯料为圆料经车削至要求尺寸。

机床：X5032立式铣床。

量具：0 ~ 150 mm 游标卡尺，百分尺，高度尺，百分表，深度尺，塞尺。

图 7.2　矩形齿离合器实物

刀具：$\Phi$100 mm×10 mm 直齿三面刃铣刀。

刀具材料：高速钢。

铣削用量：取 $n=95$ r/min，$V_f=47.5$ mm/min。

工具：卡盘扳手、紫铜锤。

夹具：分度头。

根据刀具材料，合理选择铣削速度

刀具材料不同，其铣削速度不同。

（1）高速钢刀具铣削速度一般为 20 mm/min 左右。

（2）铣削速度计算公式为 $v_c=\frac{\pi dn}{1\ 000}$。

## 三、相关知识——矩形齿离合器

矩形齿离合器也称为直齿离合器，根据离合器的齿数，可分为奇数齿和偶数齿两种。这两种离合器齿的侧面都通过工件中心（齿侧是径向的），以保证两个离合器能够正确啮合。

### 1. 铣削奇数齿直齿离合器

#### 1）选择铣刀

铣削奇数齿直齿离合器时，应选用三面刃铣刀或立铣刀。为了使离合器相邻的小端齿不被铣伤，三面刃铣刀的宽度 $B$ 或者立铣刀的直径 $D$，应略小于齿槽小端的宽度，如图 7.3、图 7.4 所示。

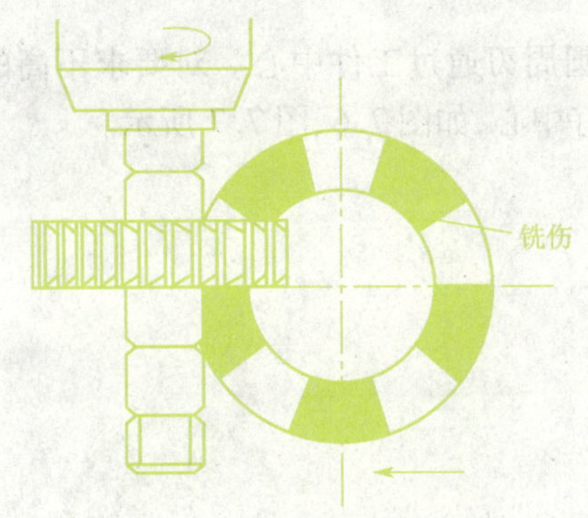


图 7.3　铣刀过宽铣伤小端齿

图 7.4　计算铣刀宽度

铣刀宽度（或立铣刀直径）按下式计算：

$$B(D)\leqslant\frac{d_1}{2}\sin\alpha=\frac{d_1}{2}\sin\frac{180^\circ}{z}$$

式中：$B(D)$ 为铣刀宽度（或直径），mm；$d_1$ 为离合器内孔直径，mm；$\alpha$ 为离合器齿槽角，度；$z$ 为离合器齿数。

#### 2）工件的安装和校正

工件装夹在分度头卡盘中，应校正径向圆跳动和端面圆跳动。选用在卧式铣床加工，分度

头主轴垂直于工作台台面,如图 7.5(a)所示。若在立式铣床上铣削矩形离合器,可采用短刀轴安装三面刃铣刀,分度头主轴与工作台台面平行,采用横向进给进行铣削,如图 7.5(b)所示。

**图 7.5　分度头主轴水平安装铣削矩形离合器**

(a)垂向铣削法;(b)横向进给铣削法

3)计算和调整分度手柄转数

按下式调整:

$$n=\frac{40}{z}$$

4)对中心

铣削工件时,应使三面刃铣刀的端面刃或立铣刀的圆周刃通过工件中心。对要求不高的离合器可采用在工件上划出中心线,然后再按照划线对好中心,如图 7.6、图 7.7 所示。

**图 7.6　划中心线**

1—工件　2—卡盘

**图 7.7　铣奇数齿离合器**

对要求较高的离合器对中心可采用切痕法对中心,如图 7.8 所示。步骤是使铣刀侧刃微量切到工件外圆表面,切痕的高度应小于齿槽的深度。调整工作台后测量切去量 $a$,移动工作台，使工件朝铣刀方向移动一段距离（工件外圆半径 $R$ 与切去量之差），使铣刀处于工件的中心。铣削时，应注意把工件转一个角度使切痕部分铣去。

图 7.8　切痕法对中心

5）铣削方法

对好中心铣削工件时，使铣刀切削刃轻轻与工件侧面接触，然后退刀，按齿高调整切削深度，将不使用的工作台及分度头主轴紧固，使铣刀穿过工件整个端面，铣出第一刀，形成两个齿的各一个侧面，退刀后松开分度头主轴紧固手柄，分度后铣第二刀。以同样方法铣完各齿，走刀次数等于奇数齿离合器的齿数。

6）铣齿侧间隙

就是将离合器的齿多铣去一些，使槽形大于齿形，便于两个离合器正常啮合。铣削方法有偏移中心法和偏转角度法两种。

（1）偏移中心法。铣刀侧面对好工件中心后，使刀具的端面刃（或立铣刀圆周刃）超过工件中心约 0.2～0.3 mm，如图 7.9（a）所示。使齿的大端至小端铣去一样多，齿侧产生间隙，这样齿侧将通过工件中心，因此只用于精度要求不高的离合器的加工。

（2）偏转角度法。铣刀对准工件中心，将全部齿槽铣完后，使工件转过一个 $\Delta\theta$ 角度（或按图样要求转过一定角度），这样使齿的大端多铣去一些，齿的小端少铣去一些，使齿侧产生间隙，但齿侧仍通过工件中心。这种方法适用于精度要求较高的离合器加工，如图 7.9（b）所示。

图 7.9　铣齿侧间隙
（a）偏移中心法；（b）偏转角度法

2. 铣偶数齿直齿离合器

1）铣刀的选择

铣偶数齿直齿离合器也用三面刃铣刀或立铣刀，三面刃铣刀的宽度或立铣刀直径尺寸的确定，与铣奇数齿离合器相同。但铣偶数齿离合器时，为了不使三面刃铣刀铣伤对面的齿面，又能将槽底铣平，三面刃铣刀的最大直径受限，如图 7.10 所示，可用下式确定：

$$D \leqslant \frac{T^2 + d_1{}^2 - 4B^2}{T}$$

图 7.10　计算三面刃铣刀直径

式中：$D$ 为三面刃铣刀允许最大直径，mm；$d_1$ 为离合器齿部内孔直径，mm；$T$ 为离合器齿深，mm；$B$ 为三面刃铣刀宽度，mm。

2）铣削方法

工件的装夹、校正、划线、对中心的方法与铣奇数齿直齿离合器相同。铣偶数齿离合器时，铣刀不能通过整个工件端面，每次分度，只能铣出一个齿的一个侧面，因此注意不要铣伤对面的齿，如图 7.11 所示。

图 7.11　铣偶数齿离合器时铣伤齿形

铣削时，首先使铣刀的端面 1 对准工件中心，如图 7.12（a）所示，分度铣出齿侧 1、2、3、4，然后将工件转过一个齿槽角 $\alpha$，再将工作台移动一个刀宽的距离，使铣刀端面 2 对准工件中心，再依次铣出每个齿的另一个侧面 5、6、7、8，如图 7.12（b）所示。为了得到一定的齿侧间隙，在第二次调整时可将工件转过的角度增大 2° ~4°。在齿槽角精度要求较高的离合器可用角度分度法。

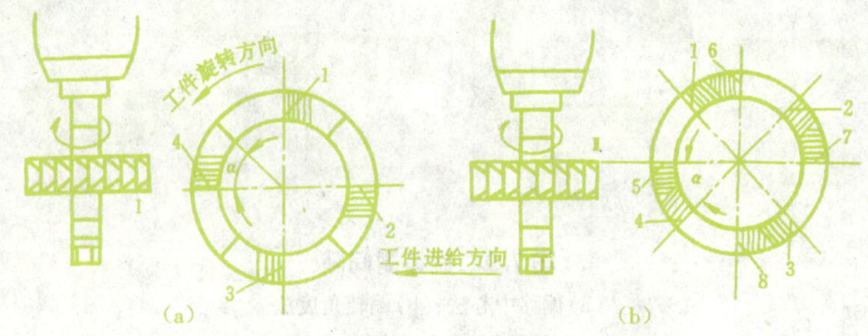


图 7.12　铣偶数齿离合器加工方法

（a）端刃 Ⅰ 铣削；（b）端刃 Ⅱ 铣削

3）角度分度法

角度分度法是简单分度的另一种，只是计算的依据不同。简单分度是以工件的等分数 $z$ 作为计算分度的依据，而角度分度法是以工件所需转过的角度 $\theta$ 作为计算的依据。由于分度手柄转过 40 r，分度头主轴带动工件转过 1 r，即 360°，所以分度手柄每转 1 r，工件转过 9°或 540′。

由此，可得出角度分度法的计算公式。

工件角度 $\theta$ 的单位为(°)时：

$$n=\frac{\theta}{9}$$

工件角度 $\theta$ 的单位为(′)时：

$$n=\frac{\theta}{540}$$

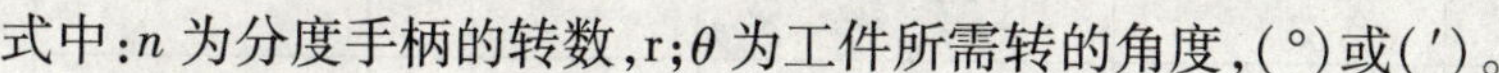

式中：$n$ 为分度手柄的转数，r；$\theta$ 为工件所需转的角度，(°)或(′)。

如果工件所分的角度有两个以上的单位，则要化成统一的最小单位后，代入公式进行计算，也可用查表法获得手柄转数 $n$，见本书附录三表 2。

## 四、任务实施

(1)读任务单图纸，确定加工部位。

(2)对照图样检查坯料尺寸，并确定加工余量。

(3)进行课题训练，在 X5032 立式铣床铣削矩形偶数齿离合器的方法及步骤如下。

①选择并安装 $\Phi100\ \text{mm}\times10\ \text{mm}$ 三面刃铣刀。

②安装校正分度头。

③装夹并校正工件，使圆跳动和端面跳动在 0.1 mm 范围内。

④计算和调整分度手柄转数。

$$n=\frac{40}{z}=\frac{40}{6}=6\frac{36}{54}$$

即每铣一齿，分度手柄转 6 转又 54 孔圈上 36 个孔距。

⑤用侧面对刀，移工件直径的一半对中心。

⑥调整切深。

⑦按偶数齿直齿离合器加工方法，铣完各齿的同一侧。

⑧工件转过一个齿槽角 31°，

$$n=\frac{\theta}{9}=\frac{31}{9}=3\frac{4}{9}=3\frac{24}{54}$$

即分度手柄转过 3 转又 54 孔圈上 24 个孔距。

工作台移动 10 mm，使铣刀另一侧刃的旋转平面通过工件中心。依次铣削各齿的另一侧面。

## 五、任务分配

每人一件课题训练用直齿偶数齿离合器的坯料，按任务栏图纸要求铣削加工，时间 90 分钟。

## 六、任务检测

使用量尺，检测各个尺寸是否达到图纸要求。

## 七、任务评价

| 项目 | 精度要求 | 配分 | 评分标准 | 检测结果 | 分数 |
|---|---|---|---|---|---|
| 尺寸公差 | 60°±10′(6处) | 32 | 超差不得分 | | |
| | 31°±10′(6处) | 32 | 超差不得分 | | |
| | $10_{-0.1}^{\ 0}$(6处) | 18 | 超差不得分 | | |
| 表面粗糙度 | $R_a3.2$(18处) | 18 | 降级不得分 | | |
| 未注公差等级 | IT14 | | | | |
| 数量 | 1件 | | | | |
| 时间 | 90分 | | | | |
| 安全文明生产 | 凡违反操作规程,损坏工具、量具、刃具等,酌情扣3~10分 | | | | |
| 合计 | | | | | |

### 容易产生的问题及原因

(1)分度时要准确,应消除分度头传动间隙对分度精度的影响。

(2)铣削时,紧固分度头主轴,分度时再松开。

(3)分度头在工作台上的位置应便于操作。

(4)用卡盘装夹工件时,应防止工件表面被夹伤。

(5)不用的工作台要紧固。

### 安全警告!!!

(1)走刀过程中和刀具未停稳之前,不准测量工件,不准用手触摸工件加工表面。

(2)清除切屑时应使用毛刷。

(3)及时修整工件上的毛刺和锐边,以防伤手,但修整时,不要将已加工表面损坏。

# 子任务二　锯齿形离合器的铣削

## 一、任务

任务单图纸如图 7.13 所示，锯齿形离合器实物如图 7.14 所示。以此任务为例，进行锯齿形离合器的铣削。

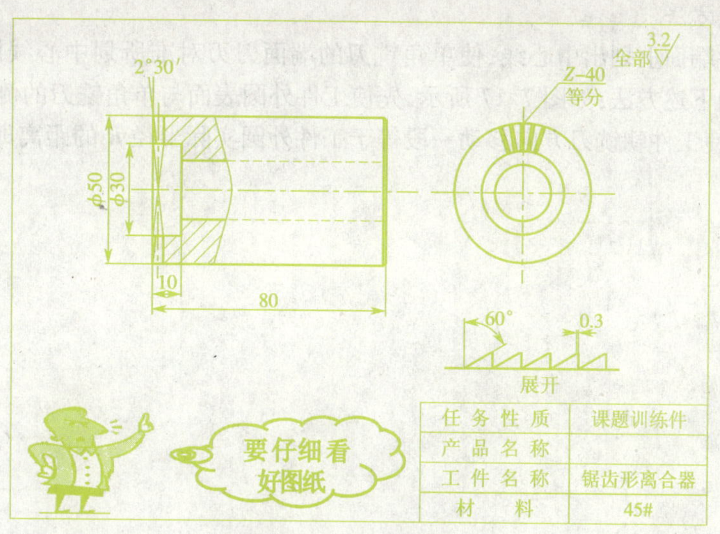


图 7.13　任务单图纸

## 二、任务准备

工件：坯料为圆料经车削至要求尺寸。

机床：X6132 卧式铣床。

量具：0～150 mm 游标卡尺，百分尺，高度尺，百分表。

刀具：$\Phi$60 mm×60°单角铣刀。

刀具材料：高速钢。

铣削用量：取 $n=95$ r/min，$V_f=47.5$ mm/min。

工具：卡盘扳手、紫铜锤。

夹具：分度头。

图 7.14　锯齿形离合器实物

**根据刀具材料，合理选择铣削速度**

刀具材料不同，其铣削速度不同。

（1）高速钢刀具铣削速度一般为 20 mm/min 左右。

（2）铣削速度计算公式为 $v_c=\dfrac{\pi dn}{1\ 000}$。

## 三、相关知识——锯齿形离合器

1. 锯齿形离合器的特点

锯齿形离合器的齿形是向中心逐渐收缩，其齿形角有 60°、70°、75°、80°、85°等，如图 7.15 所示。齿顶留有 0.2 ~0.3 mm 小平面。

2. 铣刀的选择

铣锯齿形离合器可选用单角铣刀来加工，单角铣刀的角度应与离合器的齿槽角相等。

3. 对中心的方法

可先在工件端面上划出中心线，使单角铣刀的端面刀刃对准所划中心线即可，如图 7.16 所示。还可采用下述方法：如图 7.17 所示，先使工件外圆表面与单角铣刀的侧刃微微接触，然后退出工件，再使工件朝铣刀方向移动一段等于工件外圆实际半径 $R$ 的距离即可。

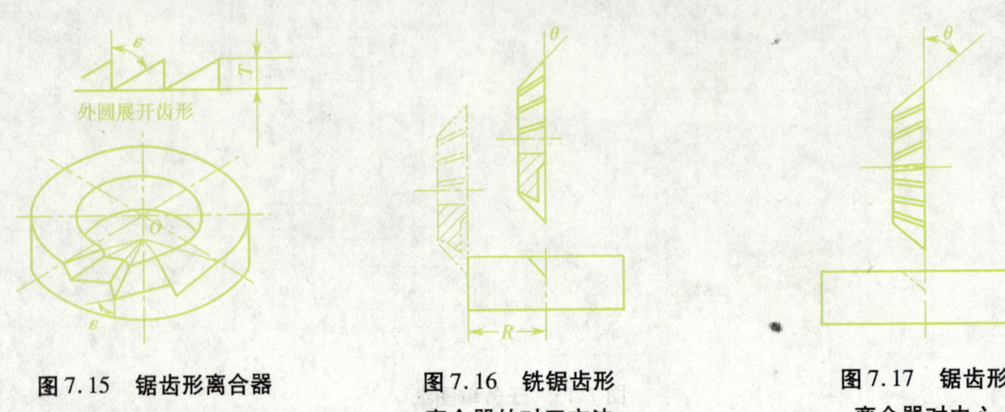


图 7.15　锯齿形离合器　　图 7.16　铣锯齿形离合器的对刀方法　　图 7.17　锯齿形离合器对中心

4. 分度头主轴倾斜角度的计算

铣削时分度头主轴应倾斜一个角度 α，其值可查表 7.1 或用下式计算：

$$\cos \alpha = \tan \frac{180°}{z} \cot \varepsilon$$

式中：$\alpha$ 为分度头主轴倾斜角度；$z$ 为离合器齿数；$\varepsilon$ 为齿形角，即单角铣刀廓形角。

表 7.1　铣削锯齿形离合器分度头倾斜角 α 值

| 离合器齿数 $z$ | 铣削离合器用的单角铣刀角度（$\theta$） | | | | | |
|---|---|---|---|---|---|---|
| | 60° | 65° | 70° | 75° | 80° | 85° |
| 5 | *65°12′ | *70°12′ | 74°40′ | 78°47′ | 82°12′ | 86°21′ |
| 6 | *70°32′ | 74°23′ | 77°52′ | 81°6′ | 84°9′ | 87°6′ |
| 7 | 73°50′ | 77°2′ | 79°54′ | 82°35′ | 85°10′ | 87°35′ |
| 8 | 76°10′ | 78°52′ | 81°20′ | 83°38′ | 85°48′ | 87°55′ |
| 9 | 77°52′ | 80°14′ | 82°23′ | 84°24′ | 86°19′ | 88°22′ |
| 10 | 79°12′ | 81°17′ | 83°13′ | 85° | 86°43′ | 88°22′ |
| 11 | 80°14′ | 82°8′ | 83°54′ | 85°29′ | 87°4′ | 88°32′ |
| 12 | 81°6′ | 82°49′ | 84°24′ | 85°53′ | 87°18′ | 88°39′ |
| 13 | 81°49′ | 83°24′ | 84°51′ | 86°13′ | 87°30′ | 88°46′ |
| 14 | 82°26′ | 83°54′ | 85°12′ | 86°30′ | 87°42′ | 88°51′ |

续表

| 离合器齿数 z | 铣削离合器用的单角铣刀角度（θ） | | | | | |
|---|---|---|---|---|---|---|
| | 60° | 65° | 70° | 75° | 80° | 85° |
| 15 | 82°57′ | 84°19′ | 85°34′ | 86°44′ | 87°51′ | 88°56′ |
| 16 | 83°24′ | 84°41′ | 85°51′ | 86°57′ | 87°59′ | 89° |
| 17 | 83°48′ | 85° | 86°6′ | 87°08′ | 88°7′ | 89°4′ |
| 18 | 84°9′ | 85°17′ | 86°19′ | 87°14′ | 88°13′ | 89°7′ |
| 19 | 84°30′ | 85°32′ | 86°31′ | 87°26′ | 88°19′ | 89°10′ |
| 20 | 84°46′ | 85°46′ | 86°42′ | 87°34′ | 88°24′ | 89°12′ |
| 21 | 85°1′ | 85°58′ | 87°51′ | 87°41′ | 88°29′ | 89°15′ |
| 22 | 85°13′ | 86°9′ | 87° | 87°48′ | 88°33′ | 89°17′ |
| 23 | 85°27′ | 86°20′ | 87°8′ | 87°53′ | 88°37′ | 89°19′ |
| 24 | 85°38′ | 86°29′ | 87°15′ | 87°59′ | 88°40′ | 89°20′ |
| 25 | 85°49′ | 86°37′ | 87°22′ | 88°4′ | 88°43′ | 89°22′ |
| 26 | 85°59′ | 86°45′ | 87°28′ | 88°8′ | 88°46′ | 89°24′ |
| 27 | 86°8′ | 86°53′ | 87°34′ | 88°12′ | 88°50′ | 89°25′ |
| 28 | 86°16′ | 86°59′ | 87°39′ | 88°16′ | 88°52′ | 89°26′ |
| 29 | 86°24′ | 87°6′ | 87°44′ | 88°20′ | 88°54′ | 89°27′ |
| 30 | 86°31′ | 87°11′ | 87°48′ | 88°23′ | 88°56′ | 89°28′ |
| 31 | 86°39′ | 87°18′ | 87°53′ | 88°25′ | 88°59′ | 89°29′ |

注：表中有 * 者是不常用的。

5. 齿形铣削

铣削锯齿形离合器时，无论齿数是奇数还是偶数，分度一次只能铣出一条齿槽。调整切深应按大端齿槽深在外径处进行。为了避免一对离合器嵌合时齿顶与齿槽接触，要防止齿形太尖，因此往往采用试切法调整切深，使齿顶留有 0.2 ~ 0.3 mm 宽的平面，以保证齿形工作面接触。

## 四、任务实施

（1）读任务单图纸，确定加工部位。

（2）对照图样检查坯料尺寸，确定加工余量。

（3）进行课题训练，在 X6132 卧式铣床铣削锯齿形离合器的，方法及步骤如下。

①选择 Φ60 × 60°的单角铣刀。

②安装分度头，装夹并校正工件，使圆跳动和端面跳动在 0.1 mm 范围内。

③计算并调整分度头主轴倾斜角度及分度手柄转数。

④对中心。

⑤试切，调整切削深度，分度并铣削工件。

## 五、任务分配

每人一件课题训练用锯齿形齿离合器的坯料，按任务栏图纸要求铣削加工，时间 60 分钟。

## 六、任务检测

检测工具：游标卡尺。

检测时，先目测各齿的齿顶平面宽度均匀一致，确定齿的等分性，再将两件离合器穿在一根心轴上，使其啮合，观察齿侧是否都均匀接触。

## 七、任务评价

| 项目 | 精度要求 | 配分 | 评分标准 | 检测结果 | 分数 |
|---|---|---|---|---|---|
| 尺寸公差 | 0.3 | 20 | 超差不得分 | | |
| | 60° | 10 | 超差不得分 | | |
| | 齿数 40 | 60 | 不等分不得分 | | |
| 表面粗糙度 | $R_a3.2$ | 10 | 降级不得分 | | |
| 未注公差等级 | IT14 | | | | |
| 数量 | 1 件 | | | | |
| 时间 | 60 分 | | | | |
| 安全文明生产 | 凡违反操作规程，损坏工、量、刃具等，酌情扣 3～10 分 | | | | |
| 合计 | | | | | |

注意：容易产生的问题及原因

(1)试铣确定齿的深度，使齿顶留有 0.2～0.3 mm 小平面。

(2)安装铣刀时，注意单角铣刀的方向，以免铣错齿向。

(3)若齿顶小平面内、外宽度不一致时，可能是分度头主轴倾斜角度的调整、计算不对，也可能是工件向心角角度不对，应找出原因并加以纠正。

(4)分度要认真仔细，避免出现分度误差造成废品。

安全警告!!!

(1)走刀过程中和刀具未停稳之前，不准测量工件，不准用手触摸工件加工表面。

(2)清除切屑时，应使用毛刷。

(3)及时修整工件上的毛刺和锐边，以防伤手，但修整时不要将已加工表面损坏。

# 任务八　特型面的铣削

目标要求

1. 掌握双手配合进给铣削曲线的方法。
2. 掌握在圆转台上装夹工件的校正方法及加工的顺序。
3. 正确选择铣刀。
4. 分析铣削中产生的问题及注意事项。

## 一、任务

任务单图纸如图 8.1 所示，TA168 小连杆实物如图 8.2 所示。以此任务为例，进行特型面小连杆的铣削。

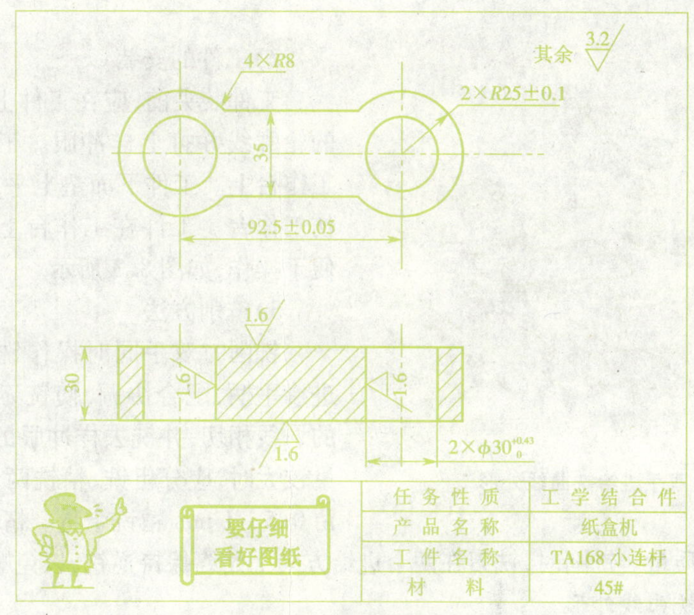


图 8.1　任务单图纸

## 二、任务准备

工件：坯料为圆料车削至要求尺寸。

机床：X5032 立式铣床。

量具：0 ~ 150 mm 游标卡尺。

刀具：Φ16 mm 立铣刀。

刀具材料：高速钢。

铣削用量：取 $n = 235$ r/min。

工具：扳手，划针。

图 8.2　小连杆实物

夹具:圆转台,压板螺栓。

**根据刀具材料,合理选择铣削速度**

刀具材料不同,其铣削速度不同。

(1)高速钢刀具铣削速度一般为 20 mm/min 左右。

(2)铣削速度计算公式为 $v_c = \dfrac{\pi dn}{1\,000}$。

## 三、相关知识——特型表面

特型表面有两种:一种是具有曲线外形的零件,可用双手进给或在圆转台上铣削,也可在仿形铣床上铣削;另一种是特型表面零件,用成型铣刀铣削。

### 1. 双手配合进给铣削曲线外形的方法

1)铣刀的选择

铣凸圆弧时立铣刀的直径不受限制,铣凹圆弧时立铣刀的半径应等于或小于零件最小的凹圆弧半径。为了保证在铣削时铣刀有足够的刚性,在条件允许的情况下尽量选用直径较大的立铣刀。

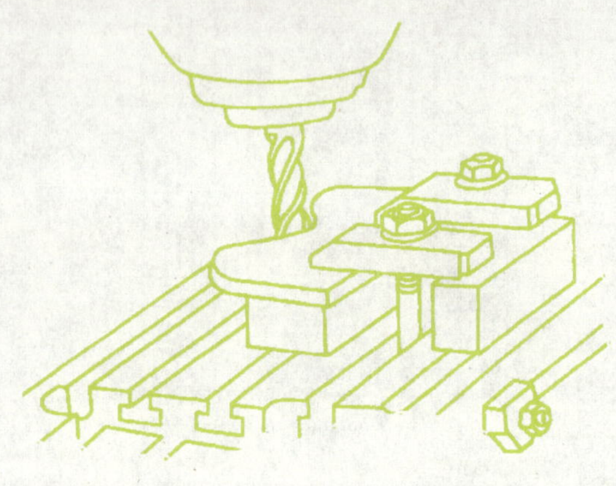

图 8.3　双手进给铣曲线外形

2)工件的安装

工件装夹前,应在工件上划出加工部位的轮廓线并打上样冲眼。工件用压板压在工作台上。工件下面垫上平行垫铁,防止铣伤工作台。工件在工作台上的安放位置要便于操作,如图 8.3 所示。

3)铣削方法

铣削时双手同时操作铣床纵向和横向进给手柄,配合协调,使铣刀切削刃与工件的划线相切,并铣去样冲眼的一半。工件余量较大时,应分粗铣、精铣两步完成,粗铣时留 0.5 ~1 mm 精铣余量。精铣余量要均匀,以提高精铣的表面质量。铣削时,铣刀在两个进给方向上始终保持逆铣,以免顺铣折断铣刀。

### 2. 在圆转台上铣曲线外形

为了保证工件圆弧中心位置和圆弧半径尺寸,以及使圆弧与相邻表面圆滑相切,必须保证工件圆弧面中心与圆工作台中心重合。工件安装前,先在工件上划出加工部位的轮廓线。

1)工件装夹与校正

(1)如图 8.4、图 8.5 所示,转动圆转台,观察划针尖的运动轨迹与工件上的圆弧线是否相吻合,校正工件,并用压板将工件紧固。

(2)如图 8.6 所示,用心轴 1 定位校正工件 2,在带孔的工件上加工与孔同轴的圆弧表面时,在圆转台的锥孔内放入锥度心轴或阶台心轴,使心轴的圆柱与工件内孔配合将工件定位,达到使工件内孔中心与圆转台中心同轴的目的,铣出工件的圆弧部分。

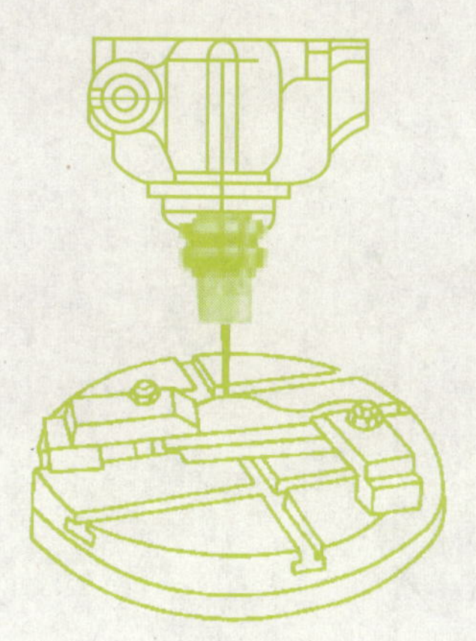
图 8.4 用划针校正工件圆弧

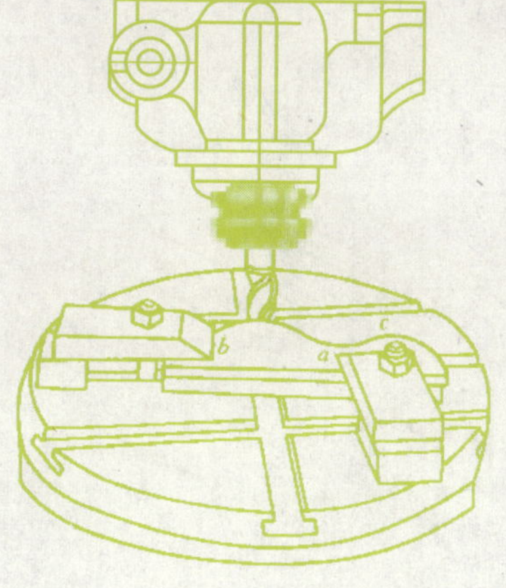

图 8.5 用圆转台铣曲线外形

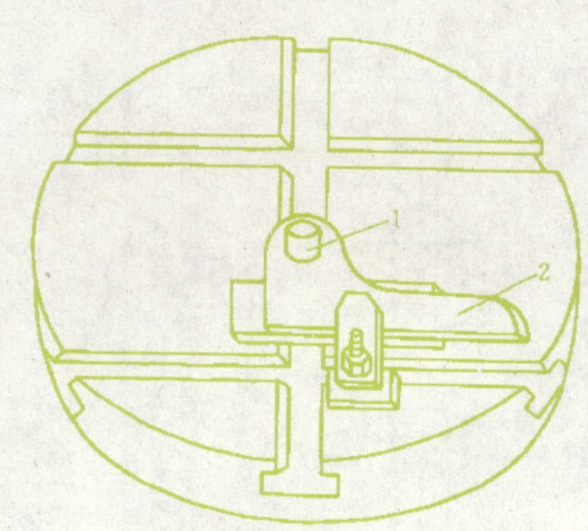

图 8.6 用心轴定位校正工件圆弧

1—心轴 2—工件

2)铣刀的选择

选择铣刀的原则与手动进给铣削曲线外形的原则相同。

3)在圆转台上铣曲线外形零件的顺序

(1)凸圆弧与凹圆弧相接的工件,应先铣凹圆弧面。

(2)凸圆弧与凸圆弧相接的工件,应先铣半径较大的凸圆弧面。

(3)凹圆弧与凹圆弧相接的工件,应先铣半径较小的凹圆弧面。

(4)凸圆弧与直线相接的工件,应先加工直线面再加工圆弧面。

(5)凹圆弧与直线相切的工件,应先铣圆弧再铣直线。

3. 铣削特型表面

1)成型铣刀

铣削特型表面用的铣刀又称成型铣刀,其切削刃截面形状和工件特型表面完全一样,如图 8.7 所示 。其刀齿作成铲背齿形,以保证刃磨后的刀齿仍保持原有的截面形状,刃磨时只须磨刀齿的前刀面。工件加工余量很大时,先用普通铣刀粗铣,再用成型铣刀精铣。精铣时,切削用量应适当降低。铣刀用钝后应及时刃磨,以保证刀具特型表面。减少铣刀刃磨量,可以提高刀具的使用寿命。

图 8.7 铣削特型表面

2)铣削特型表面的方法

(1)划出特型表面的加工线,如图 8.8(a)所示。

(2)安装、校正夹具,安装、校正工件。

(3)用普通铣刀粗铣,如图 8.8(b)所示。

(4)用成形铣刀精铣，如图 8.8(c)所示。

图 8.8　特形表面粗、精铣过程

(a)按粗铣和精铣划线；(b)粗铣出直槽和阶台；(c)精铣

## 四、任务实施

(1)读任务单图纸，确定加工部位。

(2)对照图样检查坯料的尺寸，确定加工余量。

(3)进行纸盒机 TA168 小连杆的铣削，其方法及步骤如下。

①选择并安装 $\Phi16$ mm 立铣刀，取 $n = 235$ r/min。

②工件划线。

③安装圆转台并安装 $\Phi30$ mm 定位心轴。

④用定位心轴定位装夹工件，用压板压紧工件，如图 8.9 所示。

⑤按图纸要求粗、精铣两处外圆，保尺寸 $R25 \pm 0.1$ mm。

图 8.9　小连杆铣削的装夹

## 五、任务分配

每人一件纸盒机 TA168 小连杆坯料，按任务单图纸要求铣削加工，时间 90 分钟。

## 六、任务检测

使用量具检测各尺寸是否达到图纸要求。

## 七、任务评价

| 项目 | 精度要求 | 配分 | 评分标准 | 检测结果 | 分数 |
|---|---|---|---|---|---|
| 尺寸公差 | $4\times R8$ | 40 | 超差不得分 | | |
| | $2\times R25\pm0.1$ | 40 | 超差不得分 | | |
| 表面粗糙度 | $R_a3.2$ | 20 | 降级不得分 | | |
| 未注公差等级 | IT14 | | | | |
| 数量 | 1 件 | | | | |
| 时间 | 90 分 | | | | |
| 安全文明生产 | 凡违反操作规程，损坏工具、量具、刃具等，酌情扣 3 ~ 10 分 | | | | |
| 合计 | | | | | |

容易产生的问题及原因

(1)铣出的曲线部分表面粗糙度不符合要求，原因是由于双手配合进给不协调，进给速度不均匀等。

(2)凸、凹圆弧相切处有凸起或深啃，原因是铣刀铣至凸、凹圆弧相切处时，进给变换方向没有控制好。

(3)铣削前应调整好工作台斜铁的松紧程度，使工作台运动灵活，便于双手操作。

(4)工件安装位置要靠近操作手柄，以便于双手配合操作。

(5)在圆转台上安装工件时，工件下面要垫上平行垫铁，平行垫铁不应露出轮廓线外。用压板将工件紧固，T 形螺栓的高度和平行垫铁的长度要合适，以免妨碍铣削。

(6)工件在圆转台上的位置应便于校正、装夹。

(7)在圆转台上铣削工件时，应采用逆铣，以免损坏铣刀。

(8)为了使连接处圆滑，在校正工件时，应在圆转台刻度盘上与手轮刻度盘上，分别做出各吻接点的标记，铣削时注意不要转过。

(9)在圆转台上铣削工件直线部分时，应将圆转台的紧固手柄紧固。

(10)压板及 T 形螺栓不要靠向 T 形槽的尾端，以免夹紧工件时损坏圆转台 T 形槽。

(11)粗铣前应划好加工线，防止造成废品。

(12)粗铣时留有精铣余量。

(13)精铣时，铣刀切入进给速度要慢，防止因铣刀振动而折断刀齿。

# 任务九 螺旋槽的铣削

目标要求

1. 掌握在铣床上铣削螺旋槽的一般知识。
2. 正确的进行挂轮计算和安装。
3. 正确选择和安装铣刀。
4. 分析铣削中产生的问题及注意事项。

## 一、任务

任务单图纸如图9.1所示,螺旋槽实物如图9.2所示。以此任务为例,进行螺旋槽的铣削。

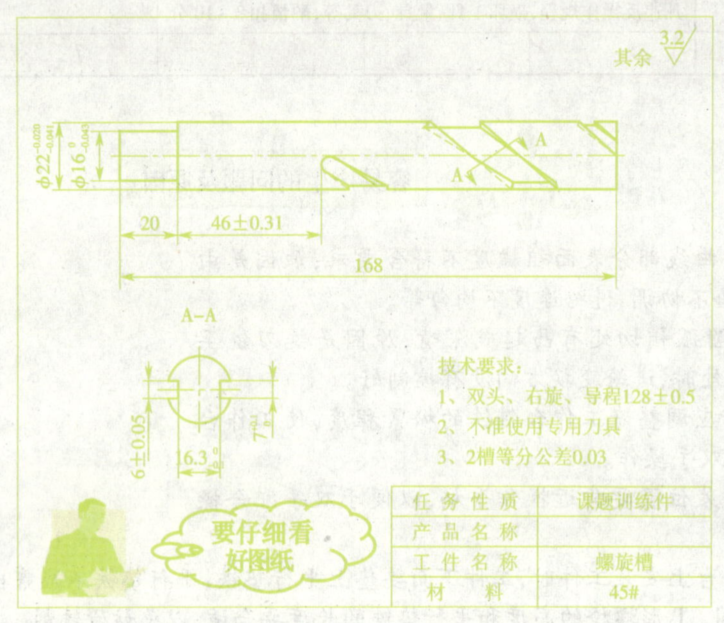


图9.1 任务单图纸

图9.2 螺旋槽实物

## 二、任务准备

工件:坯料为圆料经车削至尺寸。

机床:X5032立式铣床。

量具:0~150 mm游标卡尺,0~25 mm百分尺,百分表。

刀具:Φ6立铣刀。

刀具材料：高速钢。

铣削用量：取 $n=600\ \mathrm{r/min}$，$V_f=30\ \mathrm{mm/min}$。

工具：卡盘扳手。

夹具：分度头。

**根据刀具材料，合理选择铣削速度**

刀具材料不同，其铣削速度不同。

(1)高速钢刀具铣削速度一般为 20 mm/min 左右。

(2)铣削速度计算公式 $v_c=\dfrac{\pi dn}{1\ 000}$

## 三、相关知识——螺旋工件

螺旋工件一般有螺旋齿轮、圆柱体上的螺旋油槽、螺旋铣刀等。在铣床上铣螺旋工件如图 9.3、图 9.4 所示。

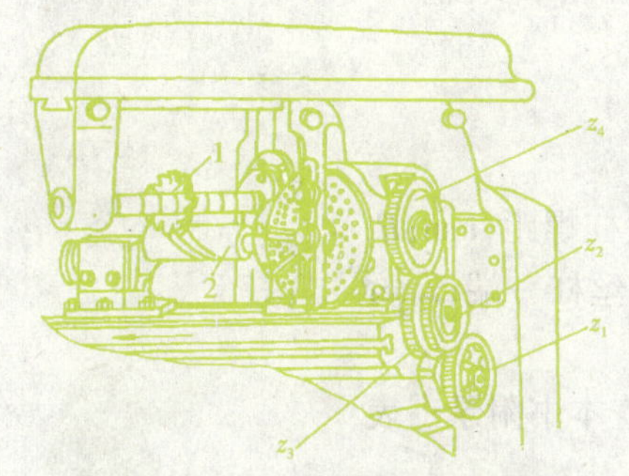


**图 9.3　在卧式铣床上铣螺旋槽**

1—铣刀　2—工件

**图 9.4　在立式铣床上铣螺旋槽**

1. 铣螺旋槽的一般知识

所谓螺旋槽，即是圆柱上的若干螺旋线的组合。圆柱上的任一点，随着圆柱做等速旋转运动的同时，该点又沿圆柱的母线做等速直线移动，则该点运动的轨迹就是螺旋线。

1)在铣床上铣螺旋线

根据螺旋线形成的原理可知，铣床纵向工作台带动工件做等速直线移动的同时，用挂轮把纵向进给丝杠与分度头侧轴连接起来，使工件绕分度头主轴线做等速转动，铣出的痕迹就是一条螺旋槽。

2)螺旋线的左(右)旋

将工件轴线垂直于水平面，看螺旋线若由左下方向右上方升起的为右旋，如图 9.5(a)所示。若由右下方向左上方升起的螺旋线则是左旋，如图 9.5(b)所示。

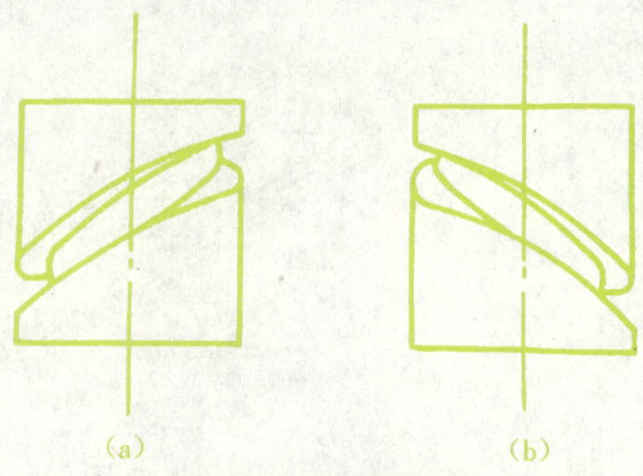


**图 9.5　螺旋槽的旋向**

(a)右旋；(b)左旋

3)导程

沿螺旋线走一周,在轴线方向上所移动的距离,叫作导程,用 $P_z$ 表示。

4)螺旋角

将螺旋线展开成为直线后,与圆柱轴心线之间的夹角称为螺旋角,用 $\beta$ 表示,其关系式为:

$$P_z = \pi d \cot \beta$$

或 $$\tan \beta = \frac{\pi d}{P_z}$$

式中:$d$ 为圆柱外圆直径,mm。

5)螺旋线的单头和多头

在同一圆柱上,有一条螺旋线则称单头螺旋线;两条以上则称为多头螺旋线。螺旋齿轮、螺旋齿铣刀即是多头螺旋槽。多头螺旋槽用分度头进行等分铣削而成。

2. 挂轮的计算和安装

在铣床上铣出螺旋线,必须将铣床纵向工作台丝杠和分度头侧轴连接起来,在实现工件旋转的同时,工作台连同工件又要做直线移动,因此可用挂轮来实现。

挂轮传动比公式为:

$$i = \frac{z_1 z_3}{z_2 z_4} = \frac{40P}{P_z}$$

要这样计算

式中:$i$ 为传动比;40 为分度头定数;$P$ 为铣床工作台丝杠螺距,mm;$P_z$ 为工件螺旋线导程,mm;$z_1$、$z_3$ 为主动轮,应装于工作台丝杠一端;$z_2$、$z_4$ 为被动轮,应装于分度头侧轴上。

为了减少计算挂轮的麻烦,可根据 $P_z$ 和传动比 $i$,查本书附录三表 4,得到挂轮齿数。

3. 工作台的转角

用盘形铣刀在万能铣床上铣螺旋槽时,为使螺旋槽方向和刀具旋转平面一致,使螺旋槽截面形状与铣刀截形一致,应将铣床纵向工作台扳转一个角度,其转角的大小应等于工件的螺旋角 $\beta$。而转动的方向,与工件的旋向有关,如图 9.6 所示。铣左旋工件时应顺时针方向扳转,铣右旋工件时则应逆时针方向扳转。

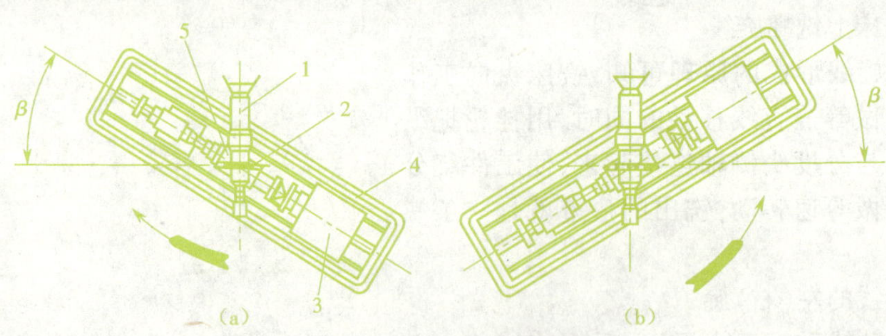


**图 9.6 工作台的转角和转向**

(a)铣左旋工件;(b)铣右旋工件

1—刀轴 2—铣刀 3—分度头 4—工作台 5—工件

## 四、任务实施

(1)读任务单图纸,确定加工部位。

(2)对照图样检查坯料。在检查坯料时,应该检查坯料的尺寸并确定加工余量。

(3)进行课题训练,在X5032立式铣床上铣削螺旋槽的加工方法及步骤如下。

①工件的装夹和校正。工件一端用三爪卡盘夹持,另一端用尾座顶尖顶持,如图9.7所示。工件装夹后,应校正圆柱面的径向圆跳动,校正工件上母线与工作台面的平行度,校正工件侧母线与工作台纵向进给方向的平行度。

图9.7　螺旋槽工件装夹

②选择并安装$\Phi 6$立铣刀。

③计算并安装挂轮。根据导程128 ±0.5 mm按公式计算挂轮:

$$i=\frac{z_1z_3}{z_2z_4}=\frac{40P}{P_z}=\frac{40\times 6}{128}=\frac{100\times 90}{60\times 80}$$

主动轮$z_1=100$,装于纵向工作台丝杠一端,被动轮$z_4=80$,装于分度头侧轴上。安装时挂轮间隙要适当,不要过紧或过松。

④对中心采用划线与试切结合的方法,使工件的轴心线与铣刀的廓形中线重合,并紧固横向工作台。

⑤调整切削深度。铣第一条6 ±0.05 mm螺旋槽,保长度尺寸46 ±0.31 mm。

⑥转动分度头主轴180°,然后铣削第二螺旋槽,保尺寸$16.3_{-0.1}^{0}$ mm和长度尺寸46 ±0.31 mm。

⑦扩铣$7_{0}^{+0.1}$ mm至尺寸。

## 五、任务分配

每人一件课题训练螺旋槽的坯料,按任务栏图纸要求进行螺旋槽的铣削加工,时间120分钟。

## 六、任务检测

使用量尺,检测各尺寸是否符合图纸要求。

## 七、任务评价

| 项目 | 精度要求 | 配分 | 评分标准 | 检测结果 | 分数 |
|---|---|---|---|---|---|
| 尺寸公差 | $6 \pm 0.05$ | 15 | 超差不得分 | | |
| | $7^{+0.1}_{0}$ | 15 | 超差不得分 | | |
| | $16.3^{\ 0}_{-0.1}$ | 15 | 超差不得分 | | |
| | $46 \pm 0.31$ | 10 | 超差不得分 | | |
| | 挂轮导程 $128 \pm 0.5$ | 18 | 超差不得分 | | |
| | 两槽等分公差 0.03 | 15 | 超差不得分 | | |
| 表面粗糙度 | $R_a3.2$(6 处) | 12 | 降级不得分 | | |
| 未注公差等级 | IT14 | | | | |
| 数量 | 1 件 | | | | |
| 时间 | 120 分 | | | | |
| 安全文明生产 | 凡违反操作规程,损坏工具、量具、刃具等,酌情扣 3 ~ 10 分 | | | | |
| 合计 | | | | | |

容易产生的问题及原因

(1)铣螺旋槽时,由于分度头主轴随工作台移动而转动,因此须松开分度头主轴紧固手柄,松开分度盘紧固螺钉,并将分度手柄的插销插入分度盘孔中,铣削时不得拔出,以免铣坏螺旋槽。

(2)在圆柱体上铣削直角螺旋槽时,应尽量采用立铣刀或键槽铣刀,不采用三面刃盘铣刀。因盘铣刀两端面侧刃转动的轨迹是一个大平面,无法与螺旋槽的侧面贴合,将产生过切干涉现象,如图 9.8 所示。

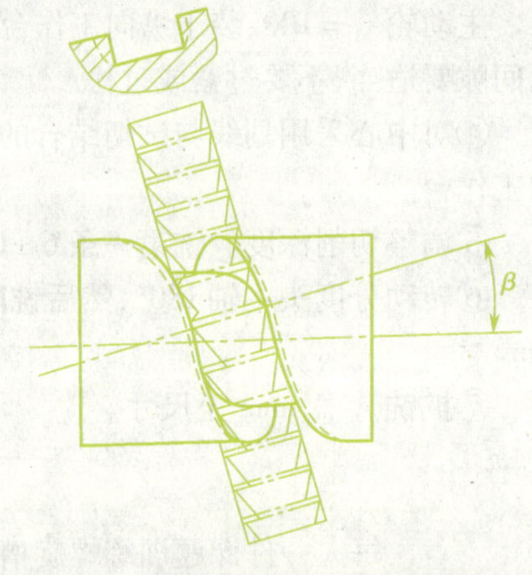


图 9.8　三面刃盘铣刀过切干涉现象

(3)安装使用挂轮时,螺母不要紧固在过渡套或齿轮上,而应紧固在挂轮轴的端面上,以保证挂轮正常运转。

(4)由于工件螺旋方向不同,要想逆铣安装挂轮,可在主动和被动齿轮之间安装中间轮。

(5)当铣削工件导程 $P_z$ 小于 60 mm 的螺旋槽时,由于速比 $i>4:1$,纵向工作台移动时,会使分度头旋转太快,进刀时容易造成打刀,使铣槽侧面不光洁。所以,应将工作台由机动进给,改为手动进给,即手摇分度头进刀,这样可使进给量变小,使切削平稳,以利铣削。

(6)铣削多头螺旋槽时,当铣完一槽分度时,分度手柄拔出孔盘后,不能移动工作台的位置,否则会造成圆周等分不均匀而出现废品。

(7)一条螺旋槽铣完后,应落下升降台,然后退出工件,再进行分度,否则由于分度头和铣床工作台之间传动间隙,会造成把已铣好的螺旋槽铣坏。

## 安全警告!!!

(1)走刀过程中和刀具未停稳之前,不准检测工件,不准用手触摸工件加工表面。

(2)清除切屑时,应使用毛刷。

(3)及时修整工件上的毛刺和锐边,以防伤手,但修整时不要将已加工表面损坏。

(4)在加工螺旋槽时,由于分度头和纵向工作台丝杠需挂轮,且前部暴露在外边,所以工作时一定注意不要使工作服的袖口及物品靠近旋转的齿轮处。

# 任务十　直齿圆柱齿轮的铣削

目标要求

1. 掌握直齿圆柱齿轮的计算和铣削方法。
2. 正确选择铣刀。
3. 掌握直齿圆柱齿轮的常用检测方法。
4. 分析铣削中产生问题及注意事项。

## 一、任务

任务单图纸如图 10.1 所示，直齿圆柱齿轮实物如图 10.2 所示。以此任务为例，进行直齿圆柱齿轮的铣削。

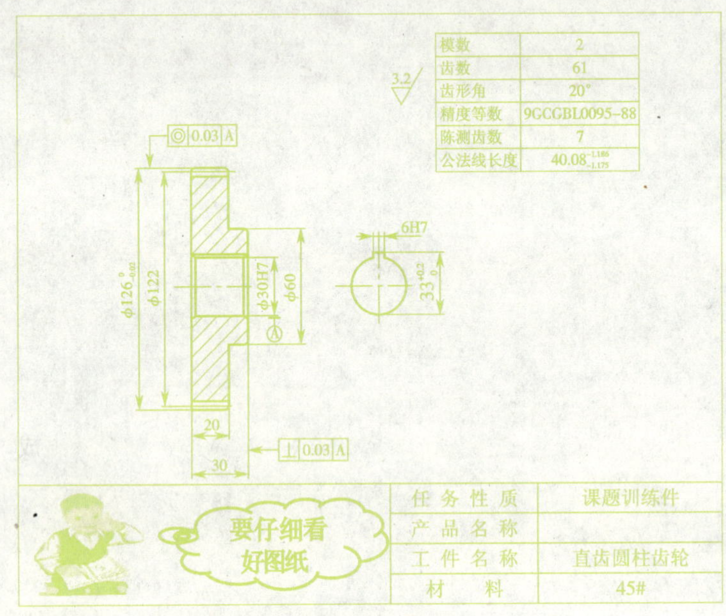


图 10.1　任务单图纸

图 10.2　直齿圆柱齿轮实物

## 二、任务准备

工件：圆料经车削至尺寸。

机床：X6132 卧式铣床。

量具：0 ~ 150 mm 游标卡尺，公法线百分尺，分度表。

刀具：模数为 2 的 7 号盘形齿轮铣刀。

刀具材料：高速钢。

铣削用量：取 $n = 118$ r/min，$V_f = 75$ mm/min。

工具:卡盘扳手,高度尺。

夹具:分度头。

**根据刀具材料,合理选择铣削速度**

刀具材料不同,其铣削速度不同。

(1)高速钢刀具铣削速度一般为 20 mm/min 左右。

(2)铣削速度计算公式为 $v_c = \dfrac{\pi dn}{1\ 000}$。

## 三、相关知识——直齿圆柱齿轮

直齿圆柱齿轮的齿形曲线为渐开线,加工齿轮的方法有展成法和仿形法。在铣床上铣齿轮为仿形法,即齿形曲线依靠齿轮铣刀的廓形来保证。齿距的均匀性主要靠分度头分度来保证,如图 10.3 所示。

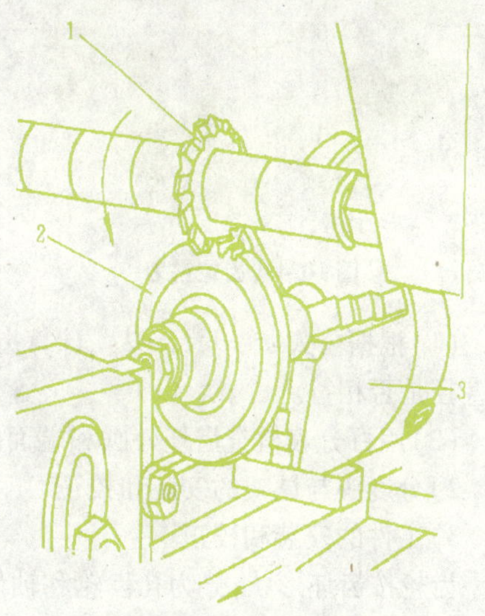


**图 10.3　在铣床上铣直齿圆柱齿轮**

1—铣刀　2—工件　3—分度头

1. 直齿圆柱齿轮的一般知识

当直齿圆柱齿轮的模数 $m$,符合国家标准模数系列,齿形角 $\alpha$ 等于 20°,分度圆上的形角 $\alpha$ 等于 20°,分度圆上的理论齿厚与齿槽宽相等,齿顶高 $h$ 等于一个模数 $m$,齿全高等于 2.25$m$。

齿轮精度分为 1 ~ 12 级,6 ~ 8 级为中级精度,9 ~ 11 级为一般精度。在铣床上用仿形法铣削时,一般可达 9 级精度。

2. 齿轮铣刀及选择

铣削齿轮的铣刀为专用盘形铣刀,如图 10.4 所示,是根据齿轮模数、齿形角及齿数而制造的,一般为 8 把一套或 15 把一套,见表 10.1。选用时首先根据已知模数和齿形角选出成套铣刀,然后再根据所铣齿轮齿数,选出合适的铣刀刀号。

**表 10.1　组八把齿轮铣刀刀号**

| 铣刀刀号 | 1 | 2 | 3 | 4 | 5 | 6 | 7 | 8 |
|---|---|---|---|---|---|---|---|---|
| 所铣齿轮齿数 | 12 ~ 13 | 14 ~ 16 | 17 ~ 20 | 21 ~ 25 | 26 ~ 34 | 35 ~ 54 | 55 ~ 134 | 135 ~ ∞ |

**例**　铣削 $m = 3, \alpha = 20°$,齿数 $z = 32$ 的齿轮时,需用什么铣刀?

**解**　应选 $m = 3, \alpha = 20°$的成套 8 把一组的铣刀,然后选 26 ~ 34 齿的 5 号铣刀进行铣削。

3. 直齿圆柱齿轮的铣削方法

1)齿坯的检查

齿轮铣削质量的好坏,与齿坯的关系很大。主要应检查齿顶圆直径、圆周面与端面的圆跳动。

图 10.4　齿轮铣刀

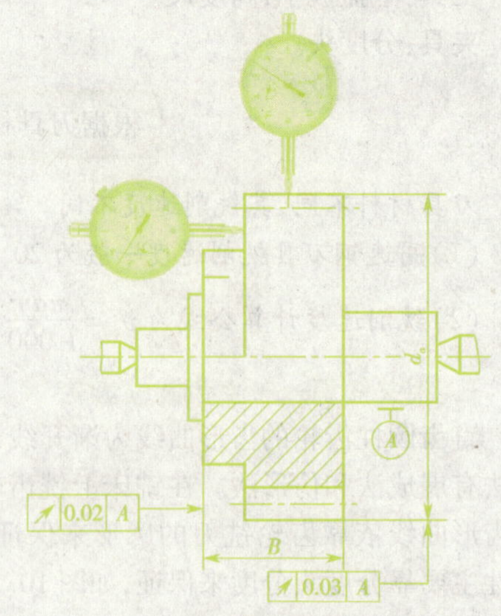


图 10.5　齿坯圆跳动检查

(1)根据公式 $d_a = m(z+2)$,计算齿顶圆直径($z$ 为齿轮的齿数),用游标卡尺测量齿坯外圆直径是否相符。

(2)用百分表检查齿坯外圆和端面的圆跳动是否符合图样要求,如图 10.5 所示 。

2)分度头与尾架的安装和校正

3)工件的安装和校正

齿轮按齿坯形状,分为孔齿轮和轴齿轮两种。对于带孔的轮坯,可用心轴装夹轮坯,采用一夹一顶安装在分度头中;对轴轮坯可直接用一夹一顶的方法安装在分度头中。安装后,仍要校正其齿坯外圆与分度头主轴轴线的同轴度,看是否符合图样精度要求,如图 10.6 所示。

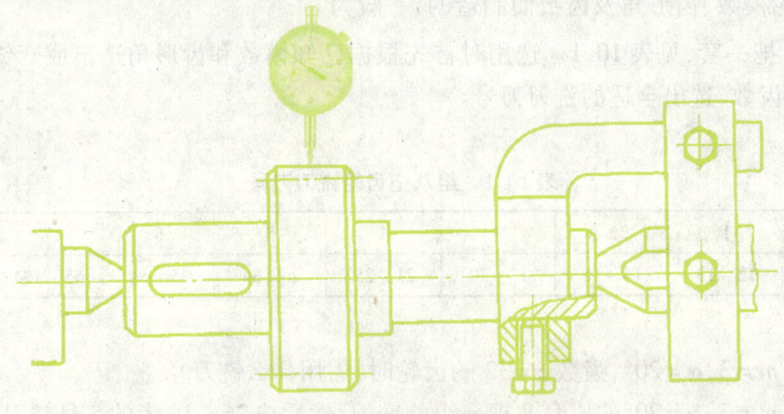

图 10.6　同轴度检查

4)分度手柄转数的计算和调整

为保证齿距的均匀和齿形正确,要计算和调整分度手柄的转数,一定要准确无误。

5)安装铣刀并对中心

将选好的铣刀安装于铣刀刀轴上,然后对中心,即铣刀的廓形中线与齿坯的轴心线重合。对中心的方法有划线试切对中法和圆柱测量法。

(1)划线试切对中法。将高度尺调到接近分度头的中心高度,在工件上划一条线,然后摇分度头,使工件旋转 180°,在高度尺高度不变的情况下,将高度尺移到另一边再画出一条线,如图 10.7 所示,然后将工件再转 90°使划的线朝向上方。移动工作台,使齿坯中心与铣刀廓形中线重合,然后铣一浅印(小椭圆),微动横向导轨进行调整,对正为止,如图 10.8 所示。

**图 10.7　工件划线**

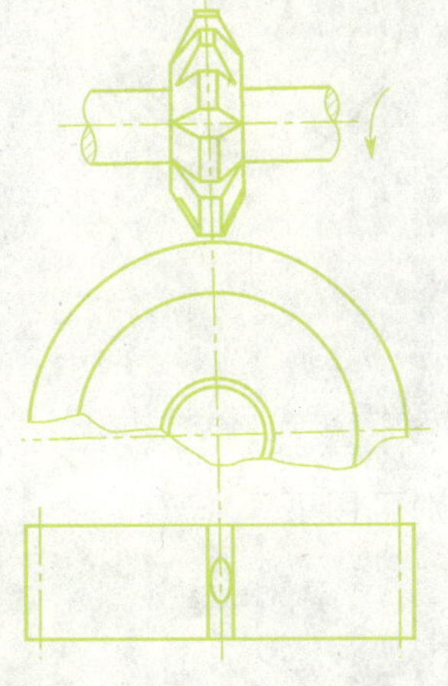

**图 10.8　划线试切对中心**

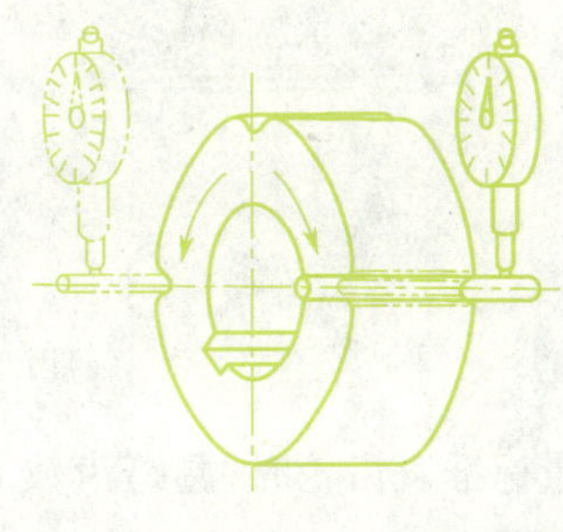

**图 10.9　利用圆柱验证对中心**

(2)圆柱测量法。验证铣刀廓形中线是否与齿坯轴心线重合的方法:将对好中心的齿坯先铣一浅槽(一般为 1.5 mm),将一长度大于齿坯厚度、直径近似等于模数 $m$ 的圆柱置于浅槽中,摇动分度手柄,使分度头主轴转动 90°,浅槽处于水平位置,如图 10.9 所示,然后用百分表测量圆柱两端,并记下读数。再将分度头主轴转 180°,使浅槽处于另一侧,移动百分表使表的触头与圆柱接触,看表上读数是否与前一数相同,如相同则表明铣刀廓形中线与齿坯轴线重合。如读数不同,其差值的 1/2,即是偏移量,按偏移量移动横向工作台,即可对准。

6)调整铣削用量

(1)调整铣床主轴转数 $n$:铣钢材齿轮时,应取 95 ~ 150 r/min;铣铸铁件时,应取 75 ~ 118

r/min。

(2)调整进给量 $f$:铣削钢材齿轮时,应取 60 ~ 75 mm/min;铣削铸铁件时,应取 47.5 ~ 60 mm/min。

(3)移动升降台:使齿坯外圆与铣刀轻轻接触,然后退出,上升工作台一个全齿高($h = 2.25\ m$)。

(4)开车铣削:铣削钢材齿轮时,要加注切削液,铣完第一齿后,要进行测量,合格后,再依次分度铣削各齿。

4. 直齿圆柱齿轮的测量

直齿圆柱齿轮的测量常用公法线长度测量。公法线长度是指齿轮上相隔几个齿的,两个外侧面之间的垂直距离。公法线长度内所跨测的齿轮齿数称为测跨齿数,或跨越齿数。公法线长度测量可用普通游标卡尺测量。精度要求较高的齿轮,可用公法线百分尺测量,如图 10.10 所示。

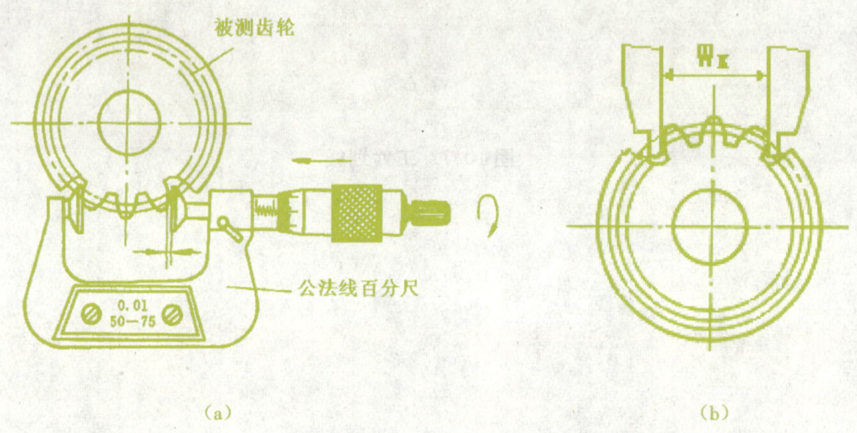


**图 10.10　公法线长度测量**

(a)用公法线百分尺测量;(b)用游标卡尺测量

测量标准直齿轮时,测跨齿数 $K$ 和公法线长度 $W_K$,分别可用下列公式计算:

$$K = 0.111z + 0.5\text{(四舍五入取整数)}$$

$$W_K = m[2.9521(K - 0.5) + 0.014z]$$

为省略计算,常用查表法求得测跨齿数和公法线长度,见表 10.2。表 10.2 中的公法线长度为 $m = 1$ 时的长度,所以在表 1 中查出的公法线长度应乘以被测齿轮的模数 $m$,其乘积才是所测公法线长度。测跨齿数可直接从表中查出。

表 10.2　标准直齿圆柱齿轮公法线长度（$m=1$）

| 被测齿轮总齿数 $z$ | 跨测齿数 $K$ | 公法线长度值（mm） | 被测齿轮总齿数 $z$ | 跨测齿数 $K$ | 公法线长度值（mm） | 被测齿轮总齿数 $z$ | 跨测齿数 $K$ | 公法线长度值（mm） |
|---|---|---|---|---|---|---|---|---|
| 10 | 2 | 4.568 3 | 55 | 7 | 19.959 1 | 100 | 12 | 35.350 0 |
| 11 | | 4.582 3 | 56 | | 19.973 2 | 101 | | 35.364 1 |
| 12 | | 4.596 3 | 57 | | 19.987 2 | 102 | | 35.378 1 |
| 13 | | 4.610 3 | 58 | | 20.001 2 | 103 | | 35.392 1 |
| 14 | | 4.624 3 | 59 | | 20.015 2 | 104 | | 35.406 1 |
| 15 | | 4.638 3 | 60 | | 20.029 2 | 105 | | 35.420 1 |
| 16 | | 4.652 3 | 61 | | 20.043 2 | 106 | | 35.434 1 |
| 17 | | 4.666 3 | 62 | | 20.057 2 | 107 | | 35.448 1 |
| 18 | | 4.680 3 | 63 | | 20.071 2 | 108 | 13 | 38.414 2 |
| 19 | 3 | 7.646 4 | 64 | 8 | 23.037 3 | 109 | | 38.428 2 |
| 20 | | 7.660 4 | 65 | | 23.051 3 | 110 | | 38.442 2 |
| 21 | | 7.674 4 | 66 | | 23.065 3 | 111 | | 38.456 3 |
| 22 | | 7.688 4 | 67 | | 23.079 3 | 112 | | 38.470 3 |
| 23 | | 7.702 5 | 68 | | 23.093 3 | 113 | | 38.484 3 |
| 24 | | 7.716 5 | 69 | | 23.107 4 | 114 | | 38.498 3 |
| 25 | | 7.730 5 | 70 | | 23.121 4 | 115 | | 38.512 3 |
| 26 | | 7.744 5 | 71 | | 23.135 4 | 116 | | 38.526 3 |
| 27 | | 7.758 5 | 72 | | 23.149 4 | 117 | | 38.540 3 |
| 28 | 4 | 10.724 6 | 73 | 9 | 26.115 5 | 118 | 14 | 41.506 4 |
| 29 | | 10.738 6 | 74 | | 26.129 5 | 119 | | 41.520 5 |
| 30 | | 10.752 6 | 75 | | 26.143 5 | 120 | | 41.534 4 |
| 31 | | 10.766 6 | 76 | | 26.157 5 | 121 | | 41.548 4 |
| 32 | | 10.780 6 | 77 | | 26.171 5 | 122 | | 41.562 5 |
| 33 | | 10.794 6 | 78 | | 26.185 5 | 123 | | 41.576 5 |
| 34 | | 10.808 6 | 79 | | 26.199 5 | 124 | | 41.590 5 |
| 35 | | 10.822 6 | 80 | | 26.213 5 | 125 | | 41.604 5 |
| 36 | | 10.836 7 | 81 | | 26.227 5 | 126 | | 41.618 5 |
| 37 | 5 | 13.802 8 | 82 | 10 | 29.193 7 | 127 | 15 | 44.584 6 |
| 38 | | 13.816 8 | 83 | | 29.207 7 | 128 | | 44.598 6 |
| 39 | | 13.830 8 | 84 | | 29.221 7 | 129 | | 44.612 6 |
| 40 | | 13.844 8 | 85 | | 29.235 7 | 130 | | 44.626 6 |
| 41 | | 13.858 8 | 86 | | 29.249 7 | 131 | | 44.640 6 |
| 42 | | 13.872 8 | 87 | | 29.263 7 | 132 | | 44.654 6 |
| 43 | | 13.886 8 | 88 | | 29.277 7 | 133 | | 44.668 6 |
| 44 | | 13.900 8 | 89 | | 29.291 7 | 134 | | 44.682 6 |
| 45 | | 13.914 8 | 90 | | 29.305 7 | 135 | | 44.696 6 |
| 46 | 6 | 16.881 0 | 91 | 11 | 32.271 9 | 136 | 16 | 47.662 8 |
| 47 | | 16.895 0 | 92 | | 32.285 9 | 137 | | 47.676 8 |
| 48 | | 16.909 0 | 93 | | 32.299 9 | 138 | | 47.690 8 |
| 49 | | 16.923 0 | 94 | | 32.313 9 | 139 | | 47.704 8 |
| 50 | | 16.937 0 | 95 | | 32.327 9 | 140 | | 47.718 8 |
| 51 | | 16.951 0 | 96 | | 32.341 9 | 141 | | 47.732 8 |
| 52 | | 16.965 0 | 97 | | 32.355 9 | 142 | | 47.746 8 |
| 53 | | 16.979 0 | 98 | | 32.369 9 | 143 | | 47.760 8 |
| 54 | | 16.993 0 | 99 | | 32.383 9 | 144 | | 47.774 8 |

**续表**

| 被测齿轮总齿数 $z$ | 跨测齿数 $K$ | 公法线长度值（mm） | 被测齿轮总齿数 $z$ | 跨测齿数 $K$ | 公法线长度值（mm） | 被测齿轮总齿数 $z$ | 跨测齿数 $K$ | 公法线长度值（mm） |
|---|---|---|---|---|---|---|---|---|
| 145 | | 50.741 0 | 163 | | 56.897 3 | 181 | | 63.053 7 |
| 146 | | 50.755 0 | 164 | | 56.911 3 | 182 | | 63.067 7 |
| 147 | | 50.769 0 | 165 | | 56.925 4 | 183 | | 63.081 7 |
| 148 | | 50.783 0 | 166 | | 56.939 4 | 184 | | 63.095 7 |
| 149 | 17 | 50.797 0 | 167 | 19 | 56.953 4 | 185 | 21 | 63.109 7 |
| 150 | | 50.811 0 | 168 | | 56.967 4 | 186 | | 63.123 7 |
| 151 | | 50.825 0 | 169 | | 56.981 4 | 187 | | 63.137 7 |
| 152 | | 50.839 0 | 170 | | 56.995 4 | 188 | | 63.151 7 |
| 153 | | 50.853 0 | 171 | | 57.009 4 | 189 | | 63.165 7 |
| 154 | | 53.819 2 | 172 | | 59.975 5 | 190 | | 66.131 9 |
| 155 | | 53.833 2 | 173 | | 59.989 5 | 191 | | 66.145 9 |
| 156 | | 53.847 2 | 174 | | 60.003 5 | 192 | | 66.159 9 |
| 157 | | 53.861 2 | 175 | | 60.017 5 | 193 | | 66.173 9 |
| 158 | 18 | 53.875 2 | 176 | 20 | 60.031 5 | 194 | 22 | 66.187 9 |
| 159 | | 53.889 2 | 177 | | 60.045 6 | 195 | | 66.201 9 |
| 160 | | 53.903 2 | 178 | | 60.059 6 | 196 | | 66.215 9 |
| 161 | | 53.917 2 | 179 | | 60.073 6 | 197 | | 66.229 9 |
| 162 | | 53.931 2 | 180 | | 60.087 6 | 198 | | 66.243 9 |
| | | | | | | 199 | 23 | 69.210 1 |
| | | | | | | 200 | | 69.224 1 |

测量时，应按齿轮精度的高低，分别从计算值中减去上、下偏差，才是被测齿轮的实际公法线长度。

1）补充进刀量的计算

铣齿轮时，为把齿面铣光洁，保证齿厚尺寸精确，一般精铣时进刀量的确定应在测量公法线长度以后。因此，需补充进刀量，当齿形角 $\alpha=20°$ 时，公法线长度测量补充进刀量 $\Delta W=1.462(W_{K实}-W_{K})$。

2）齿圈径向跳动的测量

根据齿轮加工精度要求，在生产现场，除测量齿厚和公法线长度外，还应测量齿圈径向跳动。齿圈径向跳动是指齿轮在转动一转内，百分表测头在齿槽中部和在齿形两侧双面接触，测头相对于齿轮轴线的最大变动量，如图 10.11 所示 。其跳动允差 $F_r$，可由表 10.3 查出。

**图 10-11　齿圈径向跳动测量**

*5. 用差动分度法铣质数齿圆柱齿轮*

在生产中，常会遇到一些齿轮齿数是 61、71、101、127 等质数齿齿轮。这些等分的齿轮用简单分度法不能分度，故应采用差动分度法来分度。

差动分度是工件的等分数与分度头定数 40 不能相约

分(如 $z=109, n=\frac{40}{109}$),或约分后分度盘上没有所需要的孔圈(如 $z=126, n=\frac{40}{126}=\frac{20}{63}$)的情况下,由于受到分度盘孔圈数的限制,采用差动分度法进行分度,如图10.12所示。

**表10.3　齿圈径向跳动公差 $F_r$ 值(μm)**

| 分度圆直径 | | 法向模数 | 精度等级 | | | | |
|---|---|---|---|---|---|---|---|
| 大于 | 到 | | 7 | 8 | 9 | 10 | 11 |
| — | 125 | ≥1~3.5 | 50 | 63 | 80 | 100 | 125 |
| | | >3.5~6.5 | 63 | 80 | 100 | 125 | 160 |
| | | >6.5~10 | 71 | 90 | 112 | 140 | 180 |
| 125 | 400 | ≥1~3.5 | 56 | 71 | 90 | 112 | 140 |
| | | >3.5~6.5 | 71 | 90 | 112 | 140 | 180 |
| | | >6.5~10 | 80 | 100 | 125 | 160 | 200 |

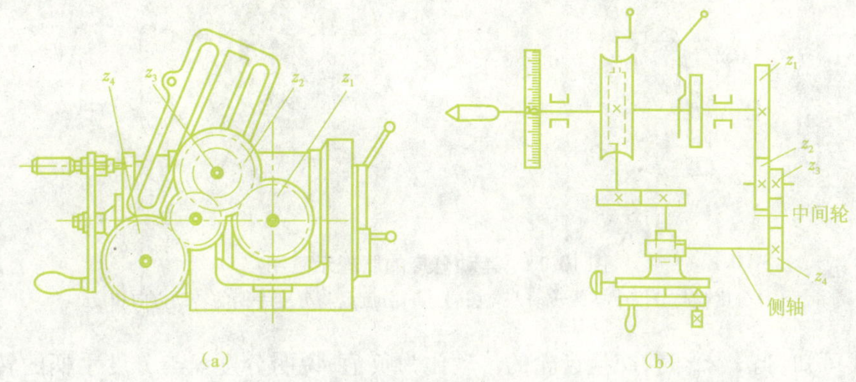


**图10.12　差动分度法**

(a)交换齿轮安装;(b)传动系统

1)差动分度原理

差动分度法就是在分度头主轴后锥孔中装上挂轮轴,用交换齿轮把分度头的主轴与侧轴连接起来,如图10.12所示。分度时,松开分度盘的紧固螺钉,按预定的转数转动分度手柄进行分度,在分度头主轴转动的同时,分度盘相对于分度手柄以相同或相反的方向转动,因此分度手柄实际的转数 $n$ 是分度手柄相对于分度盘的转数 $n_0$ 与分度盘自身转数 $n_p$ 之和或之差,即 $n = n_0 \pm n_p$。差动分度的原理如图10.13所示。

分度时,先取一个与工件要求的等分数 $z$ 相近且能进行简单分度的假定等分数 $z_0$,并按 $z_0$ 计算每次分度时分度手柄的转数 $n_0$($n_0=\frac{40}{z_0}$),并选择确定分度盘孔圈和调整分度叉夹角(包含的孔距数)。准确分度时,分度手柄应转的转数 $n=\frac{40}{z}$,$n$ 与 $n_0$ 的差值由分度头主轴通过交换齿轮带动分度盘转动来补偿,由差动分度传动结构(图10.13(b))可知,当分度头主轴转过 $1/z$

转时，分度盘转过 $n_p = \frac{1}{z}\frac{z_1 z_3}{z_2 z_4}$ 转。根据差动分度原理，$n = n_0 + n_p$，得

$$\frac{40}{z} = \frac{40}{z_0} + \frac{1}{z}\frac{z_1 z_3}{z_2 z_4}$$

交换齿轮的传动比为

$$\frac{z_1 z_3}{z_2 z_4} = \frac{40(z_0 - z)}{z_0}$$

式中：$z_1$、$z_3$ 为主动交换齿轮的齿数；$z_2$、$z_4$ 为从动交换齿轮的齿数；$z$ 为实际等分数；$z_0$ 为假定等分数。

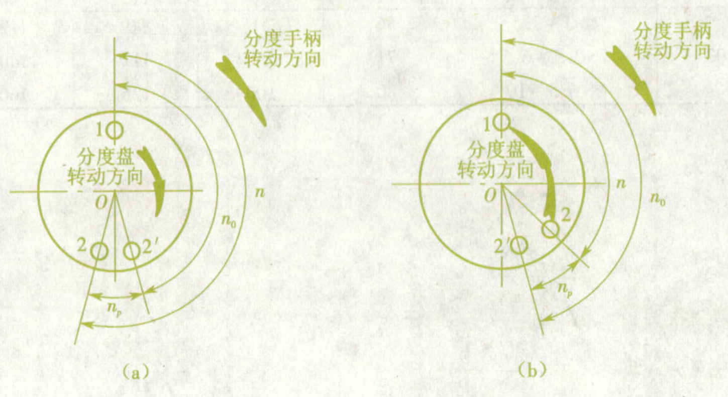


**图 10.13 差动分度的原理示意图**

(a)分度盘与分度手柄的转动方向相同；(b)分度盘与分度手柄的转动方向相反

由上式可知，当 $z_0 < z$ 时，交换齿轮的传动比为负值，说明分度盘与分度手柄的转向相反；当时 $z_0 > z$ 时，交换齿轮的传动比为正值，分度盘与分度手柄的转向相同。分度盘的转向可通过在交换齿轮中加入或不加中间轮来调整。实践证明，当采用 $z_0 < z$ 时，分度盘与分度手柄的转向相反，可以避免分度头传动副间隙的影响，使分度均匀。因此，在差动分度时，选取的假定等分数通常都小于实际等分数。

2）差动分度的计算

差动分度的具体计算按以下步骤进行。

(1)选取假定等分数 $z_0$，一般 $z_0 < z$。

(2)根据 $z_0$，按 $n_0 = \frac{40}{z_0}$ 计算分度手柄相对分度盘的转数 $n_0$，并选择分度盘相应孔圈(孔数)。

(3)按上式计算交换齿轮的传动比，确定交换齿轮齿数，或由本书附录三表 3 直接查得各相关数据。表中数据均按 $z_0 < z$ 得出，适用于定数为 40 的各型万能分度头。在配置中间轮时，应使分度盘与分度手柄转向相反。

## 四、任务实施

(1)读任务单图纸，确定加工部位。

(2)对照图样检查齿轮坯料尺寸，确定加工余量。

(3)进行课题训练件直齿圆柱齿轮的铣削，其加工方法及步骤如下。

①检查齿坯外径和齿坯外径与内孔的同轴度。

②安装、校正分度头和尾架。

③计算分度手柄转数和挂轮齿数并安装。

a. 因 61 齿是质数齿轮，故分度时采用差动分度法。选假想齿数 $z_0=60$。

b. 计算分度手柄转数 $n=\frac{40}{z_0}=\frac{40}{60}=\frac{44}{66}$，把分度手柄调整在 66 孔的孔圈上，分度叉的距离为 44 个孔距。

c. 计算挂轮，$i=\frac{40(z_0-z)}{z_0}=\frac{40\times(60-61)}{60}=-\frac{40}{60}$，主动轮 $z_1=40$，被动轮 $z_2=60$。因是单式轮系，应加两个中间轮。

④先把分度盘紧固螺钉松开，然后把主动轮装在分度头主轴后端的挂轮轴上。再把被动轮装在分度头的侧轴上。主、被动齿轮之间，用两个中间轮连接起来。注意各对齿轮的间隙要适当。

⑤用心轴把齿坯装在分度头和尾座之间。摇动分度手柄，用百分表检查齿坯外圆的同轴度是否合乎要求。

⑥选择并安装铣刀，根据图样要求查表，选模数为 2 的 7 号盘形齿轮铣刀，安装铣刀时，检查其径向跳动和端面跳动。

⑦在齿坯上划出中心线后，移动工作台对中。用划线试切法对中心。

⑧调整铣床主轴转速为 118 r/min，工作台进给量为 75 mm/min。

⑨按全齿高 $h=2.25\ m=2.25\times2=4.5$ mm，移动升降台，调整好切深。

⑩先铣一深为 1.5 mm ~ 3 mm 的浅槽，并用 $\Phi3$ 圆棒检验中心无误后，进行分度铣齿。

⑪用公法线百分尺测量公法线的长度，保尺寸 $40.08_{-0.177}^{-0.086}$ mm。

## 五、任务分配

每人一件直齿圆柱齿轮的坯料，按任务栏图纸要求进行齿圆柱齿轮的铣削加工，时间 120 分钟。

## 六、任务检测

使用量具，按图纸要求检测公法线长度是否符合图纸要求。

## 七、任务评价

| 项目 | 精度要求 | 配分 | 评分标准 | 检测结果 | 分数 |
|---|---|---|---|---|---|
| 尺寸公差 | $40.08_{-0.177}^{-0.086}$ | 50 | 超差不得分 | | |
| | 齿数　61 | 20 | 不等分不得分 | | |
| 形位公差 | 符合要求 | 20 | 超差不得分 | | |
| 表面粗糙度 | $R_a3.2$ | 10 | 降级不得分 | | |
| 数量 | 1 件 | | | | |
| 时间 | 120 分 | | | | |
| 安全文明生产 | 凡违反操作规程，损坏工具、量具、刃具等，酌情扣 3 ~ 10 分 | | | | |
| 合计 | | | | | |

容易产生的问题及原因

(1)齿形出现偏斜,主要原因是铣刀廓形中心未与齿轮轴线重合,对中心不准。

(2)齿厚大小不等,齿距不均匀,主要原因是工件径向跳动过大,分度不准确,包括分度手柄摇过位,未消除传动间隙。

(3)齿厚尺寸不正确,主要原因是测量不够正确,或卡尺测量面磨损较大,切深调整的不正确,铣刀刀号选的不对。

(4)齿面表面粗糙度不符合图样要求,主要原因是切速过大或过小,进给量过大,铣刀跳动大,刀刃磨损,有振动,分度头主轴松动,工件材料硬度不均匀,切削液选用不合理,冷却不充足。

安全警告!!!

(1)走刀过程中和刀具未停稳之前,不准检测工件,不准用手触摸工件加工表面。

(2)清除切屑时,应使用毛刷。

(3)及时修整工件上的毛刺和锐边,以防伤手,但修整时不要将已加工表面损坏。

# 任务十一　齿条的铣削

目标要求

1. 掌握齿条的计算和铣削方法。
2. 正确选择铣削齿条用的刀具。
3. 掌握齿条的检测方法。
4. 分析铣削中产生的问题及注意事项。

## 一、任务

任务单图纸如图11.1所示，齿条实物如图11.2所示。以此任务为例，进行齿条的铣削。

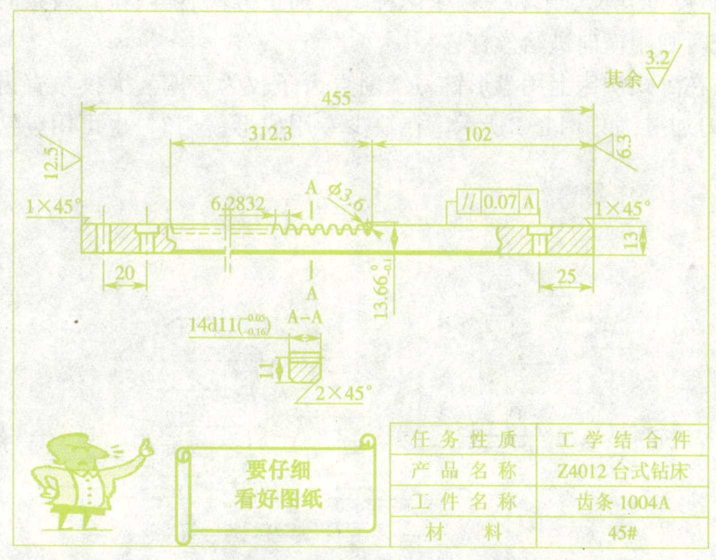


图11.1　任务单图纸

图11.2　齿条实物

## 二、任务准备

工件：车削、磨削加工坯料。

机床：X6132卧式铣床。

量具：0～150 mm游标卡尺，齿厚游标卡尺，0～25 mm百分尺，Φ3 mm标准量棒，样板。

刀具：模数为2的8号盘形铣刀（特制）。

刀具材料:高速钢。

铣削用量:取 $n=95$ r/min,$V_f=60$ mm/min。

工具:卡盘扳手,分度头,紫铜锤。

夹具:专用夹具。

**根据刀具材料,合理选择铣削速度**

刀具材料不同,其铣削速度不同。

(1)高速钢刀具铣削速度一般为 20 mm/min 左右。

(2)铣削速度计算公式为 $v_c=\frac{\pi dn}{1\ 000}$。

## 三、相关知识——齿条

齿条是在平板或直杆上具有等距分布齿的零件,可在铣床上用仿形法进行铣削。齿条的齿形是直线状,齿形角为 40°。

根据齿条的长度可分长齿条和短齿条两种。其加工方法各异,铣长齿条时用纵向进给丝杠移距,铣短齿条时则用横向进给丝杠移距。

通常情况下,在卧式铣床上用盘形铣刀铣削直齿条较为普遍。大模数直齿条也可在立式铣床上用指状铣刀加工,如图 11.3 所示。在缺少专用成形铣刀时,也可用废钻头或键槽铣刀照样板磨制而成。

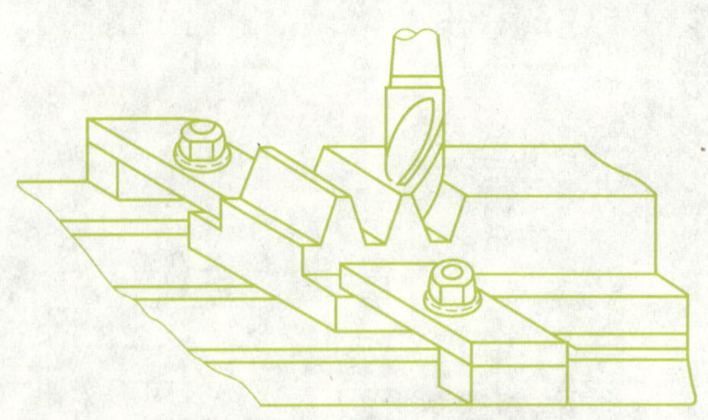

图 11.3 立式铣床上用指状铣刀铣削齿条

1. 短齿条的铣削方法

1)选择铣刀

根据模数 $m$,齿形角 $\alpha$,选择齿轮盘铣刀。因齿廓是直线,所以应选 8 号铣刀。齿条参数如图 11.4 所示。

2)工件的安装

将平口钳纵向安装于工作台上,校正固定钳口与铣床主轴轴线平行。然后装夹工件,工件上平面露出钳口部分要大于齿全高 $h$。校正齿条上平面与工作台面平行,如图 11.5 所示。

3)铣齿条的移距方法

移距是利用横向或纵向手柄刻度盘来控制移动距离,这种方法仅适用于精度要求不高、齿

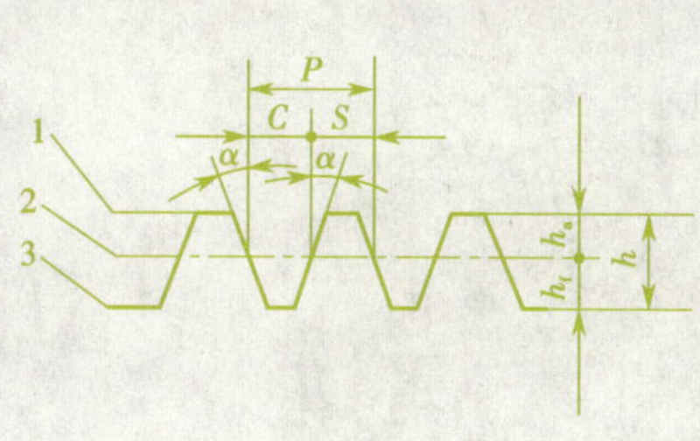


图 11.4　齿条参数

1—齿顶线　2—中线　3—齿根线

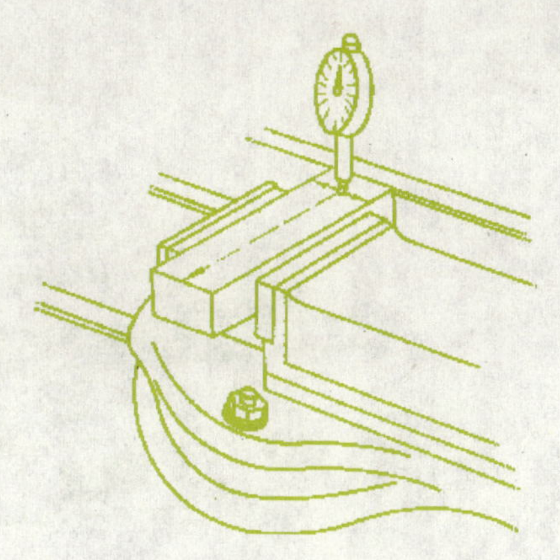

图 11.5　校正齿条上平面与工作台面平行

数量不多的短齿条。

4）对刀铣削

调整工作台，全齿高按 $h=2.25\ m$ 调整，依次铣削各齿。具体步骤如图 11.6 所示。

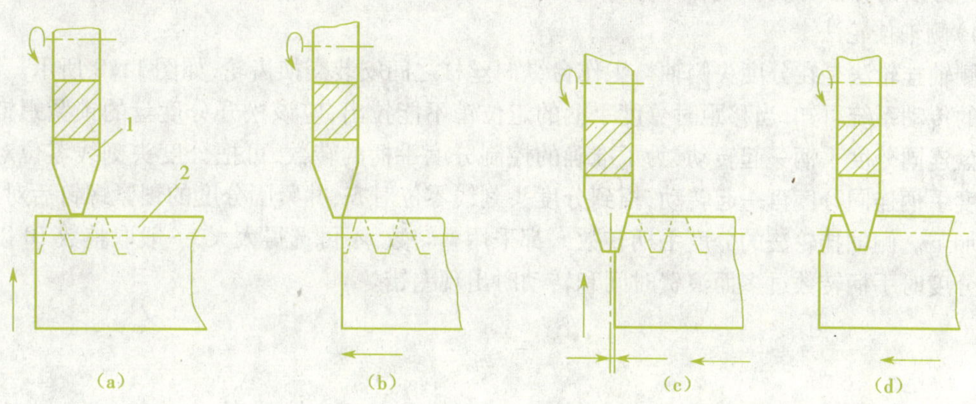


图 11.6　齿条对刀铣削步骤

1—铣刀　2—齿条

2. 铣长齿条的方法

长齿条应纵向安装在工作台上，用纵向进给丝杠分度，保证齿距要求，用横向进给完成走刀运动。

1）选择安装铣刀

由于工件较长齿数较多，采用横向分齿无法一次完成，所以铣长齿条时采用纵向分齿。这就需要安装万能铣头来改变铣刀安装来加工，因普通齿轮盘铣刀外径较小，无法使用，所以铣长齿条时，应安装直径较大的铣刀，可根据 $m$、$\alpha$ 特制大直径齿条铣刀进行铣削，如图 11.7 所示。

2）工件的安装

对于长齿条可用平口钳或夹具来装夹工件并校正。

**图 11.7　在铣床上铣直齿条**

1—铣刀　2—齿条　3—夹具

3)计算手柄转数

由于长齿条齿数较多,为了减少分齿时的累积误差,所以分齿一般采用分度头侧轴挂轮直线移距分度的方法分度,不仅操作简便,且移距精度高。

4)侧轴挂轮法

侧轴挂轮法是在分度头侧轴与工作台纵向丝杠之间安装交换齿轮,如图 11.8 所示。由分度头的传动系统可知,当移距时分度手柄的定位销不能拉出,应该松开分度盘的锁紧螺钉,使分度盘连同分度手柄一起转动,为了准确的控制分度手柄的转数,可把分度头刻线零位对齐,当分度手柄连同分度盘一起转动,摇到分度头刻线零位对齐,并紧固分度的锁紧螺钉后对工件进行加工。侧轴挂轮法的分度手柄转数 $n$ 都采用整转数,不可选得太大,一般取整数 10 以内,以免分度时手柄转数过多而浪费时间和转动时出现差错。

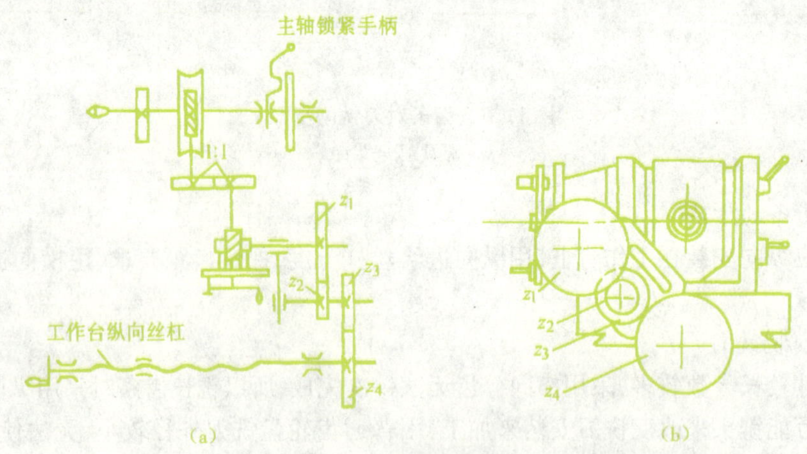


**图 11.8　侧轴挂轮法**

(a)传动系统;(b)交换齿轮安装

侧轴挂轮的直线移距分度方法由于不经过分度头内蜗杆蜗轮副的减速传动,分度盘转过

一个较小的转数时，就能得到较大的直线移距量。由传动可知：

$$n\frac{z_1z_3}{z_2z_4}P_{丝}=L$$

$$\frac{z_1z_3}{z_2z_4}=\frac{L}{nP_{丝}}$$

式中：$z_1$、$z_3$为主动交换齿轮的齿数；$z_2$、$z_4$为从动交换齿轮的齿数；$L$为每次分度时工件移动距离，mm；$P_{丝}$为工作台纵向进给丝杠螺距，mm；$n$为每次分度时分度盘的转数，r。

**例**　在 X6132 型卧式万能铣床上铣削长齿条，齿条模数 $m=6$，用 FW250 型万能分度头做侧轴挂轮法直线移距，试做分度计算。

**解**　每次分度的依据量等于齿条齿距，即

$$P=L=\pi m=6\pi\approx 6\times\frac{22}{7}\text{ mm}$$

取手柄转数 $n=3$ r，

则
$$\frac{z_1z_3}{z_2z_4}=\frac{L}{nP_{丝}}=\frac{6\pi}{3\times 6}=\frac{6\times\frac{22}{7}}{18}=\frac{22}{21}=\frac{80\times 55}{60\times 70}$$

即交换齿轮采用复式轮系，$z_1=80$，$z_3=55$，$z_2=60$，$z_4=70$。移距时，每次分度手柄摇 3 转。

3. 齿条的测量

齿条主要测量齿厚和齿距。

1）齿厚测量

用齿厚游标卡尺测量 $S=\frac{P}{2}=\frac{m\pi}{2}$，$h=m$。应根据图样要求和 $S$、$h$ 的上、下偏差进行检测。

2）齿距测量

一般用样板测量，如图 11.9 所示。或用齿厚游标卡尺测量，如图 11.10 所示。

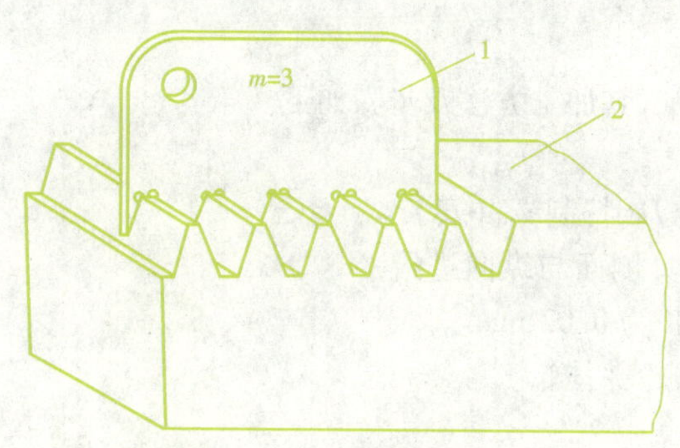


**图 11.9　用样板测量齿距**

1—齿距样板　2—被测齿条

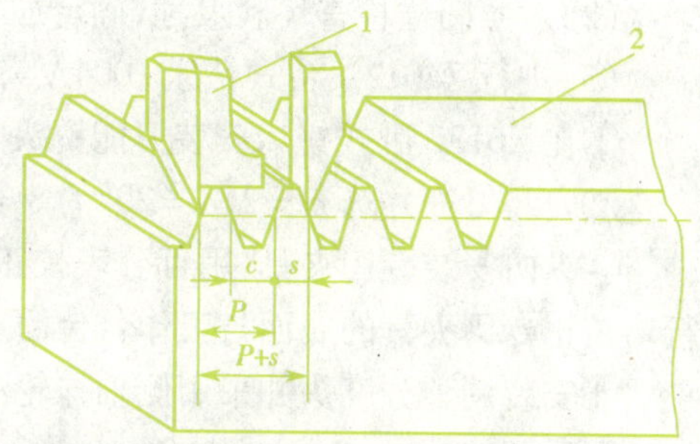


**图 11.10　用齿厚游标卡尺测量齿距**

1—齿厚卡尺　2—被测齿条

4. 斜齿条的铣削

斜齿条可视作一个基圆直径无限大的斜齿圆柱齿轮的一部分。斜齿条在卧式万能铣床上用盘形齿轮铣刀铣削，铣削方法与铣直齿条基本相同，只是在铣削时工件相对刀具转过一个螺

旋角 $\beta$。

斜齿条的铣削方法有如下两种。

1）工件倾斜装夹法

工件安装时，使其一侧基准表面与工作台分齿移距方向成一个螺旋角 $\beta$，如图 11.11 所示。每铣完一齿后，移距应等于斜齿条的法向齿距 $P_n$。这种方法因受到工作台横向行程的限制，仅适用于铣削螺旋角较小的斜齿条。

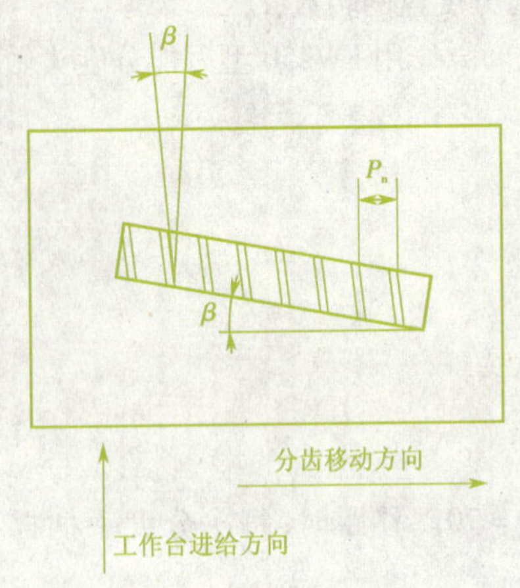


图 11.11　工件倾斜装夹铣削斜齿条

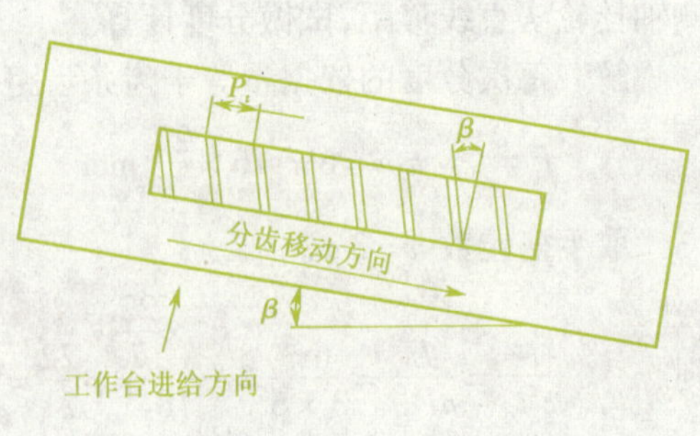


图 11.12　工件平行装夹铣削斜齿条

2）工件平行装夹法

如图 11.12 所示，安装工件时，使其一侧基准表面与工作台纵向移距方向平行，同时将工作台转过一个螺旋角 $\beta$，使斜齿条齿槽与铣刀回转平面平行。每铣完一齿后，工作台纵向移动一个端面齿距 $p_t$。这种方法适用于在万能铣床上铣削较长的斜齿条。

## 四、任务实施

(1) 读任务单图纸，确定加工部位。

(2) 对照图样检查坯料尺寸，确定加工余量。

(3) 进行 Z4012A 台式钻床 1004A 齿条的铣削，其加工方法及步骤如下。

①在 X6132 卧式铣床安装万能铣头并调整。

②安装刀杆并选 $m=2$、$\alpha=20°$ 的 8 号盘形铣刀（特制），并安装。

③纵向安装专用夹具，用百分表校正专用夹具侧面与纵向进给平行。校正专用夹具的底面与工作台台面平行，全长为 0.02 mm。

④安装调整分度头并采用侧轴挂轮法计算挂轮并挂轮。

取手柄转数 $n=2$ r，由公式得：

$$\frac{z_1z_3}{z_2z_4}=\frac{L}{nP_{丝}}=\frac{2\times\frac{22}{7}}{2\times6}=\frac{2\times\frac{22}{7}}{12}=\frac{11}{21}=\frac{55\times60}{70\times90}$$

即交换齿轮采用复式轮系，$z_1=55$，$z_3=60$，$z_2=70$，$z_4=90$。移距时，每次分度手柄摇 2 转。

⑤划出齿条的尺寸位置线。

⑥铣削用量：取 $n=95$ r/min、$V_f=60$ mm/mm。

⑦对刀，移动升降台，使铣刀接触工件，按齿全高 $h=2.25\ m=2.25\times2=4.5$ mm，进刀铣第一齿。

⑧用 $\Phi3$ mm 标准量棒测量第一齿的公差 $13.66_{-0.10}^{\ 0}$ mm 和尺寸 102 mm，合格后，按齿距摇动分度手柄 2 转，分度铣削各齿。

⑨检查。

## 五、任务分配

每人 4 件 Z4012－1004A 台式钻床齿条的坯料。按任务单图纸及工艺要求进行齿条的铣削加工，单件加工时间 40 分钟。

## 六、任务检测

使用量具，按图纸要求检测 $13.66_{-0.10}^{\ 0}$ mm 和长度尺寸是否正确。

## 七、任务评价

| 项目 | 精度要求 | 配分 | 评分标准 | 检测结果 | 分数 |
|---|---|---|---|---|---|
| 尺寸公差 | $13.66_{-0.1}^{\ 0}$ | 40 | 超差不得分 | | |
| | 102 | 8 | 超差不得分 | | |
| | 312.3 | 8 | 超差不得分 | | |
| | 6.2832 等分 | 20 | 不等分不得分 | | |
| 形位公差 | // 0.10 A | 16 | 超差不得分 | | |
| 表面粗糙度 | $R_a3.2$ | 8 | 降级不得分 | | |
| 未注公差等级 | IT14 | | | | |
| 数量 | 4 件 | | | | |
| 时间 | 160 分 | | | | |
| 安全文明生产 | 凡违反操作规程，损坏工具、量具、刃具等，酌情扣 3～10 分。 | | | | |
| 合计 | | | | | |

容易产生的问题及原因

(1)分度移动齿距时，要进行误差检验，分度误差应在规定范围以内。

(2)利用分度盘控制齿距分度时，要注意消除丝杠与螺母的间隙，以免影响齿距精度。

(3)铣削直齿轮容易出现的问题在铣削齿条时也容易发生，应加以注意。

**安全警告!!!**

(1)走刀过程中和刀具未停稳之前,不准检测工件,不准用手触摸工件加工表面。

(2)清除切屑时,应使用毛刷。

(3)及时修整工件上的毛刺和锐边,以防伤手,但修整时,不要将已加工表面损坏。

(4)在安装万能铣头时,一定要注意安全。

# 任务十二　直齿圆锥齿轮的铣削

目标要求

1. 了解直齿圆锥齿轮的特点和计算。
2. 正确选用直齿圆锥齿轮铣刀。
3. 正确计算分度头主轴倾斜角、工作台横向偏移量及分度头主轴回转量。
4. 了解直齿圆锥齿轮齿厚的检测方法。
5. 分析铣削中产生的问题及注意事项。

## 一、任务

任务单图纸如图 12.1 所示，直齿圆锥齿轮实物如图 12.2 所示。以此任务为例，进行直齿圆锥齿轮的铣削。

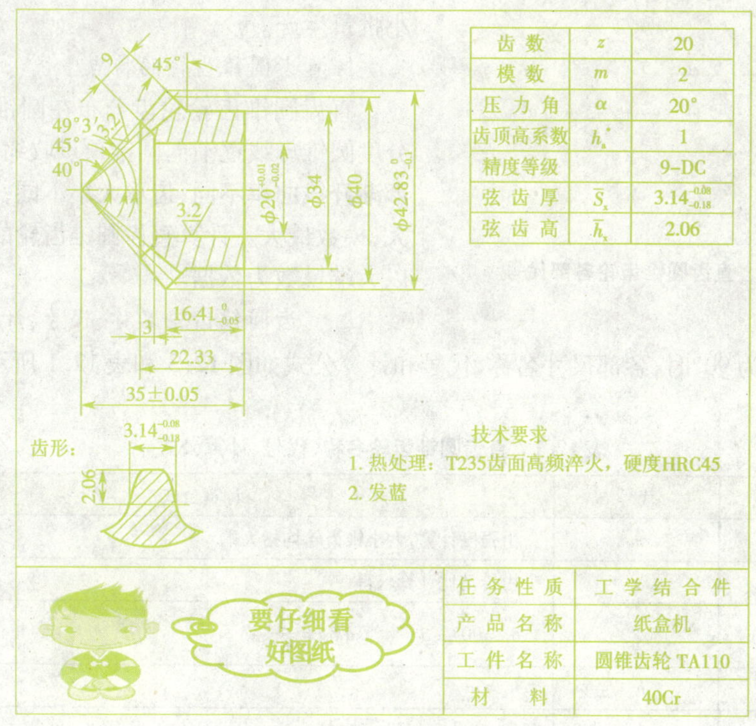


图 12.1　任务单图纸

## 二、任务准备

工件：车削、磨削加工坯料。

机床：X6132 卧式铣床。

量具：齿厚游标卡尺。

刀具：模数为 2 的 5 号直齿圆锥齿轮铣刀。

刀具材料：高速钢。

铣削用量：取 $n=95$ r/min，$V_f=60$ mm/min。

工具：卡盘扳手，高度尺。

夹具：分度头。

图 12.2 直齿圆锥齿轮实物

**根据刀具材料，合理选择铣削速度**

刀具材料不同，其铣削速度不同。

(1)高速钢刀具铣削速度一般为 20 mm/min 左右。

(2)铣削速度计算公式为 $v_c=\dfrac{\pi dn}{1\ 000}$。

## 三、相关知识——直齿圆锥齿轮

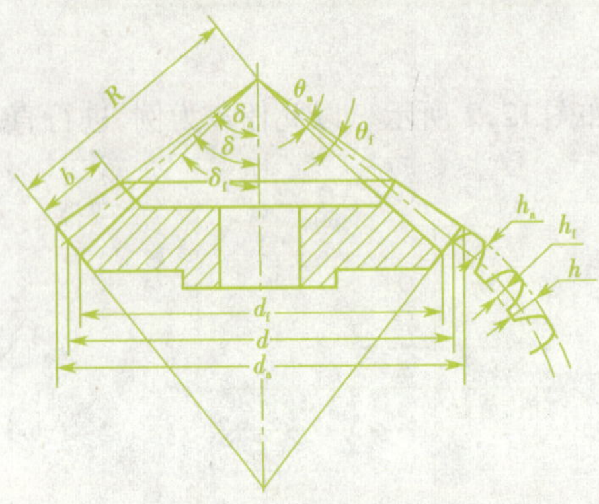


图 12.3 直齿圆锥齿轮各部代号

直齿圆锥齿轮俗称伞齿轮，当两轴相交并要求传动严格不变时，常采用直齿圆锥齿轮传动。通常情况下两轴间夹角为 90°。在铣床上加工直齿圆锥齿轮是属于仿形加工，只用于精度不高或小批量生产。

1. 直齿圆锥齿轮的特点

直齿圆锥齿轮轮齿分布在圆锥面上，齿形沿分度圆锥母线逐渐向圆锥顶点收缩。各剖面的齿形渐开线曲率不同，齿形大小不同；其大端齿形最大，模数最大。计算直齿圆锥齿轮的各部尺寸时，以大端模数为依据。

2. 直齿圆锥齿轮名称、代号、计算公式

当轴交角为 90°时，各部尺寸名称、代号和计算公式如图 12.3 和表 12.1 所示。

表 12.1 直齿圆锥齿轮名称、代号、计算公式

| 名称 | 代号 | 计算公式 |
|---|---|---|
| 模　数 | $m$ | 由强度计算，大小锥齿轮均指大端 |
| 齿　数 | $z$ | 由传动比计算求得 |
| 分度圆锥角 | $\delta$ | $\delta_1=90°-\delta_2$　　$\tan\delta_2=\dfrac{z_2}{z_1}$ |
| 齿顶高 | $h_a$ | $h_a=m$ |
| 齿根高 | $h_f$ | $h_f=1.2m$ |
| 齿全高 | $h$ | $h=h_a+h_f=2.2m$ |
| 分度圆直径 | $d$ | $d=mz$ |
| 齿顶圆直径 | $d_a$ | $d_a=d+2h_a\cos\delta=m(z+2\cos\delta)$ |
| 齿根圆直径 | $d_f$ | $d_f=d-2h_f\cos\delta=m(z-2.4\cos\delta)$ |
| 齿顶角 | $\theta_a$ | $\tan\theta_a=2\sin\delta/z$ |

续表

| 名称 | 代号 | 计算公式 |
|---|---|---|
| 齿根角 | $\theta_f$ | $\tan\theta_f=2.4\sin\delta/z$ |
| 分度圆齿厚 | $S$ | $S=m\pi/2$ |
| 顶锥角 | $\delta_a$ | $\delta_{a1}=\delta_1+\theta_a$　　$\delta_{a2}=\delta_2+\theta_a$ |
| 根锥角 | $\delta_f$ | $\delta_{f1}=\delta_1-\theta_f$　　$\delta_{f2}=\delta_2-\theta_f$ |
| 齿　宽 | $b$ | $b\approx0.3R$ |
| 锥　距 | $R$ | $R=\dfrac{m}{2}\sqrt{z_1^2+z_2^2}=\dfrac{d}{2}\sin\delta$ |

3. 水平进给铣削直齿圆锥齿轮

1）铣直齿圆锥齿轮铣刀及其选择

（1）铣刀的特点。标准直齿圆锥齿轮铣刀厚度，是锥距与齿宽之比 $R/b=3$ 时按小端齿槽宽度设计的，因此适用于 $R/b\geqslant3$ 的直齿圆锥齿轮的加工。如果铣削 $R/b<3$ 的直齿圆锥齿轮，则应另制更薄的铣刀。铣刀的齿形曲线是按大端制造，并在铣刀端面上印有“伞”字或“⌓”标记，各种模数的直齿圆锥齿轮铣刀一套（组）共有 8 把。

（2）铣刀的选择。选择铣刀时，应按被加工直齿圆锥齿轮的模数、齿形角及当量齿数 $z_V$ 来选择。当量齿数 $z_V$ 用下式计算：

$$z_V=\frac{z}{\cos\delta}$$

式中：$z$ 为直齿圆锥齿轮的实际齿数；$\delta$ 为直齿圆锥齿轮的分度圆锥角度。

2）工件的装夹与校正

带圆柱柄的工件可用三爪卡盘装夹在分度头上；带孔的工件可用心轴装夹在分度头上，步骤是先把心轴锥柄插入分度头主轴孔中，用拉杆螺丝拉紧，校正后将工件装夹在心轴中，检验工件跳动量在允许的范围内。

3）分度头倾斜角度和分度手柄转数的计算

根据根锥角 $\delta_f$ 的大小调转分度头主轴倾斜角，如图 12.4 所示。分度手柄转数按 $n=\dfrac{40}{z}$ 计算。

4）对中心

分度头倾斜角度、分度手柄调整完毕，用划针盘或高度尺在工件圆锥面上划线。划线时将划线盘或高度尺的高度调整到与工件中心线相交的高度，在工件圆锥面两侧分别划线，然后将工件转 180°，用同样的方法划出另外两条线。前两条线与后两条线分别相交于两侧的 $a$ 点（$a$ 点在工件中心上）。将工件转 90°，使 $a$ 点转至上方与铣刀相对，调整工作台使铣刀廓形的中心对准 $a$ 点，则中心对好，如图 12.5 所示，然后将横向工作台紧固。

5）铣削

直齿圆锥齿轮的齿形分三次铣削完成。第一次铣削铣出齿槽中部，铣削中部时，启动机床铣刀旋转，使铣刀刀尖刚刚铣着大端的外径，按大端的齿全高上升垂直工作台，依次分度将全

图 12.4　直齿圆锥齿轮在分度头上的安装角度

图 12-3　划直齿圆锥齿轮中心线

部齿槽中部铣出，如图 12.6(a)所示。

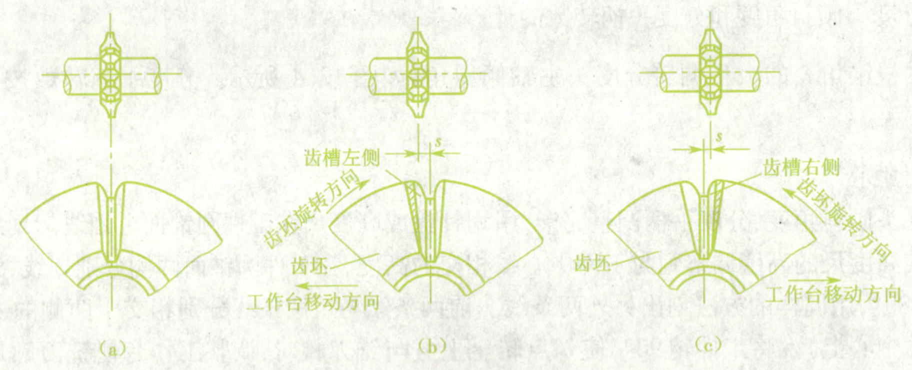


图 12.6　铣直齿圆锥齿轮

(a)铣齿槽中部；(b)扩铣齿槽左侧；(c)扩铣齿槽右侧

6)扩铣齿槽的两侧

为了达到使大端齿槽两侧多铣去一定余量的目的,可采用以下两种偏移铣削法。

(1)偏移工作台扩铣大端齿槽两侧。工作台偏移量 $S$ 按下式计算:

$$S=\frac{mb}{2R}$$

式中:$m$ 为模数,mm;$b$ 为齿宽,mm;$R$ 为锥距,mm。

扩铣齿槽左侧为第 2 次铣削,按计算的横向工作台偏移量 $S$,向左移动横向工作台并紧固。摇动分度头手柄,使齿坯向右转动,使铣刀刚好擦着小端齿槽的左侧,然后将分度手柄的插销插入分度盘孔中,并记下分度手柄转过的孔距数,依次分度将齿槽左侧铣完,如图 12.6(b)所示。

扩铣齿槽右侧为第 3 次铣削。松开横向工作台,按 2 倍的横向工作台偏移量 $S$ 反方向向右移动横向工作台并紧固。再按 2 倍的扩铣左侧时所记下分度手柄转过的孔距数反方向转动齿坯,依次分度将齿槽右侧全部铣完,如图 12.6(c)所示。

采用以上方法扩铣时,齿槽两侧的偏移量应一致,分度手柄转过的孔距也应相等,并注意消除工作台及分度头传动间隙的影响,以免造成扩铣误差。

(2)按经验公式计算、调整分度头转角。齿槽中部铣出后,再按偏移量 $S$ 横向移动工作台扩铣齿槽两侧。分度头转角按下式计算:

$$n'\approx\left(\frac{1}{8}-\frac{1}{10}\right)N$$

式中:$n'$为扩铣齿槽侧面时,分度手柄应转过的孔距数;$N$ 为工件每分一个齿,手柄转过的总孔距数。

扩铣时,工件旋转方向和工作台移动方向与前述方法相同。采用以上两种方法铣削时,扩铣前应测量扩铣余量,扩铣一侧后要进行测量,此时应铣去余量的一半,以保证齿形与中心重合。

4. 直齿圆锥齿轮齿厚的测量

齿厚测量是生产过程中经常应用的测量方法。可分为分度圆弦齿厚测量和固定圆弦齿厚测量。量具均为齿厚游标卡尺。

测量时,先将垂直游标尺调整到弦齿高$\overline{h}_a$的高度上,并靠上齿顶面,然后移动水平游标尺,使两个量爪与齿侧面接触,即可测得齿厚$\overline{S}$,如图 12.7 所示。其原理和读数方法与一般游标卡尺相同。但使用时,要注意应使垂直量爪的底面、水平尺两量爪的测量面,分别与所测齿轮轮齿的齿顶面和齿侧面都接触,这样测得的尺寸才是正确的。

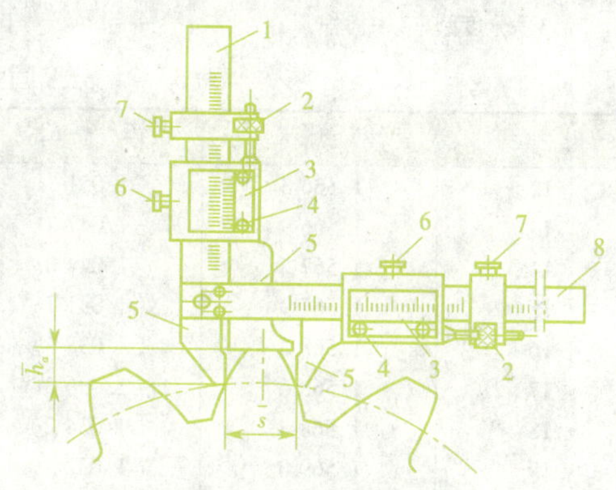


12.7　齿厚游标卡尺

1—垂直主尺　2—微调螺　4—游标框　5—测量爪
6—紧固螺钉　7—紧固螺母　8—水平主尺

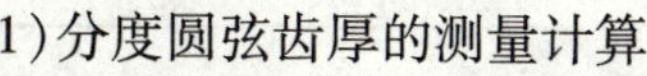

1)分度圆弦齿厚的测量计算

测量时,根据公式计算出分度圆弦齿厚$\overline{S}$和分度圆弦齿高$\overline{h}_a$。

$$\overline{S}=mz\sin\frac{90^\circ}{z}$$

$$\overline{h}_a=m\left[1+\frac{z}{2}\left(1-\cos\frac{90^\circ}{z}\right)\right]$$

式中:$m$ 为所铣齿轮模数,mm;$z$ 为所铣齿轮齿数。

或用查表法求得$\overline{S}$和$\overline{h}_a$(见表 12.2),按所铣齿数从表中查出 $K_{\overline{S}}$和 $K_{\overline{h}_a}$,然后按下式计算:

$$\overline{S}=mK_{\overline{S}}$$

$$\overline{h}_a=mK_{\overline{h}_a}$$

**例** 齿轮模数 $m=3$,齿数 $z=36$,求$\overline{S}$和$\overline{h}_a$

**解** 查表得 $K_{\overline{S}}=1.5703$ ,$K_{\overline{h}_a}=1.0171$,所以

$$\overline{S}=mK_{\overline{S}}=3\times1.5703=4.71\ \text{mm}$$

$$\overline{h}_a=mK_{\overline{h}_a}=3\times1.0171=3.05\ \text{mm}$$

计算后,用齿厚游标卡尺测量,读数应符合齿厚上、下偏差要求。一般图样上已标出了齿厚极限偏差。

2)固定弦齿厚测量计算

固定弦齿厚测量与分度圆弦齿厚测量相同,只是所测部位有所不同,如图 12.8 所示。计算公式为:

$$\overline{S}_c=\frac{m\pi}{2}\cos^2\alpha$$

$$\overline{h}_c=m\left(1-\frac{\pi}{8}\sin 2\alpha\right)$$

式中:$\overline{S}_c$为固定弦齿厚,mm;$\overline{h}_c$为固定弦齿高,mm。

当所测齿轮是标准齿轮时(齿形角 $\alpha=20^\circ$),则$\overline{S}_c=1.387m$,$\overline{h}_c=0.7476m$。测量时,读数应在齿厚上、下偏差之间。

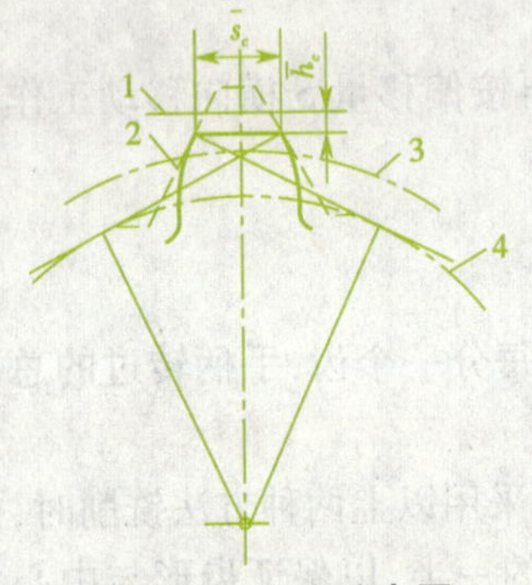


**图 12.8 固定弦齿厚**

1—齿顶面 2—基本齿条
3—分度圆 4—齿根圆

**表 12.2 分度圆弦齿厚和弦齿高($m=1$)**

| 齿 数 $z$ | 齿 厚 $K_{\overline{S}}$ | 齿 高 $K_{\overline{h}_a}$ | 齿 数 $z$ | 齿 厚 $K_{\overline{S}}$ | 齿 高 $K_{\overline{h}_a}$ |
|---|---|---|---|---|---|
| 12 | 1.566 3 | 1.051 3 | 24 | 1.569 6 | 1.025 7 |
| 13 | 1.566 9 | 1.047 4 | 25 | 1.569 7 | 1.024 7 |
| 14 | 1.567 5 | 1.044 0 | 26 | 1.569 8 | 1.023 7 |
| 15 | 1.567 9 | 1.041 1 | 27 | 1.569 9 | 1.022 8 |
| 16 | 1.568 3 | 1.038 5 | 28 | 1.569 9 | 1.022 0 |
| 17 | 1.568 6 | 1.036 3 | 29 | 1.570 0 | 1.021 2 |
| 18 | 1.568 8 | 1.034 2 | 30 | 1.570 1 | 1.020 5 |
| 19 | 1.569 0 | 1.032 4 | 31 | 1.570 1 | 1.019 9 |
| 20 | 1.569 2 | 1.030 8 | 32 | 1.570 2 | 1.019 3 |
| 21 | 1.569 3 | 1.029 4 | 33 | 1.570 2 | 1.018 7 |
| 22 | 1.569 4 | 1.028 0 | 34 | 1.570 2 | 1.018 1 |
| 23 | 1.569 5 | 1.026 8 | 35 | 1.570 3 | 1.017 6 |

**续表**

| 齿　数 $z$ | 齿　厚 $K_{\bar{S}}$ | 齿　高 $K_{\bar{h}_a}$ | 齿　数 $z$ | 齿　厚 $K_{\bar{S}}$ | 齿　高 $K_{\bar{h}_a}$ |
|---|---|---|---|---|---|
| 36 | 1.570 3 | 1.017 1 | 75 | 1.570 7 | 1.008 2 |
| 37 | 1.570 3 | 1.016 7 | 76 | 1.570 7 | 1.008 0 |
| 38 | 1.570 3 | 1.016 2 | 77 | 1.570 7 | 1.008 0 |
| 39 | 1.570 4 | 1.015 8 | 78 | 1.570 7 | 1.007 9 |
| 40 | 1.570 4 | 1.015 4 | 79 | 1.570 7 | 1.007 8 |
| 41 | 1.570 4 | 1.015 0 | 80 | 1.570 7 | 1.007 7 |
| 42 | 1.570 4 | 1.014 6 | 81 | 1.570 7 | 1.007 6 |
| 43 | 1.570 5 | 1.014 4 | 82 | 1.570 7 | 1.007 5 |
| 44 | 1.570 5 | 1.014 0 | 83 | 1.570 7 | 1.007 4 |
| 45 | 1.570 5 | 1.013 7 | 84 | 1.570 7 | 1.007 3 |
| 46 | 1.570 5 | 1.013 4 | 85 | 1.570 7 | 1.007 3 |
| 47 | 1.570 5 | 1.013 1 | 86 | 1.570 7 | 1.007 2 |
| 48 | 1.570 5 | 1.012 8 | 87 | 1.570 7 | 1.007 1 |
| 49 | 1.570 5 | 1.012 6 | 88 | 1.570 7 | 1.007 0 |
| 50 | 1.570 5 | 1.012 4 | 89 | 1.570 7 | 1.006 9 |
| 51 | 1.570 5 | 1.012 1 | 90 | 1.570 7 | 1.006 9 |
| 52 | 1.570 6 | 1.011 9 | 91 | 1.570 7 | 1.006 8 |
| 53 | 1.570 6 | 1.011 6 | 92 | 1.570 7 | 1.006 7 |
| 54 | 1.570 6 | 1.011 4 | 93 | 1.570 7 | 1.006 6 |
| 55 | 1.570 6 | 1.011 2 | 94 | 1.570 7 | 1.006 5 |
| 56 | 1.570 6 | 1.011 0 | 95 | 1.570 7 | 1.006 5 |
| 57 | 1.570 6 | 1.010 8 | 96 | 1.570 7 | 1.006 4 |
| 58 | 1.570 6 | 1.010 6 | 97 | 1.570 7 | 1.006 4 |
| 59 | 1.570 6 | 1.010 4 | 98 | 1.570 7 | 1.006 3 |
| 60 | 1.570 6 | 1.010 3 | 99 | 1.570 7 | 1.006 2 |
| 61 | 1.570 6 | 1.010 1 | 100 | 1.570 8 | 1.006 2 |
| 62 | 1.570 6 | 1.010 0 | 105 | 1.570 8 | 1.005 9 |
| 63 | 1.570 6 | 1.009 8 | 110 | 1.570 8 | 1.005 6 |
| 64 | 1.570 6 | 1.009 6 | 115 | 1.570 8 | 1.005 4 |
| 65 | 1.570 6 | 1.009 5 | 120 | 1.570 8 | 1.005 1 |
| 66 | 1.570 6 | 1.009 3 | 125 | 1.570 8 | 1.004 9 |
| 67 | 1.570 6 | 1.009 2 | 127 | 1.570 8 | 1.004 8 |
| 68 | 1.570 6 | 1.009 1 | 130 | 1.570 8 | 1.004 7 |
| 69 | 1.570 6 | 1.008 9 | 135 | 1.570 8 | 1.004 6 |
| 70 | 1.570 6 | 1.008 8 | 140 | 1.570 8 | 1.004 4 |
| 71 | 1.570 7 | 1.008 7 | 145 | 1.570 8 | 1.004 2 |
| 72 | 1.570 7 | 1.008 6 | 150 | 1.570 8 | 1.004 1 |
| 73 | 1.570 7 | 1.008 4 | 齿条 | 1.570 8 | 1.000 0 |
| 74 | 1.570 7 | 1.008 3 | | | |

注:(1)对于螺旋齿轮和圆锥齿轮要用假想齿数查表。

(2)如果假想齿数带小数,就要采用比例插入法,把小数部分考虑进去。

(3)如果考虑到齿顶圆制造误差,要根据查表计算所得$\bar{h}_a$,减去修正值$\Delta h$。

3)补充进刀量的计算

当铣齿轮时,为把齿面铣光洁,保证齿厚尺寸精确,一般精铣时的进刀量应在测量弦齿厚以后再确定。因此，必须补充进刀量，当齿形角 $\alpha=20°$ 时，弦齿厚测量补充进刀量 $\Delta\overline{S}=1.37(\overline{S}_{实}-\overline{S})$。

## 四、任务实施

(1)读任务单图纸，确定加工部位。

(2)对照图样检查坯料尺寸，确定加工余量。

(3)进行纸盒机 TA110 圆锥齿轮的铣削，其步骤如下。

①选择并安装 $m=2$、$\alpha=20°$ 的 5 号直齿圆锥齿轮铣刀。取 $n=95\ \text{r/min}$、$V_f=60\ \text{mm/min}$。铣刀按当量齿数 $z_V$ 选择，$z_V=\dfrac{z}{\cos\delta}=\dfrac{20}{\cos 45°}=28.29$。

②安装并校正分度头。

③安装并校正心轴，调转分度头主轴倾斜角 40°。

④安装并校正工件。

⑤计算分度手柄转数 $n=\dfrac{40}{z}=\dfrac{40}{20}=2$。调整分度插销位置。

⑥划出中心线对中心。

⑦根据齿全高调整切深铣出齿槽中部。$h=2.2\ m=2.2\times2=4.4\ \text{mm}$。

⑧计算偏移量 $S$，扩铣齿槽两侧，保弦齿厚尺寸 $3.14_{-0.18}^{-0.08}$ mm，弦齿高 2.06 mm。

## 五、任务分配

每人 1 件纸盒机 TA110 圆锥齿轮的坯料，按任务单图纸及工艺要求进行直齿圆挂齿轮的铣削加工，单件加工时间 60 分钟。

## 六、任务检测

(1)齿厚的测量。用齿厚游标卡尺测量固定弦齿厚，测量时，齿厚游标卡尺必须在圆锥齿轮的大端测量。

(2)齿全高的测量。一般用游标卡尺的深度尺测量齿全高，在齿轮大端上测量。

## 七、任务评价

| 项目 | 精度要求 | 配分 | 评分标准 | 检测结果 | 分数 |
|---|---|---|---|---|---|
| 尺寸公差 | $3.14_{-0.18}^{-0.08}$ | 50 | 超差不得分 | | |
| | 2.06 | 10 | 超差不得分 | | |
| | 齿数 20 | 10 | 分错不得分 | | |
| | 40° | 15 | 超差不得分 | | |
| 表面粗糙度 | $R_a3.2$ | 15 | 降级不得分 | | |
| 未注公差等级 | IT14 | | | | |
| 数量 | 1 件 | | | | |
| 时间 | 60 分 | | | | |
| 安全文明生产 | 凡违反操作规程，损坏工具、量具、刃具等，酌情扣 3～10 分 | | | | |
| 合计 | | | | | |

容易产生的问题及原因

(1)齿形误差超差,其原因是选择铣刀号数不对,计算当量齿数 $z_V$ 不正确或铣刀前角刃磨不正确。

(2)齿距误差超差,其原因是分度不正确,齿坯振摆超差。

(3)齿圈径向跳动超差,其原因是齿坯内孔与外径不同轴,齿坯安装误差大或心轴未校正好。

(4)齿厚超差,其原因是横向偏移量 $S$ 或分度转角 $n'$ 过大或过小,测量不准确。

(5)齿数不对,其原因是计算错误或分度错误。

(6)表面粗糙度达不到要求,其原因是铣刀摆动太大、铣刀变钝、分度头振动、进给量过大等。

(7)加工前应对齿坯进行检验,铣削时应从小端向大端铣削。

安全警告!!!

(1)走刀过程中和刀具未停稳之前,不准测量工件,不准用手触摸工件加工表面。

(2)清除切屑时,应使用毛刷。

(3)及时修整工件上的毛刺和锐边,以防伤手,但修整时,不要将已加工表面损坏。

# 任务十三 铣刀开齿

目标要求

1. 掌握用单角铣刀或双角铣刀铣削前角 $\gamma_0=0°$ 或 $\gamma_0>0°$ 的直齿刀具开齿的铣削方法。

2. 正确选择铣刀。

3. 正确计算工作台偏移量及垂直升高量。

4. 正确计算分度头主轴倾斜角度。

5. 分析铣削中产生的问题及注意事项。

## 一、任务

任务单图纸如图 13.1 所示，三面刃铣刀实物如图 13.2 所示。以此任务为例，进行三面刃铣刀开齿铣削。

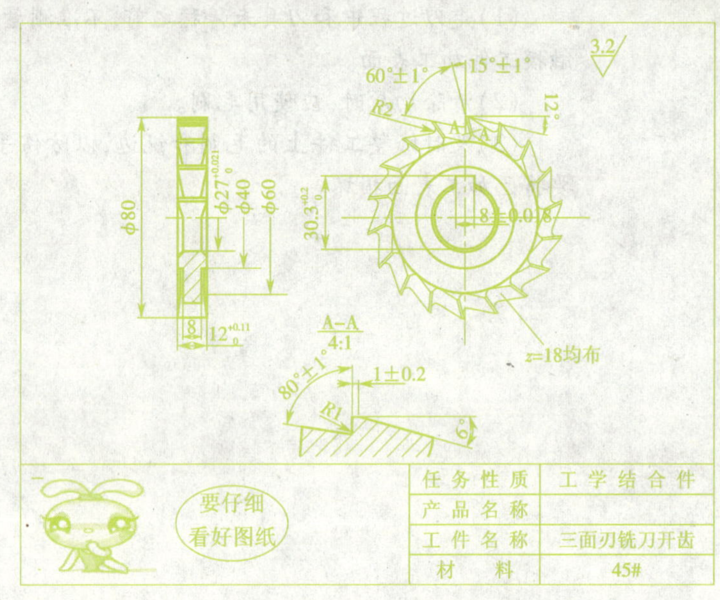


图 13.1 任务单图纸

## 二、任务准备

工件：圆料经车削至尺寸的坯料。

机床：X6132 卧式铣床。

量具：0 ~ 150 mm 游标卡尺，高度尺，万能角度尺。

刀具：$\Phi75\times60°$、$\Phi60\times80°$ 单角铣刀。

刀具材料：高速钢。

铣削用量：取 $n=95$ r/min，$V_f=60$ mm/min。

工具：卡盘扳手。

夹具：分度头，心轴。

图 13.2　三面刃铣刀实物

根据刀具材料合理选择铣削速度

刀具材料不同，其铣削速度不同。

(1)高速钢刀具铣削速度一般为 20 mm/min 左右。铣削钢件应加切削液。

(2)铣削速度计算公式为 $v_c=\dfrac{\pi dn}{1\ 000}$。

## 三、相关知识——三面刃铣刀开齿

三面刃铣刀的开齿可分为两步：一是铣圆柱齿槽；二是铣端面齿槽。

### 1. 铣削圆柱齿槽

圆柱面齿槽刀具的前角 $\gamma_0$ 有三种情况：正前角（$\gamma_0>0°$）、零前角（$\gamma_0=0°$）和负前角（$\gamma_0<0°$）。通常只有硬质合金刀具采用负前角，其他刀具大都采用零前角和正前角，而负前角与正前角的铣槽方法，只是铣刀与被铣槽刀具（工件）的相互位置不同，其铣槽方法基本相同。因此，下面只介绍零前角和正前角两种刀具的铣槽方法。

1)前角 $\gamma_0=0°$直齿刀具铣齿槽

前角 $\gamma_0=0°$的铣刀其前刀面通过铣刀中心，可用单角铣刀铣削 $\gamma_0=0°$的圆柱铣刀或双角铣刀铣出齿形。

(1)用单角铣刀铣削。

①铣刀的选择和安装。铣削所选用的铣刀廓形角 $\theta_1$ 应等于图样上刀具的齿槽角 $\theta$，如图 13.3 所示。铣刀的垂直刀刃形成工件齿的前刀面，安装铣刀。

②工件的装夹和校正。工件用心轴装夹在分度头与尾座间，用两顶尖装夹或用三爪卡盘一夹一顶装夹。工件装夹后校正外圆跳动量在要求范围内。

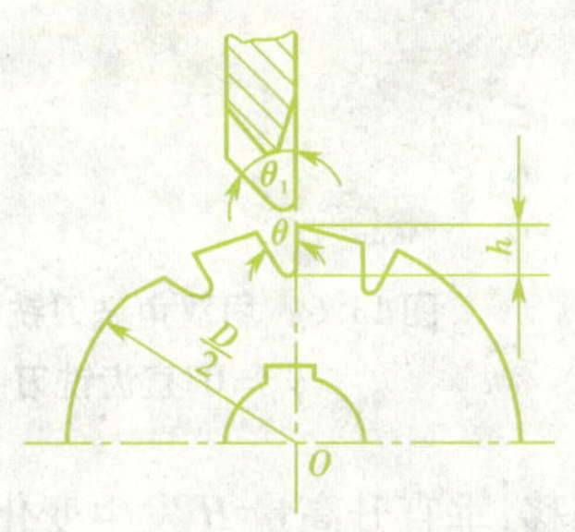

图 13.3　用单角铣刀

③计算和调整分度手柄转数。按 $n=\dfrac{40}{z}$计算和调整分度手柄转数。

④对中心。由于刀齿的前角 $\gamma_0=0°$，其前刀面通过工件中心，所以铣刀的垂直刀刃应对准工件中心。采用划线对中心方法，在工件外圆和端面上划出中心线，使单角铣刀的垂直刀刃对准所划出的中心线，并紧固横向工作台。

⑤调整切削深度。使铣刀刀尖刚接触工件圆周，退出工件，上升一个刀齿深度，铣出第一个齿槽。退回工件，松开分度头主轴锁紧手柄进行分度，铣第二个齿槽，并依次分度将齿槽铣完，当图样后刀面有宽度要求时，应通过几次试铣，使后刀面宽度符合要求。

(2)用双角铣刀铣削。用双角铣刀铣削前角 $\gamma_0=0°$的刀具如图 13.4、图 13.5 所示，工作时机床如图 13.6 所示。

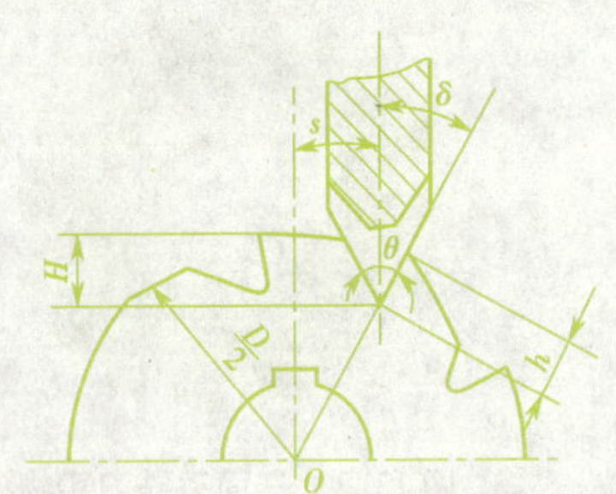


图 13.4　用双角铣刀铣削前角 $\gamma_0=0°$的刀具

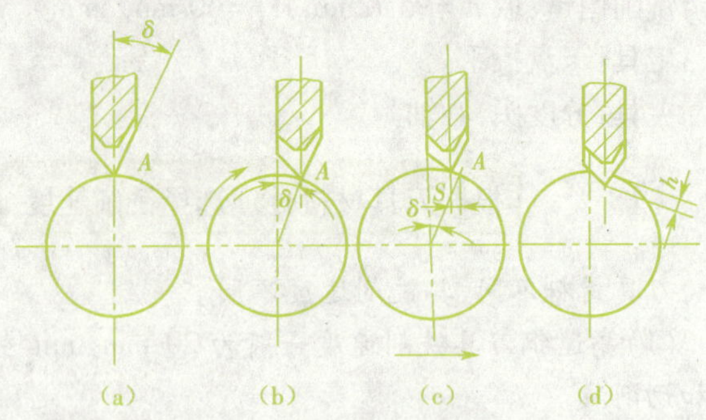


图 13.5　切痕法用双角铣刀铣削 $\gamma_0=0°$的刀具

(a)对中心切痕;(b)工件转 $\delta$ 角对准 $A$;

(c)移动横向工作台距离 $S$;(d)调整切削深度

①铣刀的选择和安装。所选择的双角铣刀的廓形角 $\theta_1$ 应等于图样上刀具齿槽角 $\theta$,用双角铣刀的小角度锥面刃铣出工件齿的前刀面。

②工件的装夹和校正,同用单角铣刀铣削。

③计算和调整分度手柄转数,同用单角铣刀铣削。

图 13.6　用双角铣刀铣削前角 $\gamma_0=0°$直齿铣刀

④计算并调整工作台偏移量。由于双角铣刀两锥面刀刃均不垂直于铣刀轴心线,而要铣出前角 $\gamma_0=0°$的刀具,则双角铣刀小角度一侧的刀刃必须通过工件中心,因此应在工件 $\gamma_0=0°$直齿铣刀上划出中心线并使双角铣刀的刀尖对准中心线,再使双角铣刀的刀尖与工件中心偏移一个距离 $S$。$S$ 值计算按下式计算:

$$S=\left(\frac{D}{2}-h\right)\sin\delta$$

式中:$D$ 为工件直径,mm;$h$ 为工件齿槽深度,mm;$\delta$ 为双角铣刀的小角度。

⑤计算和调整工作台升高量 $H$。由于工作台偏移,垂直升高量 $H$ 发生变化,$H$ 值用下式计算:

$$H=\frac{D}{2}(1-\cos\delta)+h\cos\delta$$

当铣刀刀尖对准中心线刚接触工件圆周,偏移横向工作台 $S$ 距离后,根据计算出的升高量 $H$ 值上升工作台,并依次铣出工件齿槽。

除上述计算调整法铣削外,还可采用切痕对刀法铣削,其方法:在工件上划中心线对中心后,铣出刀痕 $A$,如图 13.5(a)所示;将工件转过一个双角铣刀的小角度 $\delta$,移动横向工作台使刀尖对准刀痕 $A$,如图 13.5(b)所示;根据计算公式 $S'=h\sin\delta$ 计算出 $S'$,按图 13.5(c)所标箭头方向移动,使刀尖离开刀痕 $A$;上升工作台铣至 $A$ 点,即达到齿槽深度 $H$,如图 13.5(d)所示。

2)前角 $\gamma_0>0°$直齿刀具铣齿

(1)用单角铣刀铣削,如图 13.7 所示。

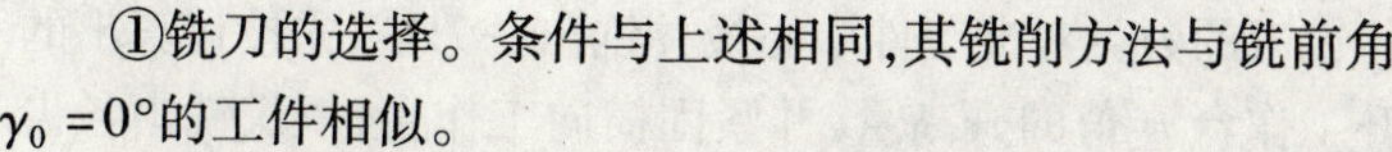

①铣刀的选择。条件与上述相同,其铣削方法与铣前角 $\gamma_0=0°$ 的工件相似。

图 13.7　用单角铣刀铣削前角 $\gamma_0>0°$ 的直齿刀具示意图

②计算和调整工作台横向偏移量。使单角铣刀的垂直刀刃对准工件中心线并铣出刀痕,将工件按图的方向移动距离 $S$,然后紧固横向工作台。$S$ 值按下式计算:

$$S=\frac{D}{2}\sin\gamma_0$$

式中:$D$ 为工件直径,mm;$\gamma_0$ 为工件前角。

③计算和调整工作台升高量。横向移动工作台 $S$ 距离后,再垂直上升工作台一个距离 $H$,如图 13.8 所示。$H$ 值则按下式计算:

$$H=\frac{D}{2}(1-\cos\gamma_0)+h$$

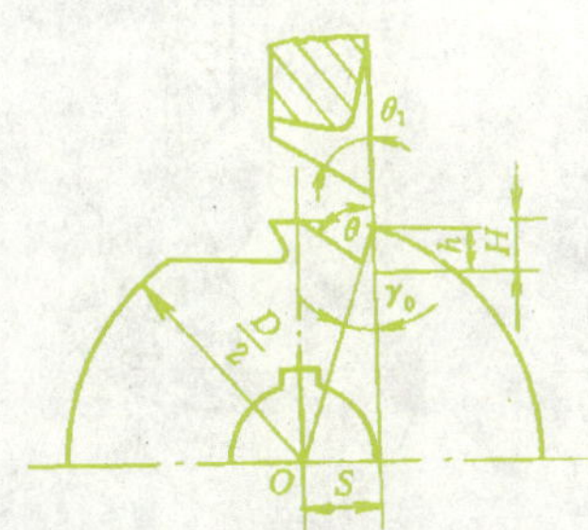


图 13.8　用单角铣刀铣削 $\gamma_0>0°$ 的刀具对刀

式中:$D$ 为工件直径,mm;$\gamma_0$ 为工件前角;$h$ 为工件刀齿深度,mm。

④切痕对刀法。将单角铣刀对准工件中心线并铣出刀痕 $A$,如图 13.9 所示,按图中箭头方向使工件转动一个前角 $\gamma_0$,再移动横向工作台,使铣刀刀尖对准刀痕 $A$,然后上升工作台,铣至要求的齿槽深度即可依次分度铣削。

(2)用双角铣刀铣削。铣削方法与用双角铣刀铣削前角 $\gamma_0=0°$ 的刀具基本相同,不同之处是横向工作台偏移量 $S$ 值和垂直升高量 $H$ 值的计算。$S$ 值和 $H$ 值用下式计算,如图 13.10 所示。

图 13.9　切痕对刀法铣削 $\gamma_0>0°$ 的刀具

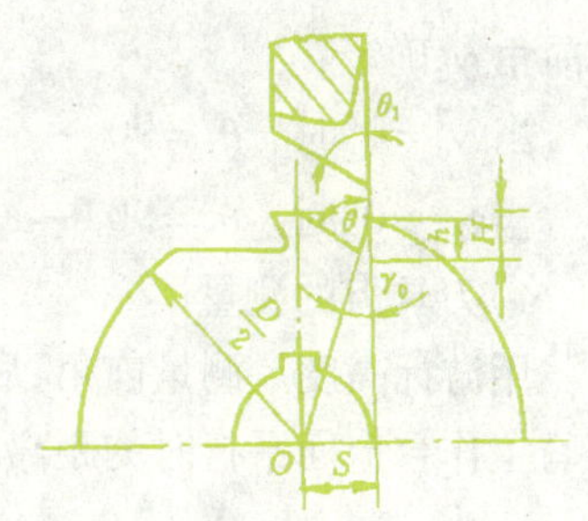


图 13.10　双角铣刀铣 $\gamma_0>0°$ 的刀具

$$S=\frac{D}{2}\sin(\delta+\gamma_0)-h\sin\delta$$

$$H=\frac{D}{2}[1-\cos(\delta+\gamma_0)]+h\sin\delta$$

在工件上划出中心线后，使双角铣刀的刀尖对准工件中心线并铣出一刀痕，先按计算出的横向偏移量移动距离 $S$ 值，然后上升工作台 $H$ 值的升高量，并紧固横向工作台，依次铣出各齿槽。

3）铣齿背

两条折线组成的折线齿背需铣削齿背角 $\alpha_1$。用单角铣刀铣完齿槽后，可以接着铣削齿背，如图 13.11 所示。铣削前将工件转角 $\varphi$，$\varphi$ 值按下式计算：

当 $\gamma_0 = 0°$时　$\varphi = 90° - \theta_1 - \alpha_1$

当 $\gamma_0 > 0°$时　$\varphi = 90° - \theta_1 - \alpha_1 - \gamma_0$

式中：$\theta_1$为工作铣刀廓形角；$\alpha_1$为刀齿齿背角；$\gamma_0$为工件刀齿前角。

$\varphi$ 角计算出后，按角度分度的计算公式$\left(n' = \frac{\varphi°}{9°} = \frac{\varphi'}{540'}\right)$，求出分度手柄转数 $n'$。铣完齿槽后，按 $n'$转动分度手柄，使工件转动一个 $\varphi$ 角进行铣削，并依次按手柄转数 $n$ 分度铣出全部齿背。

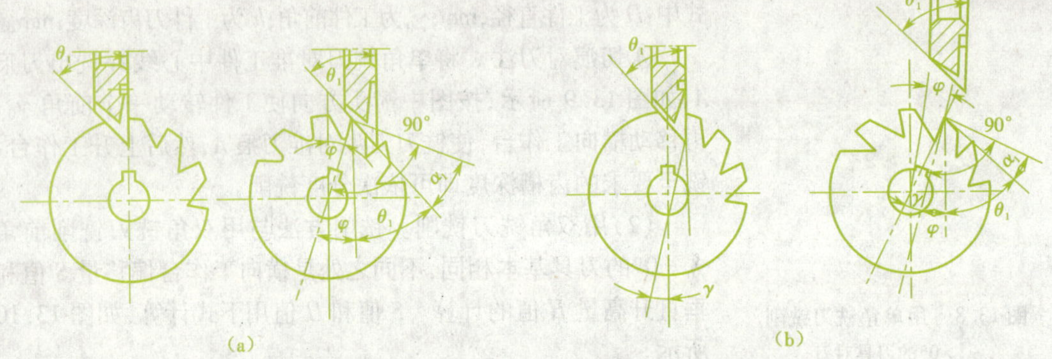


**图 13.11　用一把单角铣刀铣齿槽兼铣齿背**

（a）铣前角 $\gamma_0 = 0°$刀齿齿背；（b）铣前角 $\gamma_0 > 0°$刀齿齿背

如果用两把单角铣刀分别铣齿槽和齿背，铣齿背的单角铣刀的廓形角 $\theta_1$应根据齿背角 $\alpha_1$和前角 $\gamma_0$确定：

当 $\gamma_0 = 0°$时　$\theta_1 = 90° - \alpha_1$

当 $\gamma_0 > 0°$时　$\theta_1 = 90° - \alpha_1 - \gamma_0$

4）刀具齿的测量

用游标高度尺测量前角、后角。测量前角时，先测出工件的中心高 $A$ 值和工件刀齿前刀面与工作台台面平行时的距离 $B$ 值，再按下式计算出前角 $\gamma_0$的数值（如图 13.12 所示）：

$$\sin \gamma_0 = 2\frac{A - B}{D}$$

测量后角时，需先测量出工件的中心高度 $A$ 和工件刀齿的后刀面与工作台面垂直高度 $C$，按下式计算出后角 $\alpha$ 的数值：

$$\sin \alpha = 2\frac{C - A}{D}$$

2. 端面齿槽的铣削

1）端面铣齿的要求

端面齿有两种：一种端面齿前角等于零度；另一种端面齿前角大于零度。端面齿必须与圆周齿对齐，如图 13.13 所示。端面齿后刀面宽度在齿的全长上要求一致。

2）铣端面齿铣刀的选择

铣端面齿时，选择单角铣刀为铣刀，铣刀的廓形角与工件齿槽角应相等。为了铣削方便，使铣刀和心轴互不干涉，铣刀的直径应尽量小些。

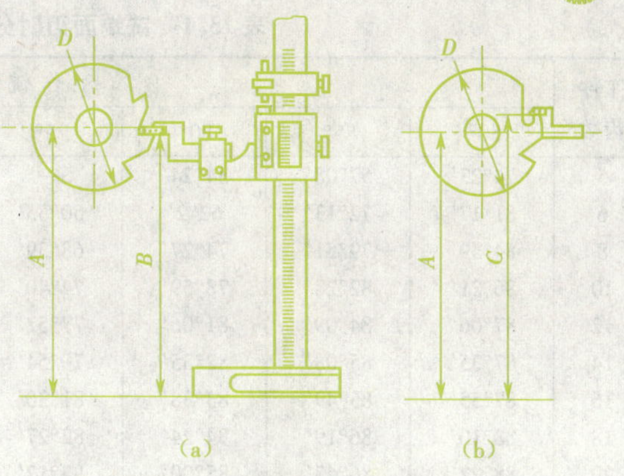


图 13.12　用游标高度尺测量前角、后角

(a)测量前角；(b)测量后角

图 13.13　铣端面齿

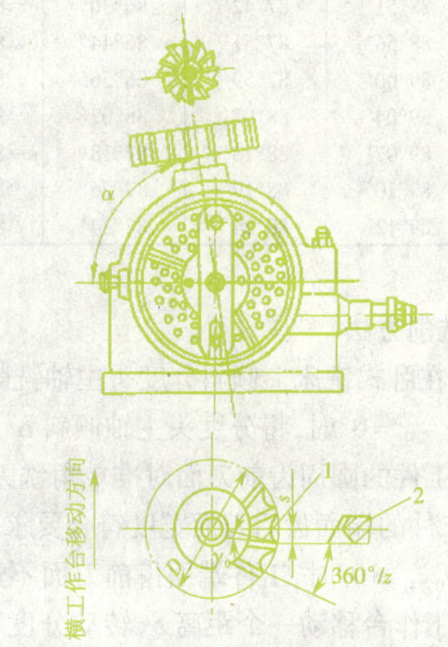


图 13.14　用卧铣铣端面齿时分度头主轴倾斜角与工件的相对位置

1—工件前面　2—工作铣刀

3）工件的装夹

铣盘形铣刀端面齿时，用锥度心轴或胀力心轴装夹工件，工件安装后应校正工件的圆跳动和端面跳动在要求范围内。

4）分度头主轴倾斜角度的计算

为了铣出的端面齿后刀面宽度一致，齿槽要铣成外深内浅，外宽内窄。因此，在铣削时，被加工刀具的端面必须倾斜一个角度 α，如图 13.14 所示，α 值可查表 13.1，或用下式计算：

$$\cos\alpha = \tan\frac{360^\circ}{z}\cot\theta_{端}$$

式中：$z$ 为工件齿数；$\theta_{端}$ 为工件端面齿槽角度。

表 13.1　铣端面刃时分度头主轴倾角 α 值

| 工件齿数 | 工作铣刀廓形角 θ | | | | | | | |
|---|---|---|---|---|---|---|---|---|
| | 50° | 85° | 80° | 75° | 70° | 65° | 60° | 55° |
| 5 | 74°23′ | 57°08′ | 34°24′ | — | — | — | — | — |
| 6 | 81°17′ | 72°13′ | 62°2′ | 50°55′ | 36°08′ | — | — | — |
| 8 | 84°59′ | 79°51′ | 74°27′ | 68°39′ | 65°12′ | 54°44′ | 45°33′ | 32°57′ |
| 10 | 86°21′ | 82°28′ | 78°59′ | 74°40′ | 77°12′ | 65°12′ | 59°25′ | 52°26′ |
| 12 | 87°06′ | 84°09′ | 81°06′ | 77°52′ | 74°23′ | 70°32′ | 66°09′ | 61°01′ |
| 14 | 87°35′ | 85°08′ | 82°35′ | 79°54′ | 70°01′ | 73°51′ | 70°18′ | 66°10′ |
| 16 | 87°55′ | 85°49′ | 83°38′ | 81°20′ | 78°52′ | 76°10′ | 73°08′ | 69°40′ |
| 18 | 88°10′ | 86°19′ | 84°24′ | 82°27′ | 80°14′ | 77°52′ | 75°14′ | 72°13′ |
| 20 | 88°22′ | 86°43′ | 85°00′ | 83°12′ | 81°17′ | 79°11′ | 76°51′ | 74°11′ |
| 22 | 88°32′ | 87°02′ | 85°30′ | 83°52′ | 82°08′ | 80°14′ | 78°08′ | 75°44′ |
| 24 | 88°39′ | 87°18′ | 85°53′ | 84°24′ | 82°49′ | 81°06′ | 79°11′ | 77°01′ |
| 26 | 88°46′ | 87°30′ | 86°13′ | 84°51′ | 83°24′ | 81°49′ | 80°04′ | 78°04′ |
| 28 | 88°51′ | 87°42′ | 86°30′ | 85°14′ | 83°53′ | 82°26′ | 80°48′ | 78°58′ |
| 30 | 88°56′ | 87°51′ | 86°44′ | 85°34′ | 84°19′ | 82°57′ | 81°26′ | 79°44′ |
| 32 | 89°00′ | 87°59′ | 86°56′ | 85°51′ | 84°37′ | 83°24′ | 82°00′ | 80°24′ |
| 34 | 89°04′ | 88°07′ | 88°07′ | 86°06′ | 85°00′ | 83°48′ | 82°29′ | 80°59′ |
| 36 | 89°07′ | 88°13′ | 87°18′ | 86°19′ | 85°24′ | 84°10′ | 82°54′ | 81°29′ |
| 38 | 89°10′ | 88°19′ | 87°26′ | 86°31′ | 85°32′ | 84°28′ | 83°17′ | 81°57′ |
| 40 | 89°12′ | 88°24′ | 87°34′ | 86°42′ | 85°46′ | 84°45′ | 83°38′ | 82°22′ |

5)铣削方法

(1)在卧式铣床上倾斜分度头主轴铣削。

当 $\gamma_{0圆柱}=0°$时,将分度头主轴倾斜 α 角后,使单角铣刀的端面刃对准工件中心,转动分度手柄,使工件的圆周齿前刀面对准单角铣刀的端面刃,紧固横向工作台,即可进行铣削。切削深度以工件的端面齿后刀面宽度符合要求为准。

当 $\gamma_{0圆柱}>0°$时,工件端面齿前刀面不通过工件中心。铣削时,单角铣刀端面刃对准中心后,横向工作台移动一个距离 $S$,转动分度手柄,使圆周齿的前刀面与单角铣刀端面刃处于同一平面内。紧固横向工作台,即可进行铣削。铣削深度以工件刀齿的后刀面宽度符合要求为准。横向工作台的偏移量 $S$ 按下式计算:

$$S=\frac{D}{2}\sin\gamma_{0圆柱}$$

式中:$D$ 为工件直径,mm;$\gamma_{0圆柱}$为圆周齿的前角。

(2)在万能铣床上安装立铣头铣端面齿。铣削时使分度头主轴呈水平状态,如图 13.15(a)所示,通过调转铣床纵向工作台,使工件齿槽铣成外深内浅,外宽内窄。工作台调转角度 $\alpha_1=90°-\alpha$,如图 13.15(b)所示。

当 $\gamma_{0圆柱}=0°$时,安装分度头及工件后,纵向工作台调转一个 $\alpha_1$ 角度,使单角铣刀的端面刃对准工件中心,然后转动分度手柄,使圆周齿前刀面与单角铣刀端面刃处于同一平面内,调整纵向进给切深,横向进给铣削,使工件刀齿的后刀面宽度符合要求,并依次铣出各齿。

当 $\gamma_{0圆柱}>0°$时,除纵向工作台调转一个 $\alpha_1$ 角度外,工件中心与单角铣刀的端面还要偏移

**图 13.15　用立铣调转工作台铣三面刃铣刀端面齿**

(a)铣刀端面与工件中心相对位置;(b)分度头主轴与纵向进给相对位置

一个距离 $S$,$S$ 值的计算与上式相同。将垂直工作台调整 $S$ 距离,其对刀方法与 $\gamma_{0圆柱}=0°$的方法相同。

采用以上方法铣削端面齿时,当铣完一个端面的端面齿后,在铣另一个端面的端面齿前,可以改变单角铣刀的切削方向和纵向工作台的调转方向,或者铣刀不动,改变分度头主轴倾斜角度 $\alpha$ 的方向或纵向工作台调转角度 $\alpha_1$ 的方向,重新对刀,调整切深铣削出另一端面的端面齿槽。

## 四、任务实施

(1)读任务单图纸,确定加工部位。

(2)对照图样检查坯料尺寸,确定加工余量。

(3)进行三面刃铣刀开齿的铣削,其加工步骤及方法如下。

①选择并安装铣刀。选用廓形角 $\theta_1=60°$($\Phi75\times60°$)、刀尖圆弧半径为 2 mm 的单角铣刀加工圆柱齿槽,取 $n=95$ r/min、$V_f=60$ mm/min,安装铣刀。

②工件的装夹和校正。以内孔定位,用心轴将工件(刀坯料)装夹在分度头上,检查和校正工件使径向圆跳动、端面圆跳动及外圆素线与工作台纵向移动方向的平行度符合规定要求。

③铣刀位置的调整。

a. 安装并校正单角铣刀,使其端面刃回转平面通过工件轴线,并使刀刃轻擦工件弧顶。

b. 计算工作台横向偏移量 $S$ 和升高量 $H$。

$$S=\frac{D}{2}\sin\gamma_0=\frac{80}{2}\sin 15°=10.35\text{mm}$$

$$H=\frac{D}{2}(1-\cos\gamma_0)+h=\frac{80}{2}(1-\cos 15°)+5.5=6.86\text{ mm}$$

c. 按计算值将工作台横向移动 10.35 mm，然后升高 6.86 mm。

④铣直齿槽。先试铣一个齿槽，加工至槽深 5.5 mm，然后用分度头分齿（$n=\frac{40}{z}=\frac{40}{18}=2\frac{4}{18}=2\frac{12}{54}$，分度手柄在孔数为 54 的孔圈上转 2 r 又 12 个孔距），依次加工全部 18 个齿槽。

⑤铣齿背。

a. 计算工件（分度头）偏转角度 $\varphi$。

$$\varphi=90°-\theta_1-\alpha_0-\gamma_0=90°-60°-12°-15°=3°$$

b. 顺时针将工件偏转 3°（$n=\frac{\varphi}{9}=\frac{3}{9}=\frac{18}{54}$），分度手柄在孔数为 54 的孔圈上转过 18 个孔距）。

c. 横向调整工作台，依次铣削各刀齿的齿背。

⑥铣端面齿槽。

a. 选择廓形角为 80°（$\Phi$60 mm × 80°）、刀尖圆弧半径为 1 mm 的单角铣刀左切和右切各 1 把（在满足铣削要求前提下，直径尽可能小些）。加工端面齿槽，取 $n=95$ r/min、$V_f=60$ mm/min。

b. 换装较短的锥柄心轴，直接装入分度头主轴孔内，重新装夹和校正工件（换装心轴是为了避免影响端面齿槽的铣削）。

c. 计算分度头起度角 $\alpha$。

$$\cos\alpha=\tan\frac{360°}{z}\cot\theta=\tan\frac{360°}{18}\cot 80°=0.064\ 2$$

$$\alpha=86°19'$$

$\alpha$ 也可由表查得。

d. 按 $\alpha$ 值使分度头主轴仰起 86°19′，调整工作铣刀对准工件中心后，将工作台向单角铣刀锥面方向横向移动 $S=10.35$ mm，然后转动分度手柄使工作铣刀端面与工件一直齿槽前面对齐，依次铣削工件一侧各端面齿槽。

e. 将工件翻转 180°重新装夹校正，换装另一把（铣切方向相反）80°单角铣刀，按相同方法铣削工件另一侧各端面齿槽。

## 五、任务分配

每人一件三面刃铣刀开齿的坯削，按任务栏图纸要求进行三面刃铣刀开齿的铣削加工，时间 300 分钟。

## 六、任务检测

使用量具，按图纸要求检测各部尺寸。

## 七、任务评价

| 项目 | 精度要求 | 配分 | 评分标准 | 检测结果 | 分数 |
|---|---|---|---|---|---|
| 尺寸公差 | 8 | 5 | 超差不得分 | | |
| | $12^{+0.11}_{0}$ | 5 | 超差不得分 | | |
| | $R2$ | 2 | 超差不得分 | | |
| | 60° ±1° | 5 | 超差不得分 | | |
| | 15° ±1° | 15 | 超差不得分 | | |
| | 12° | 15 | 超差不得分 | | |
| | 80° ±1° | 5 | 超差不得分 | | |
| | 1 ±0.2 | 15 | 超差不得分 | | |
| | $R1$ | 2 | 超差不得分 | | |
| | 6° | 15 | 超差不得分 | | |
| | 等分 18 份 | 10 | 分错不得分 | | |
| 表面粗糙度 | $R_a3.2$ | 6 | 降级不得分 | | |
| 未注公差等级 | IT14 | | | | |
| 数量 | 1 件 | | | | |
| 时间 | 300 分 | | | | |
| 安全文明生产 | 凡违反操作规程，损坏工具、量具、刀具等，酌情扣3 ~10 分 | | | | |
| 合计 | | | | | |

容易产生的问题及原因

（1）工件前角不正确，其原因是横向偏移量计算错误或横向工作台移动不准确。

（2）齿距不等，其原因是分度有误差，或分度手柄摇错、分度盘孔距数错或分度时手柄摇过没消除间隙。

（3）工件刀齿的后刀面宽度不符合要求，其原因是工作台升高量不正确。

（4）铣齿背时，$\varphi$ 角转动不正确。

（5）角度铣刀刀齿强度较弱，切削用量应适当降低。

（6）端面齿与圆周齿连接不平滑，其原因是圆周齿不等分或端面齿分度有误差，对刀留有阶台。

（7）工件端面齿的后刀面宽度在全长上不一致，其原因是计算分度头及工作台倾斜角度有误差或调整分度头及工作台倾斜角度时有误差。

（8）整个工件上的端面齿后刀面宽度不一致，其原因是工件端面跳动大或心轴端面跳动大。

（9）工件刀齿的几何角度有误差，其原因是铣刀的角度选择不对或计算、调整偏移量有误差。

**安全警告!!!**

(1)走刀过程中和刀具未停稳之前,不准检测工件,不准用手触摸工件加工表面。

(2)清除切屑时,应使用毛刷。

(3)及时修整工件上的毛刺和锐边,以防伤手,但修整时不要将已加工表面损坏。

# 产品零件加工(一)

## 一、任务

任务单图纸如图 13.16 所示,套筒实物如图 13.17 所示。以此任务为例,进行套筒铣削。

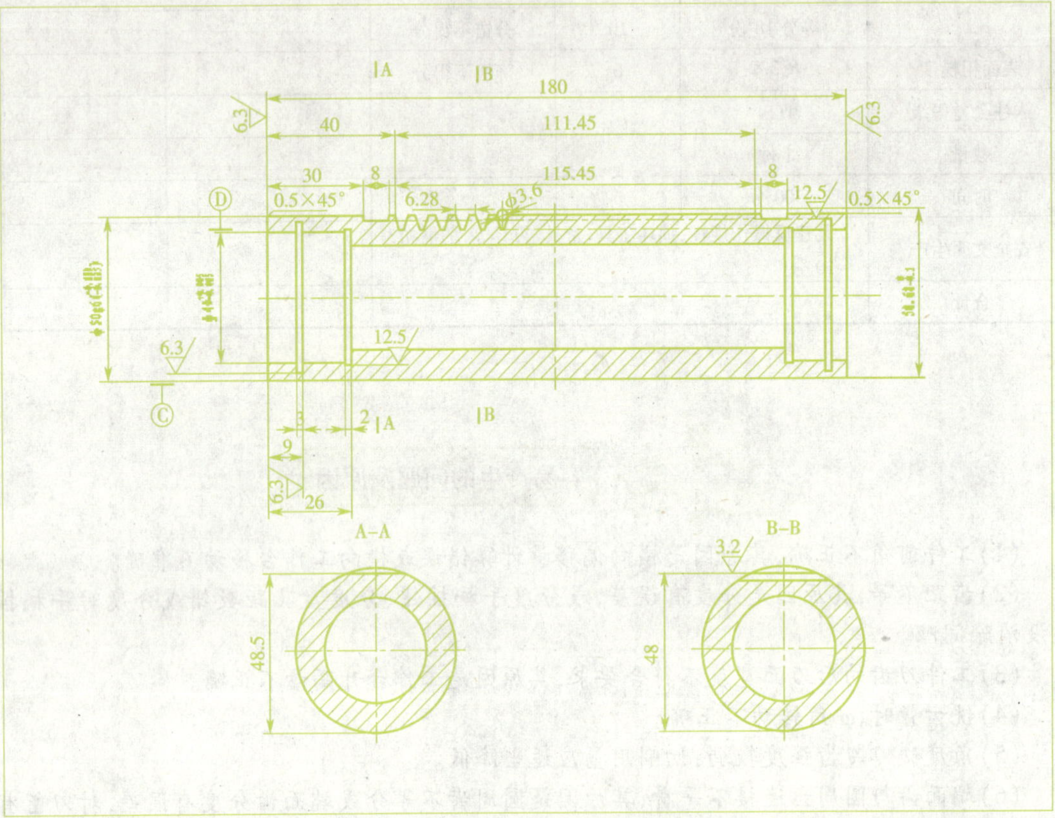

图 13.16　任务单图纸

## 二、任务准备

工件:车削、磨削加工坯料。

机床:X6132 卧式铣床。

量具:0 ~ 150 mm 游标卡尺,50 ~ 75 mm 百分尺,$\Phi 3$ 标准量棒。

刀具：模数为 2 的 8 号盘形齿轮铣刀，$\Phi63$ mm × 8 mm 三面刃铣刀。

刀具材料：高速钢。

铣削用量：取 $n = 95$ r/min，$V_f = 60$ mm/min。

工具：垫铁、紫铜锤。

夹具：平口钳。

图 13.17　Z4012A-304 套筒实物

**根据刀具材料，合理选择铣削速度**

刀具材料不同，其铣削速度不同。

（1）高速钢刀具铣削速度一般为 20 mm/min 左右。

（2）铣削速度计算公式为 $v_c = \dfrac{\pi dn}{1\,000}$。

## 三、任务实施

（1）读任务单图纸，确定加工部位。

（2）对照图纸检查坯料尺寸、形状，确定加工余量。

（3）Z4012A-304 套筒的加工步骤如下（生产中按工艺要求加工）。

①在 X6132 卧式铣床安装模数为 2 的 8 号盘形齿轮铣刀。取 $n = 95$ r/min，$V_f = 60$ mm/min。

②安装并校正带 V 形槽固定钳口与主轴轴线平行，V 形钳口上平面与工作台平行。

③安装工件如图 13.18 所示。

图 13.18　安装工件图

④按图纸要求铣齿，保尺寸 $50.68_{-0.10}^{\ 0}$ mm 和齿距 6.28 mm。

⑤安装 $\Phi63$ mm × 8 mm 三面刃铣刀，铣 8 × 48.5 mm 两处小平面至尺寸。

## 四、任务检测

使用量具，按图纸要求检测各个尺寸。

# 产品零件加工(二)

## 一、任务

任务单图纸如图 13.19 所示,齿轮轴实物如图 13.20 所示。以此任务为例,进行齿轮轴铣削。

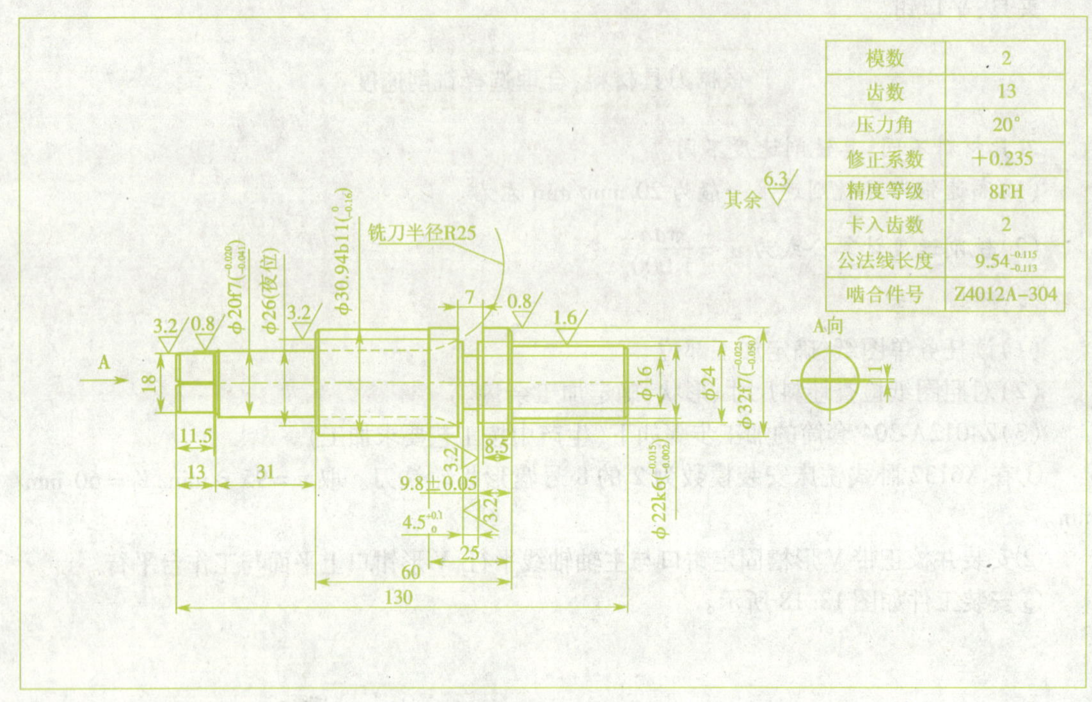

| 模数 | 2 |
| --- | --- |
| 齿数 | 13 |
| 压力角 | 20° |
| 修正系数 | +0.235 |
| 精度等级 | 8FH |
| 卡入齿数 | 2 |
| 公法线长度 | $9.54^{-0.115}_{-0.113}$ |
| 啮合件号 | Z4012A-304 |



图 13.19　任务单图纸

图 13.20　Z4012A - 329 齿轮轴实物

## 二、任务准备

工件:车削、磨削加工坯料。

机床:X6132 卧式铣床,X50321 立式铣床。

量具:0 ~ 150 mm 游标卡尺,百分表,公法线百分尺。

刀具:模数为 2 的 1 号盘形齿轮铣刀,$\Phi$63 mm × 1 mm 锯片铣刀。

刀具材料:高速钢。

铣削用量:取 $n = 95$ r/min, $V_f = 60$ mm/min。

工具:卡盘扳手。

夹具:分度头。

**根据刀具材料，合理选择铣削速度**

刀具材料不同，其铣削速度不同。

（1）高速钢刀具铣削速度一般为 20 mm/min 左右。

（2）铣削速度计算公式为 $v_c = \frac{\pi dn}{1\,000}$。

## 三、任务实施

（1）读任务单图纸，确定加工部位。

（2）对照图纸检查坯料尺寸和形状，确定加工余量。

（3）Z4012A 台式钻床齿轮轴的加工步骤如下（生产中按工艺要求加工）。

①在 X6132 卧式铣床安装模数为 2 的 1 号盘形齿轮铣刀。

②铣削用量取 $n = 95$ r/min、$V_f = 60$ mm/min。

③安装并校正分度头。

④装夹并校正工件，使圆跳动在 0.1 mm 范围内，如图 13.21 所示。

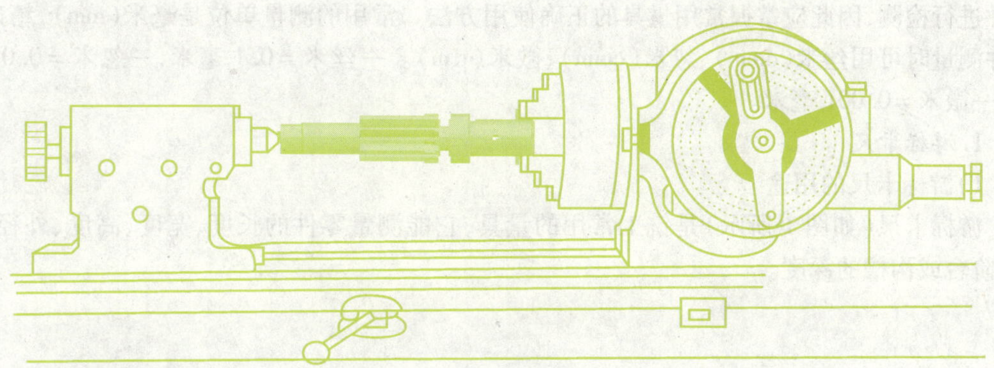

图 13.21　装夹工件

⑤计算和调整分度手柄转数。

$$n = \frac{40}{z} = \frac{40}{13} = 3\frac{1}{13} = 3\frac{3}{39}$$

即每铣一齿，分度手柄在 39 孔圈上转 3 圈又 3 个孔距。

⑥用划线试切对中法对中心。

⑦按全齿高 $h = 2.25\ m = 2.25 \times 2 = 4.5$ mm（注意留量），移动升降台调整切深。

⑧按图纸要求测量工件的公法线长度在 $9.54_{-0.143}^{-0.095}$ mm 之间，分度铣各齿。

⑨在 X50321 立式铣床安装 $\Phi 63$ mm ×1 mm 锯片铣刀。

⑩在平口钳上用 V 形铁夹紧工件。

⑪对中心用手动进给铣 11.5 mm ×1 mm 窄槽至尺寸。

## 四、任务检测

使用量具，按图纸要求检测各个尺寸。

# 附录

## 附录一　常用量具及其使用

任务要求

1. 掌握常用量具名称、结构特点和正确使用及维护保养方法。
2. 进行正确的测量练习。

### 一、掌握常用量具名称、结构特点和正确使用及维护保养方法

生产实训中，为了保证加工零件的尺寸精度、表面形状和位置精度，要使用量具对加工的零件进行检测，因此应掌握常用量具的正确使用方法。常用的测量单位是毫米（mm），精确的零件测量时可用丝米（dmm）、忽米（cmm）、微米（μm）。一丝米＝0.1 毫米，一忽米＝0.01 毫米，一微米＝0.001 毫米。

1. 游标卡尺

1）游标卡尺的用途

游标卡尺（如图 1 所示）是铣工常用的量具，它能测量零件的长度、宽度、高度、外径、内径、阶台或沟槽的深度。

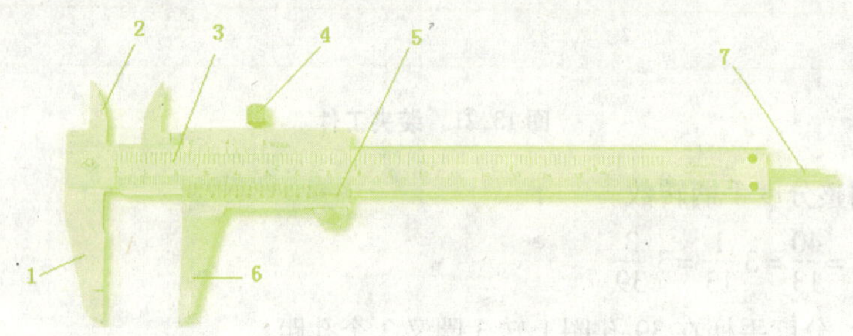


**图 1　游标卡尺**

1—主尺量爪　2—内量爪　3—主尺　4—紧固螺钉　5—游标
6—游标量爪　7—深度尺

2）游标卡尺的读数方法

游标卡尺的精度有 0.1 mm、0.05 mm、0.02 mm 三种。卡尺的主尺和游标都有刻度，测量时将主尺和游标配合起来读数。主尺量爪和游标量爪并拢时，主尺上的零线与游标上的零线刚好对齐。测量时，被测工件卡在两量爪之间，量爪的张开距离就是被测零件的尺寸大小。这时，读出游标上零刻线左面尺身上刻线的整毫米数，辨识游标上从零线开始第几条刻线与尺身上某一条刻线对齐，其游标刻线数与卡尺精度的乘积就是读数的小数部分，即游标读数，把两

部分读数相加，即为测得的实际尺寸，如图 2 所示。

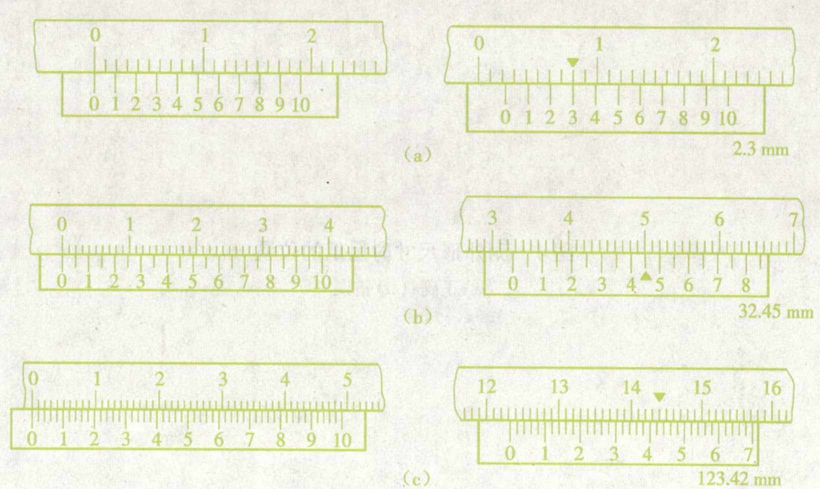

图 2　游标卡尺的读数

(a)精度 0.1 mm 卡尺读数；(b)精度 0.05 mm 卡尺读数；(c)精度 0.02 mm 卡尺读数

3)游标卡尺的使用方法

(1)测量外形尺寸。测量外形尺寸小的工件时，左手拿工件，右手握尺，量爪张开尺寸略大于被测工件尺寸，然后用右手拇指慢慢推动游标量爪，使二量爪轻轻地与被测零件表面接触，读出尺寸数值，如图 3 所示。

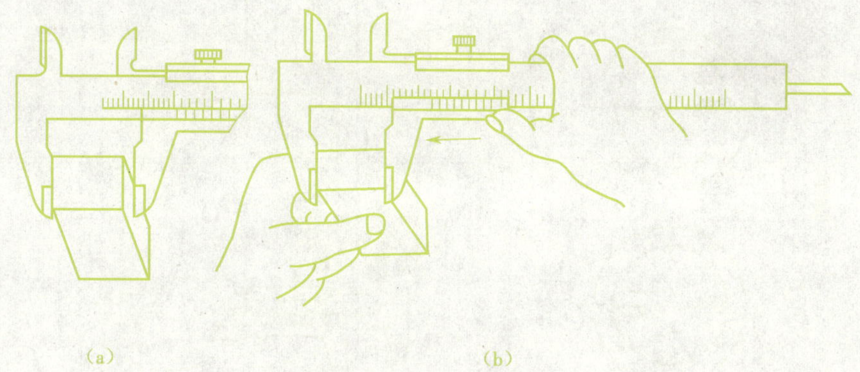

(a)　(b)

图 3　测外形尺寸小的工件

(a)量爪张开略大于工件尺寸；(b)推动量爪与工件接触

测量外形尺寸大的工件时，把工件放在平板或工作台面上，两手操作卡尺，左手握住主尺量爪，将尺身的外量爪贴靠在被测工件的基准面上，然后用右手拇指轻推游标使游标上的外量爪贴靠在被测工件另一面上，读出尺寸精度(主尺与被测零件表面垂直)，如要取下游标卡尺后再读数，则应先拧紧紧固螺钉固定游标。

用游标卡尺测量外形尺寸时，应避免卡尺歪斜影响测量数值的准确度，如图 4 所示。使用卡尺时，不允许把尺寸固定进行测量，以免损坏量爪，如图 5 所示。

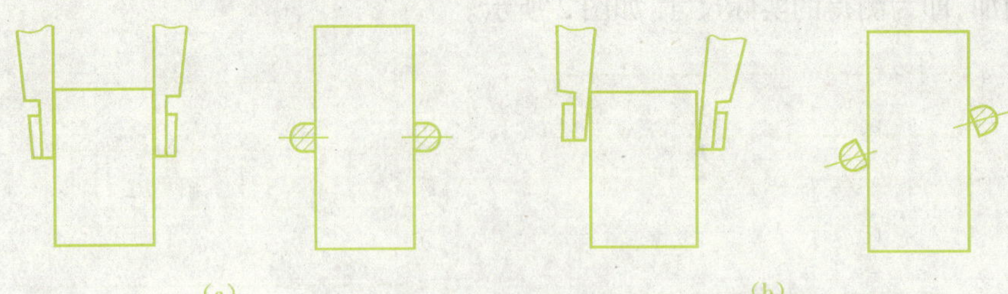


图4　测外形尺寸时量爪的位置

(a)正确;(b)错误

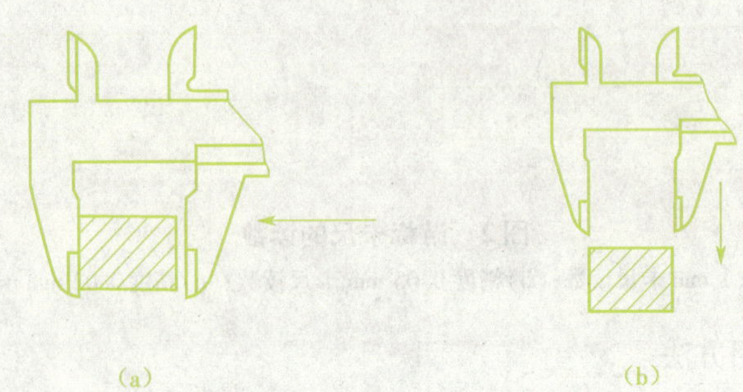


图5　不能定住尺寸卡入工件

(a)正确;(b)错误

图6　测量孔径和槽宽尺寸小的工件

(2)测量槽宽和孔径。测量槽宽和孔径尺寸小的工件时,量爪张开略小于被测量工件尺寸,然后用右手拇指慢慢拉动游标量爪,使两个量爪轻轻地与被测表面接触,读出尺寸。测量孔径时,应使尺身垂直,量爪中心通过工件内孔轴线,如图6所示。

(3)测量深度。测量孔深和槽深时,尺体应垂直于被测部位,不可前后、左右倾斜,尺体端部靠在基准面上,拉动游标测出尺寸,如图7所示。

**图 7　用卡尺测量沟槽和孔深**

(a)、(d)正确;(b)、(c)、(e)错误

4)游标卡尺使用时的注意事项

(1)应先擦净量爪测量面,合拢量爪,检查游标零线是否与主尺零线对齐。

(2)测量时,应擦净零件被测量表面。

(3)不准用卡尺测量毛坯表面。

(4)读数时,视线应垂直于刻线处的尺体平面,不得歪斜。

2. 外径百分尺

外径百分尺是测量零件外形尺寸的精密量具,如图 8 所示。百分尺的测量精度为 0.01 mm。按测量的范围,常用的百分尺规格有 0 ~ 25 mm、25 ~ 50 mm、50 ~ 75 mm、75 ~ 100 mm 等。测量工件时应根据被测部位的尺寸,选择具有相应测量范围的百分尺。如果被测零件的基本尺寸是 25 mm、50 mm、75 mm、100 mm 时,按其公差要求选择尺子。如尺寸为 $50_{-0.06}^{\ 0}$ mm 时,可选择 25 ~ 50 mm 测量范围的尺子;尺寸为 $50_{\ 0}^{+0.06}$ mm 时,可选择 50 ~ 75 mm 测量范围的尺子。

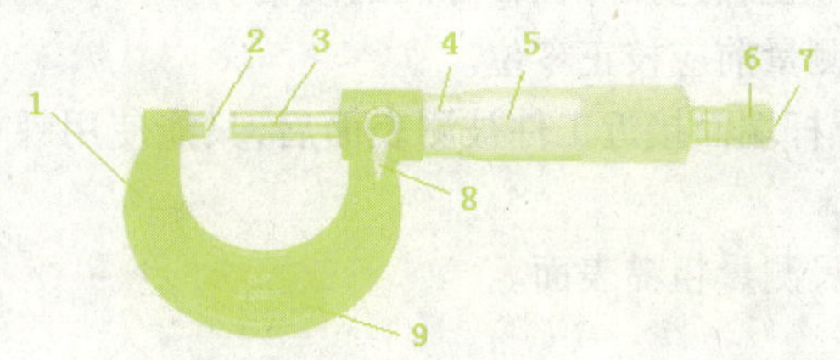


**图 8　外径百分尺**

1—尺架　2—测砧　3—活动测量杆　4—固定套管

5—活动套管　6—转帽　7—螺钉　8—锁紧手柄　9—隔热

1)外径百分尺的刻线原理

外径百分尺固定套管上的刻线轴向每格长为 0.5 mm。微分筒圆锥面上刻线周向等分 50 格。测微螺杆螺距为 0.5 mm,微分筒与测微螺杆连接在一起,因此微分筒每回转一圈,测微螺杆连同微分筒轴向移动一个螺距 0.5 mm。微分筒每转 1 格,则测微螺杆与微分筒轴向移动 0.01 mm。

2)外径百分尺的读数方法

(1)读出固定套管上露出刻线的整毫米及半毫米数值。为了使刻线间距清晰,易于辨读,外径百分尺固定套管上的整毫米刻线和半毫米刻线分列在基准线两侧,识读时应注意不要错读0.5 mm。

(2)读出微分筒上哪一格刻线与固定套管基准线对齐,此刻线的格数乘以0.01 mm,即为不足0.5 mm的小数部分。

(3)将两部分读数相加,即为测得的实际尺寸,如图9所示。

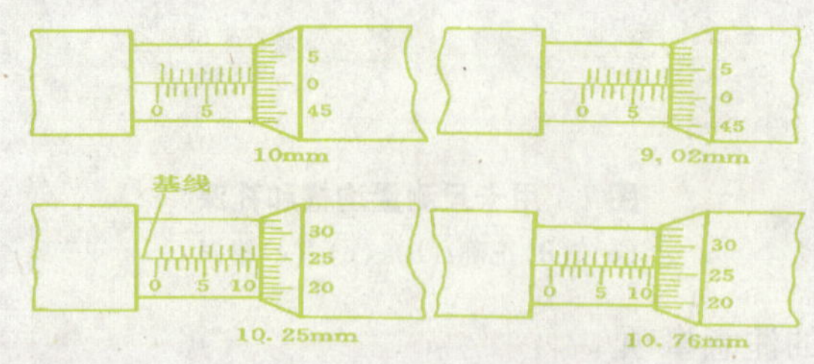


**图9 外径百分尺的读数方法**

3)百分尺的使用方法

(1)外径百分尺的零位检查。使用前应擦净砧座和测微螺杆的端面,校正百分尺零位的准确性。0~25 mm的外径百分尺,可转动棘轮,使砧座端面和测微螺杆端面贴平,当棘轮发出响声后停止转动,观察微分筒零线和固定套管基准线是否对齐。25~50 mm、50~75 mm、75~100 mm外径百分尺可通过附件标准样柱(检验棒)进行零位检查。

(2)测量。擦净工作被测表面和外径百分尺砧座、测微螺杆的端面,左手握尺架,右手转动微分筒,使测微螺杆端面靠近工件被测表面,然后转动棘轮打滑发出响声为止,读出尺寸数值。如需要取下百分尺再识读,则应先扳动锁紧手柄,锁住测微螺杆。

4)使用百分尺时注意事项

(1)根据工件被测尺寸正确选择外径百分尺的规格。

(2)使用外径百分尺测量前应校正零位。

(3)测量时,当测微螺杆端面接近工件被测表面后,只能使用棘轮转动使其接触。退出接触时则反转微分筒。

(4)不准用外径百分尺测量粗糙表面。

**3. 公法线长度百分尺**

这种百分尺是用来测量齿轮的公法线长度的,如图10所示。它的测量面是两个带精度平面的量钳,以便插入齿槽。其使用方法与外径外径百分尺相同。

**4. 深度游标卡尺**

深度游标卡尺如图11所示,可用来测量阶台的高度、沟槽和孔的深度等。它的刻线原理和读法与普通游标卡尺相同,且大多为0.02 mm的游标尺。使用时,把基尺2贴住工件上表面,再将主尺1插到底部,并把紧固螺钉3旋紧,然后取下看尺寸。

**5. 高度游标卡尺**

高度游标卡尺如图12所示,主要用来划比较精确的高度线以及测量高度等。当游标的零

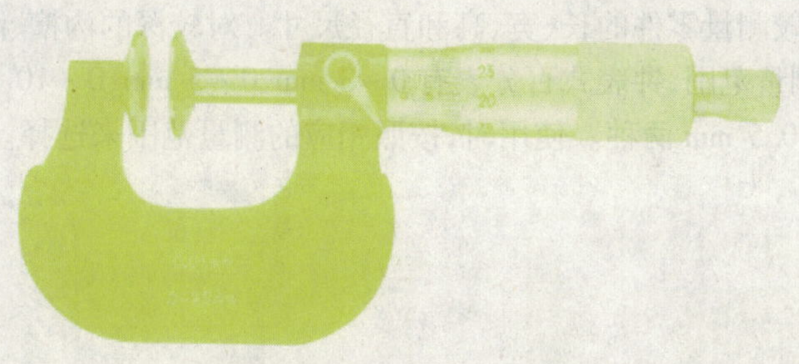

图 10　公法线长度百分尺

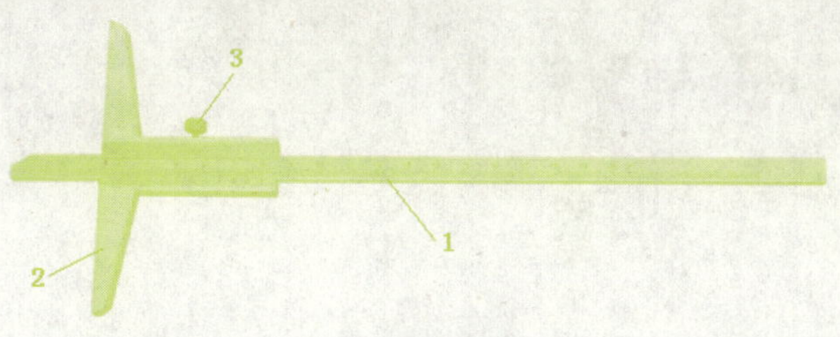


图 11　深度游标卡尺

1—主尺　2—基尺　3—紧固螺钉

线与主尺上零线对准时，划针（刃口）和另一端小圆柱的下母线均与底座的底面平行。

6. 齿轮游标卡尺

齿轮游标卡尺如图 13 所示，由两根相互垂直的主尺组成，相当于两把游标卡尺，垂直的量齿的高度，水平的测量齿的厚度。测量时，先把高度根据需测尺寸调整好，然后由水平尺测出厚度尺寸。

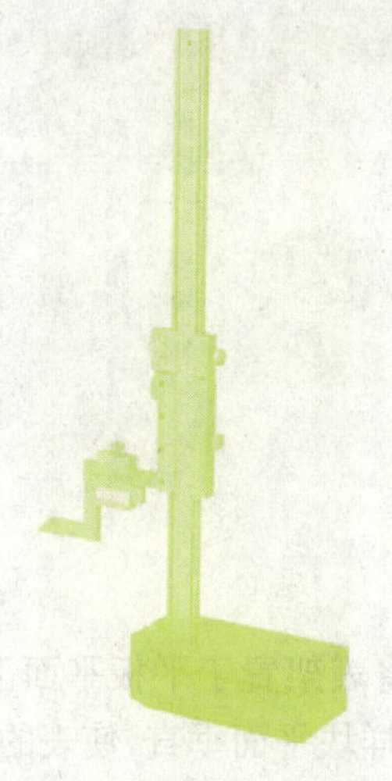

图 12　高度游标卡尺

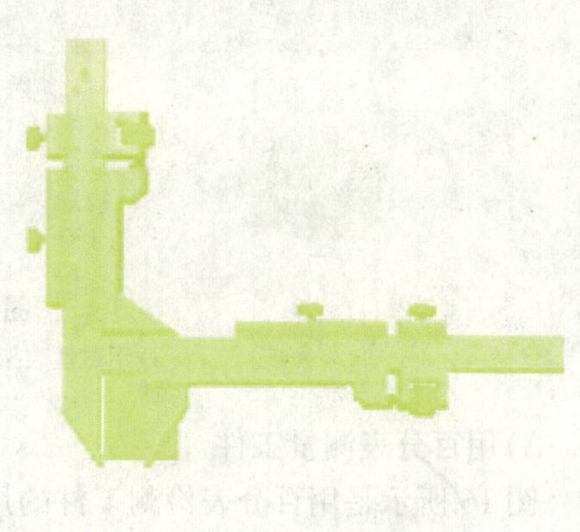

图 13　齿轮游标卡尺

7. 百分表

百分表有钟表式和杠杆式等，如图 14 所示，主要用来测量零件表面几何形状和相互位置误差,也可以用来比较测量零件的长、宽、高和直径尺寸。对较深的沟槽、阶台、孔,可用杠杆式百分表测量。按照测量范围,钟表式百分表有 0 ~ 3 mm、0 ~ 5 mm、0 ~ 10 mm 三种。杠杆式百分表有 ±0.4 mm、±0.5 mm 两种。使用时,按照相应的测量范围来选择。

**图 14　百分表**

(a)钟表式百分表;(b)杠杆式百分表

1)百分表的安装

钟表式百分表安装在万能表架或磁性表架上,杠杆式百分表安装在专用表架上,如图 15 所示,使用调节装置,通过调整,以便在不同的情况下进行测量使用。

**图 15　百分表的安装**

(a)用磁性表架;(b)用万能表架;(c)用专用表架

2)用百分表测量工件

图 16 所示是用百分表检测工件的尺寸和平行度。检测时,将表架置于平板平面上,安装好表后,选择一标准样块,置于表的测量杆下,调整表的测量杆与样块平面垂直,使表的测量触头对样块平面有 0.5 ~1 mm 的压入量,使指针对准零位,再慢慢抬起和放下活动测量杆,观察表的指针数值不变,即可测量工件。测量时,先用手慢慢抬起活动测量杆,把工件放入表的测量触头下,再慢慢放下活动测量杆,用手左右、前后移动工件,使表的测量触头在工件平面上的不同部位测量,观察表的指针变化情况,测出工件尺寸和平行度,与标准样块对比,判断是否合

格。用这样的方法可以对比检测成批零件。

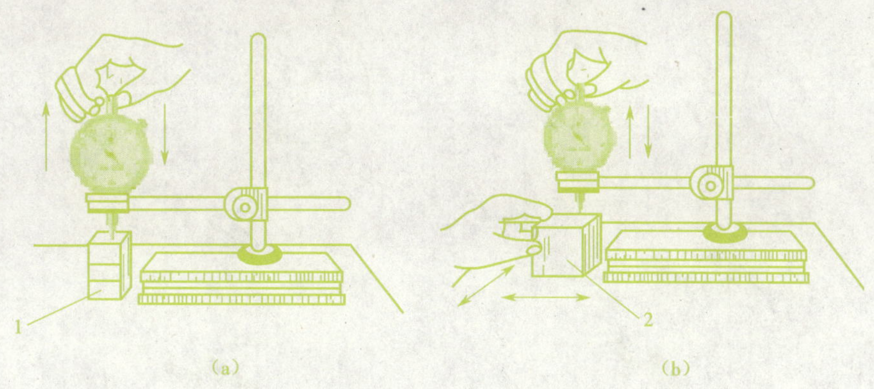


**图 16　用百分表检测工件尺寸和平行度**

(a)用块规定尺寸;(b)定住尺寸测工件

1—块规　2—工件

图 17 所示是用百分表检测工件的圆跳动。图 18 所示是用杠杆百分表检测阶台面的平行度误差。

**图 17　用百分表测工件圆跳动**

**图 18　用杠杆百分表测工件平行度**

3)使用百分表时的注意事项

(1)使用百分表前应擦净表架底面、平板、工作台面、工件被测表面。

(2)使用中应避免使表受到振动,测量触头不能突然与被测量物接触。

(3)测量时测量杆的移动距离不能太大,不能超出表的测量范围。

(4)测量中测量触头不能松动。

(5)不能用表测量粗糙不平的表面。

(6)防止水或油等液体浸入表中。

(7)测量杆与工件被测表面应有正确的相对位置。钟表式百分表的测量杆,应垂直于被测表面。杠杆式百分表的活动测量杆轴线,最好平行于被测表面,如需要倾斜角度时,倾斜角度越小测量越精细,如图 19 所示。

8. 直角尺

直角尺如图 20 所示,主要用来检测零件相邻表面的垂直度。按精确度等级有 00、0、1、2

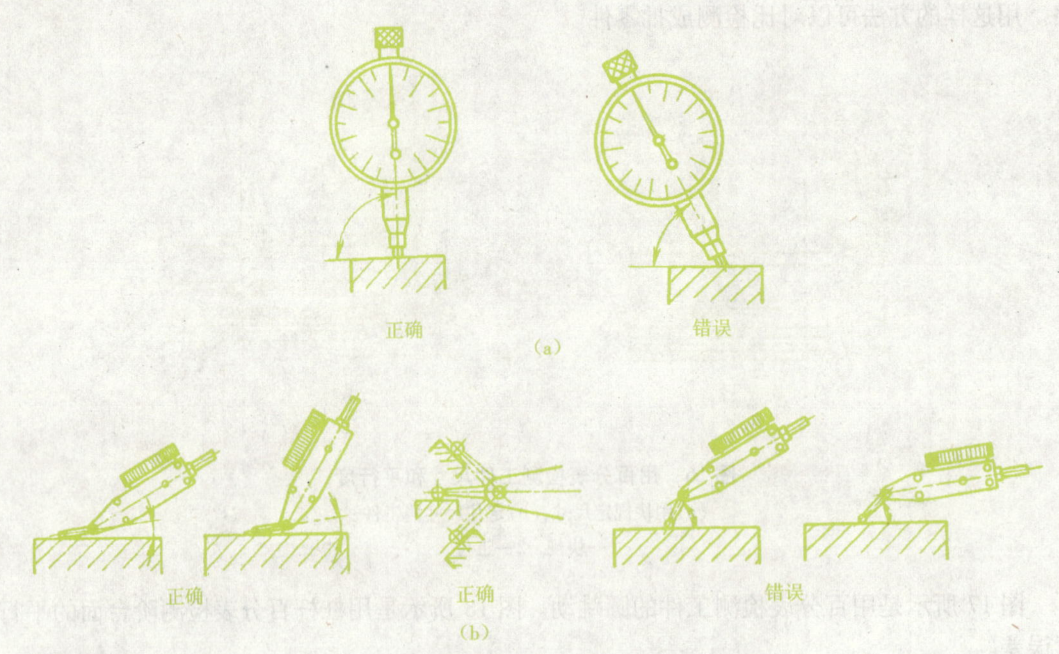


**图 19　百分表测量杆与被测表面位置正误图**

(a)钟表式百分表;(b)杠杆式百分表

**图 20　直角尺**

四个等级:00 级用于量具检验;0 级和 1 级用于精密零件或工具检验;2 级用于一般零件检验。检测小型工件时,左手拿工件,右手握尺座,使尺体垂直于工件被测表面,将尺座的内侧面紧贴在工件基准面上,垂直移动角尺,使尺苗的内侧面靠紧工件的被测表面。根据尺苗和工件被测表面间透光间隙大小,判断工件相邻表面间的不垂直度误差,如图 21 所示。测量过程中角尺不能前后、左右歪斜,尺座、尺苗不能倒置,以免影响检测结果的正确性,如图 22 所示。

测量尺寸较大的工件时把工件放在平板或工作台面上,右手握尺座,用尺座或尺苗的内侧面测量;还可以用尺座或尺苗的外侧面测量,如图 23 所示。

9. 塞尺

塞尺是由一套不同厚度的薄钢片组成的测量工具,每片钢片上都标明了厚度尺寸,如图

图 21 用角尺检测工件

(a)用角尺检测工件;(b)判断工件是否垂直

图 22 错误使用 90°角尺

(a)尺身前后歪斜;(b)尺座、尺苗倒置;(c)尺身左右歪斜

图 23 用尺座或尺苗的外侧面测量

图 24 塞尺

24 所示。塞尺主要用来检测两个结合面之间的间隙大小,也可配合直角尺测量工件相邻表面间的垂直度误差,如图 26 所示。

测量工件时,根据间隙的大小选择 1 ~ 3 片塞尺重叠在一起,插入间隙内,测出间隙的数值。厚度小的塞尺片很薄,容易弯曲和折断,插入时用力不宜太大。塞尺表面应擦拭洁净,以免有脏物影响测量结果的正确性。

10. 游标万能角度尺

游标万能角度尺是用来测量工件内、外角度的测量工具，如图 25 所示。其测量精度有 2′和 5′两种，测量范围为 0°～320°。

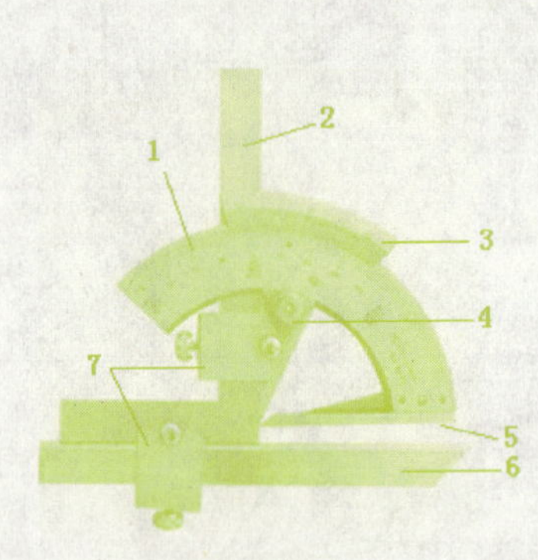


图 25　游标万能角度尺

1—尺身　2—直角尺　3—游标
4—制动器　5—基尺　6—直尺　7—卡块

图 26　用塞尺和直角尺检测工件不垂直度误差

1）游标万能角度尺的结构

游标万能角度尺，主要由尺身 1、直角尺 2、游标 3、基尺 5、直尺 6、卡块 7 和制动器 4 等组成。基尺随尺身可沿游标转动，转到所需角度时，再用制动器锁紧。卡块将直角尺和直尺固定在所需的位置上。

2）2′游标万能角度尺的刻线原理和读数方法

尺身刻线每格为 1°，游标在 29°范围刻线等分 30 格，每格为 58′，尺身 1 格与游标 1 格之角度差为 1°－58′＝2′，故其测量精度为 2′。

游标万能角度尺的读数方法与游标卡尺的读数方法基本相同。

3）游标万能角度尺测量分段

游标万能角度尺的测量范围 0°～320°共分 4 段：0°～50°、50°～140°、140°～230°、230°～320°。各测量段的直角尺、直尺位置配置和测量方法如图 27 所示。

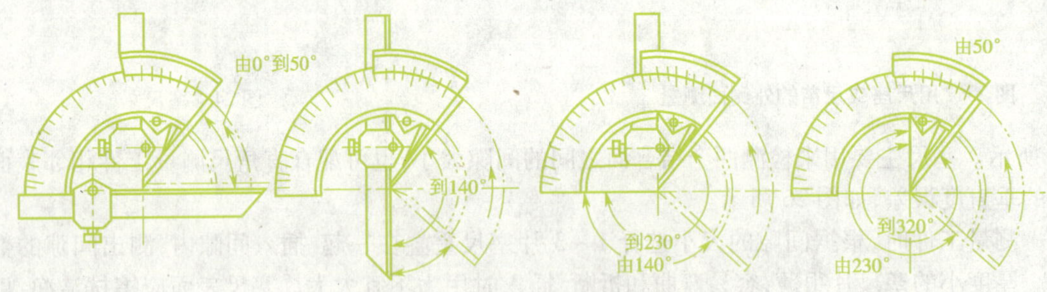


图 27　游标万能角度尺测量方法示意图

11. 塞规

塞规是专用测量工具，不能测得工件实际尺寸的大小，而只能确定被测工件尺寸是否在规定的极限尺寸范围内，从而判定工件是否合格。塞规用来检验孔径和槽宽等。

塞规外形如图 28 所示，圆柱长度较长的一端是按被测工件的最小极限尺寸来制造的，称为通端；圆柱长度较短的一端是按被测工件的最大极限尺寸来制造的，称为止端。检验沟槽和较大孔径用的塞规，常做成扁平形。

图 28　塞规

用塞规检验工件时，如果通端能通过而止端不能通过，说明工件是合格的。否则，就不合格。塞尺检验效率很高，适用于成批、大量生产中。

12. 刀口形直尺

刀口形直尺是用来检测工件平面的直线度和平面度的，如图 29 所示。刀口形直尺的刀口（棱边）直线度的精度很高，刀口的圆弧半径为 0.1～0.2 mm。用刀口形直尺检验工件时，刀口要紧贴工件被测平面，然后观察平面与刀口之间的透光缝隙大小，若透光细而均匀，则平面平直。

图 29　刀口形直尺

检测平面的平面度时，除沿工件的纵向、横向检查外，还应沿对角线方向检查。

## 二、进行正确的测量练习

1. 测量练习

用游标卡尺、百分尺、直角尺、百分表等量具测量练习。

（1）用精度 0.05 mm、精度 0.02 mm 的游标卡尺检测长方体、沟槽、外圆和内孔，掌握正确的测量方法。

（2）用深度游标卡尺检测沟槽、阶台、孔的深度，掌握正确的测量方法。

（3）练习校对百分尺，练习用百分尺检测工件外形尺寸，掌握正确的测量方法。

（4）用直角尺检测工件垂直度，用塞尺配合测出垂直度误差。

（5）用百分表在平板平面上检测工件尺寸和平行度误差。

2. 注意事项

（1）练习应检查所使用的量具是否合格，零线是否对齐。

（2）练习中注意爱护量具，正确使用量具，掌握正确的测量方法。

（3）练习中不准随便拆卸量具的零部件。

（4）不准将量具与其他工具、工件等堆放在一起。

（5）不准将量具靠近磁场、热源。

（6）检测练习完毕后，将量具擦拭干净放入盒中，妥善保管。

# 附录二　铣床常用附件

铣床的附件很多，例如平口钳、回转工作台、万能铣头和万能分度头等，它们的作用多是为了扩大铣削的工作范围。

## 一、平口钳的结构及作用

平口钳是铣床上常用的装夹工件的附件。其构造简单，夹紧牢固，使用方便。铣削一般的长方体零件的平面、阶台、斜面，铣削轴类零件的沟槽等，都可以用平口钳装夹工件。平口钳有各种不同的类型和规格，如回转式平口钳、非回转式平口钳和万能角度平口钳等。

平口钳底座上配有定位键，以减少校正时间。平口钳通过底座上的两个缺口用螺栓紧固在工作台T形槽上，旋转平口钳上的丝杠，可夹紧或放松工件。

### 1. 平口钳的结构

常用的平口钳有回转式和非回转式两种。回转式平口钳结构如图30所示，钳体1和固定钳口2是一体的，在钳体4个缺口中，可穿螺钉，可将平口钳固定在机床工作台上。9为丝杠方头，可套装平口钳扳手，用以转动丝杠6。钳体内的螺母7，用吊紧的螺钉11紧固在钳体上。平口钳的活动座8和活动钳口5是一体的，通过丝杆6和螺母7传动，可沿钳体1上的导轨前后移动，用以调整两钳口的夹紧距离。活动座下面装有压板10。在两钳口上装有淬硬的钳口铁3和4。这种带有回转底盘的平口钳，当需要将夹紧的工件回转角度时，可按回转底盘12上的刻度线和钳体上的零位刻线直接读出所需的角度值。非回转式平口钳没有下部的回转盘。回转式平口钳在使用时虽然方便，但由于多了一层结构，其高度增加，刚性较差。因此在铣削平面、垂直面和平行面时一般都采用非回转式平口钳。

**图30　平口钳的结构**

1—钳体　2—固定钳口　3、4—钳口铁　5—活动钳口　6—丝杠　7—螺母

8—活动座　9—丝杠方头　10—压板　11—螺钉　12—回转底盘　13—钳体零线　14—定位键

### 2. 平口钳的规格

普通平口钳按钳口宽度分有100 mm、125 mm、136 mm、160 mm、200 mm、250 mm等6种规格。钳口最大张开度分别是80 mm、100 mm、110 mm、125 mm、160 mm、200 mm。钳口高度分别是38 mm、44 mm、36 mm、50 mm、60 mm。

### 3. 平口钳的安装与校正

安装平口钳时，应擦净钳座底面和铣床工作台面。平口钳在工作台面上的安装位置，应处在工作台长度方向的中心偏左、宽度方向的中心以方便操作，如图31所示。钳口与主轴的方

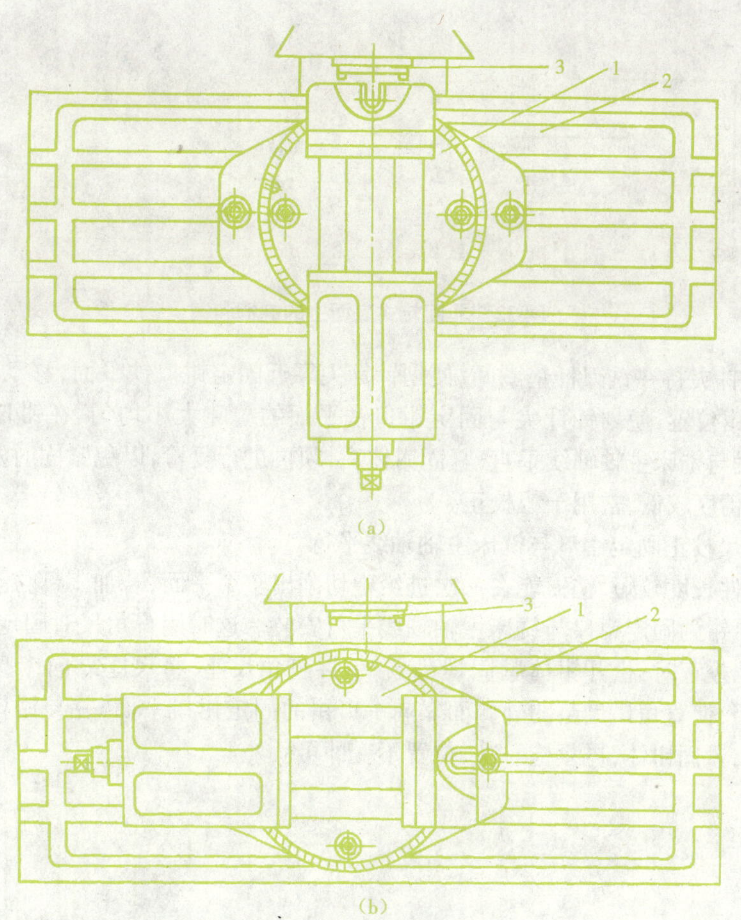


**图 31　平口钳的安装位置**

(a)固定钳口与主轴轴线垂直;(b)固定钳口与主轴轴线平行

1—平口钳　2—工作台　3—铣床主轴

向应根据工件长度来决定。对于长的工件,钳口应与主轴垂直,在立式铣床上应与进给方向一致。对于短的工件,钳口与进给方向垂直较好。在粗铣和半精铣时,希望使铣削力指向固定钳口,因为固定钳口比较牢固。在铣床上铣平面时,若钳口与主轴的平行度和垂直度的要求不高,一般目测就可以。

加工一般工件时,平口钳可用定位键安装,如图 32 所示。安装时,把平口钳底座上的定位键放入工作台中央 T 形槽内,双手推动钳体,使两定位键的同一侧面靠在中央 T 形槽的一侧面上,然后固定钳座,再利用钳体上的零刻线与底座上的刻线相配合,转动钳体,使固定钳口与铣床主轴轴线垂直或平行,也可以按需调整成所要求的角度。

加工有较高相对位置精度要求的工件,如铣削沟槽等,钳口与主轴轴线要求有较高的垂直度或平行度,这时应对固定钳口进行校正。

4. 固定钳口的校正

1)用划针校正固定钳口与铣床主轴轴线垂直

加工较长的工件,固定钳口一般采用与铣床主轴轴线垂直安装,此时可用划针校正,如图

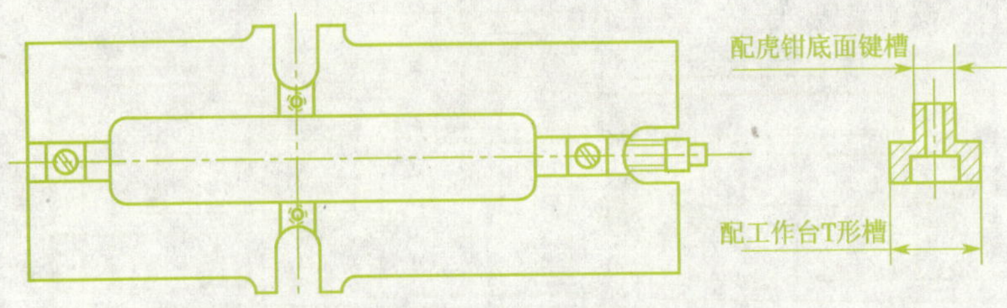


图 32　非回转式底面上的键槽和键

33 所示。将划针夹持在铣刀杆垫圈间，使划针针尖靠近固定钳口铁平面，移动纵向工作台，观察并调整平口钳位置，使划针针尖与固定钳口铁平面的缝隙大小均匀，在钳口全长范围内一致，固定钳口就与铣床主轴轴线垂直，紧固钳体后，须再进行复检，以免紧固时发生位移。用划针校正的方法精度较低，常用于粗校正。

2)用直角尺校正固定钳口与铣床主轴轴线平行

加工的工件长度较短，铣刀能在一次进给中切削出整个平面，若加工部位要求与基准面垂直时，应使平口钳的固定钳口与铣床主轴轴线平行安装。这时用直角尺对固定钳口进行校正，如图 34 所示。校正时，松开钳体紧固螺母，右手握直角尺座，将尺座靠向床身的垂直导轨平面，移动直角尺，使直角尺尺苗的外侧面靠向平口钳的固定钳口平面，并与钳口平面在钳口全长范围内密合，紧固钳体，再复检一次，位置不变即可。

图 33　用划针校正固定钳口与铣床主轴轴心线垂直

图 34　用直角尺校正固定钳口与铣床主轴轴心线平行

3)用百分表校正固定钳口与铣床主轴轴线垂直或平行

加工较精密的工件时，可用百分表对固定钳口位置进行精校正。校正时，将磁性表座吸在横梁导轨面上，安装百分表，使表的测量杆与固定钳口铁平面垂直，测量触头触到钳口铁平面，测量杆压缩 0.3 ~0.5 mm，移动纵向工作台，观察百分表读数，在固定钳口全长范围内一致，则固定钳口与铣床主轴轴线垂直，如图 35(a)所示。轻轻用力紧住钳体，进行复检合格后，用力紧固钳体。用百分表校正固定钳口与铣床主轴轴线平行时，可将磁性表座吸在床身垂直导轨面上，横向移动工作台进行，校正方法与上相同，如图 35(b)所示。

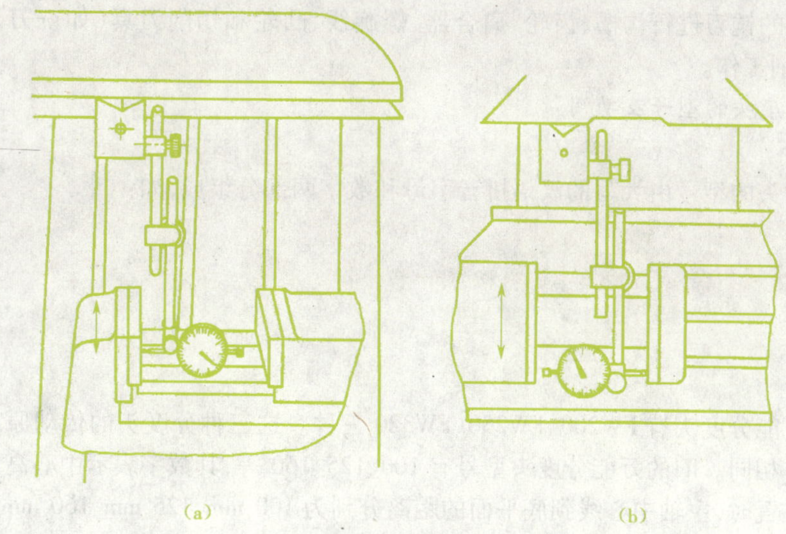


图 35　用百分表校正固定钳口

(a)校正固定钳口与铣床主轴轴心线垂直;(b) 校正固定钳口与铣床主轴轴心线平行

5. 工件在平口钳上的装夹

1)毛坯件的装夹

毛坯件装夹时,应选择一个平整的毛坯面作为粗基准,靠向平口钳的固定钳口。装夹工件时,在钳口铁平面和工件毛坯面间垫铜皮。工件装夹后,用划针盘校正毛坯的上平面,使其基本上与工作台面平行。

2)已经粗加工表面件的装夹

在装夹已经粗加工的工件时,应选择一个粗加工表面作基准面,将这个基准面靠向平口钳的固定钳口或钳体导轨面,装夹加工其余表面。

6. 工件在平口钳上装夹时的注意事项

(1)安装平口钳时,应擦净工作台面和钳底平面,安装工件时,应擦净钳口铁平面、钳体导轨面、工件表面。

(2)工件在平口钳安装后,铣去的余量层应高出钳口上平面,高出的尺寸以铣刀不铣钳口上平面为宜,如图 36 所示。

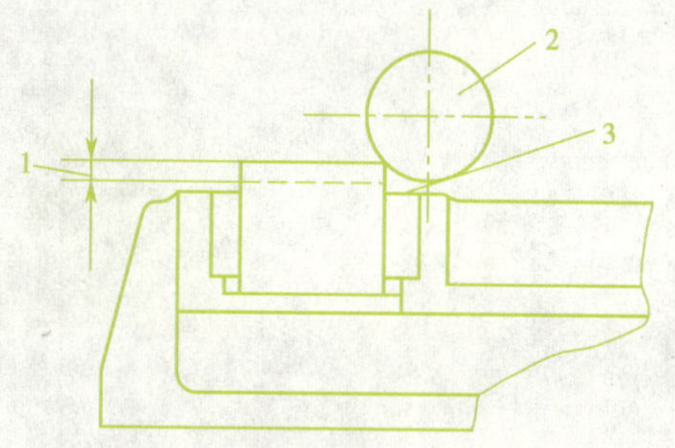


图 36　余量层高出钳口上平面

1—工件余量层　2—铣刀　3—钳口上平面

(3)工件在平口钳上装夹时,放置的位置应适当,夹紧工件后,钳口受力应均匀。

(4)用平行垫铁装夹工件时,所选垫铁的平面度、平行度、相邻表面的垂直度应符合要求。垫铁表面应具有一定的硬度。

## 二、万能分度头结构及作用

万能分度头是铣床上的主要附件之一。它的作用是将被加工工件分成所需要的若干等分,或者根据加工需要将工件扳成与底面成一定范围内的任何角度。因此,它可以借助铣床、利用各种不同的铣刀进行沟槽、齿轮、离合器、螺旋线、凸轮和切削刀具(如铣刀、铰刀、丝锥、钻头等)的铣削工作。

1. 万能分度头的型号及功用

1)型号

万能分度头的型号由大写的汉语拼音字母和数字两部分组成,如:

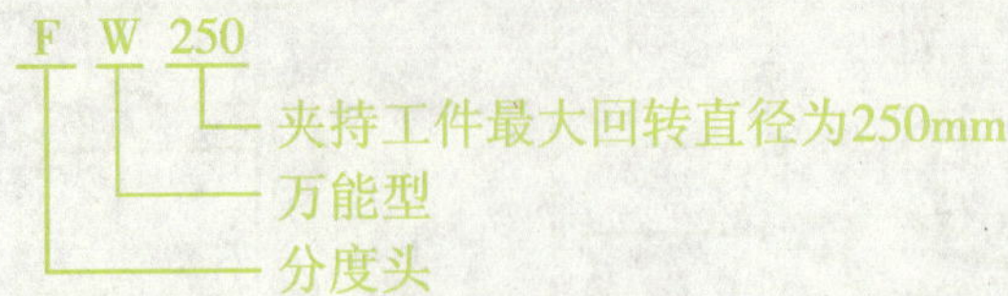


常用的万能分度头有 FW200、FW250、FW320 三种。这三种分度头的传动原理都相同,其外形结构基本相同。旧的万能分度头型号有 100、125、160 等,其数字表示中心高,即分度头主轴处于水平位置时,主轴中心线到底平面的距离分别为 100 mm、125 mm、160 mm。

2)功用

万能分度头的主要功用有如下几个方面。

(1)能够将工件做任意的圆周等分或直线移距分度。

(2)可以把工件的轴线置放成水平、垂直或任意角度的倾斜位置。

(3)通过交换齿轮,可使分度头主轴随铣床工作台的纵向进给运动做连续旋转,以铣削螺旋面和等速凸轮的型面等。

2. 万能分度头的结构

万能分度头的外部结构如图 37 所示。

**图 37 分度头的外形**

1—螺钉 2—主轴锁紧手柄 3—蜗杆脱落手柄 4—回转体 5—定位销 6—分度手柄 7—分度盘

1)FW250 型万能分度头的结构

FW250 型万能分度头的最大夹持工件回转直径为 250 mm。分度头主轴是空心的,两端均为莫氏 4 号圆锥孔,前锥孔用来安装前顶尖或锥度心轴,后锥孔安装挂轮轴,用来搭配配换齿轮。主轴前端外部有一段定位圆锥,用来安装三爪卡盘的连接盘。

松开紧固螺钉,回转体可在基座的环行导轨内转动 -6° ~90°,并可在这一范围内固定使用。调整时,应先松开基座上靠近主轴后端的两个螺母,调整后再予以紧固。主轴前端有一刻度盘作直接分度用。分度头左侧的两个手柄,一个是紧固分度头主轴手柄,一个是蜗轮、蜗杆离合手柄。分度手柄上有定位插销与分度盘配合使用。

分度盘是解决分度手柄不是整转数的分度工作,分度盘套装在分度手柄轴上,盘上(正、反面)有若干圈在圆周上均布的定位孔,作为各种分度计算和实施分度的依据。不同型号的分度头都配有1或2块分度盘,分度盘孔圈的孔数见表1。

表1 分度盘孔圈的孔数

<table>
<tr><th>分度头形式</th><th colspan="2">分度盘孔圈的孔数</th></tr>
<tr><td>第1块分度盘</td><td colspan="2">正面:24,25,28,30,34,37,38,39,41,42,43<br>反面:46,47,49,51,53,54,57,58,59,62,66</td></tr>
<tr><td rowspan="2">第2块分度盘</td><td>第1块</td><td>正面:24,25,28,30,34,37<br>反面:38,39,41,42,43</td></tr>
<tr><td>第2块</td><td>正面:46,47,49,51,53,54<br>反面:57,58,59,62,66</td></tr>
</table>

分度叉的作用是为了避免每分度一次后数一次孔数和将分度插销插错孔,使用时需将分度叉1和2经过调整固定好所需的孔数,如图38所示。由于分度手柄转动的是孔距数,所以第一个孔作为零来计算的,因此分度叉之间的孔数多一个。每次定位插销从分度叉1拔出,再插入分度叉2侧的孔内,然后转动分度叉1靠紧定位插销。分度盘用锁紧螺钉紧固并能做微量调整,如图39所示。

图38 分度盘与分度叉

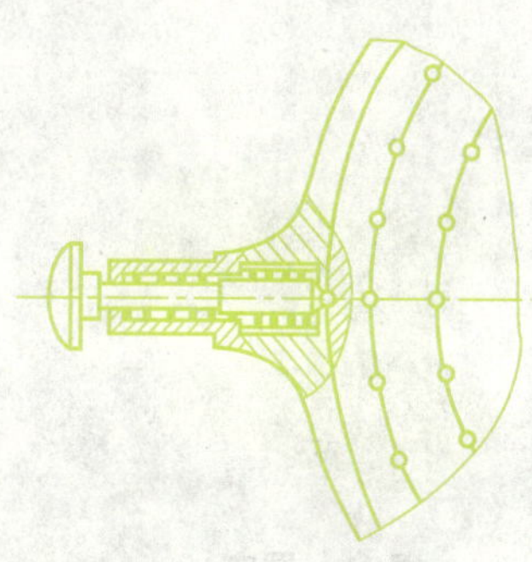
图39 分度盘锁紧螺钉

分度头的侧轴是用来安装配换齿轮及挂轮架。分度头基座下的定位键与工作台的T形槽配合,使用分度头安装后,其主轴轴心线平行于纵向工作台的进给方向。

2)万能分度头的传动系统

万能分度头的传动系统如图40所示。

分度时,从分度盘定位孔中拔出定位插销,转动分度手柄,手柄轴一起转动,通过一对齿数相同即传动比 $i=1$ 的直齿圆柱齿轮,以及传动比 $i=40:1$ 的蜗杆蜗轮副,使分度头主轴带动工件转动实现分度。

此外,右侧的侧轴通过一对传动比为1:1的交错轴传动的斜齿圆柱齿轮与空套在手柄轴上的分度盘相连,当侧轴转动时,带动分度盘转动,用以进行差动分度或铣削螺旋面。

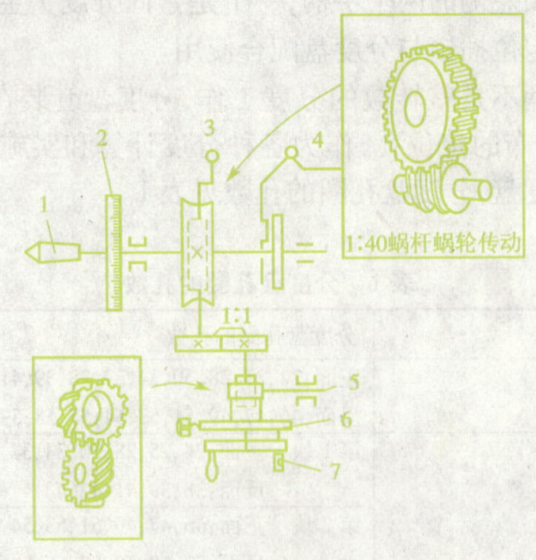

**图 40　分度头的传动系统**

1—主轴　2—刻度盘　3—螺杆脱落手柄

4—主轴锁紧手柄　5—挂轮轴　6—分度盘　7—定位销

3. FW250 型万能分度头的附件及其功用

1)尾座

尾座俗称尾架或顶尖座,如图 41 所示。尾座与分度头联合使用装夹带中心孔的轴类工件,转动手轮 1 可使顶尖进退,以便装卸工件,松开紧固螺钉 2、4,转动调整螺钉 5 可使顶尖升降或倾斜角度。

**图 41　尾座**

1—手轮　2、4—紧固螺钉

3—顶尖　5—调整螺钉

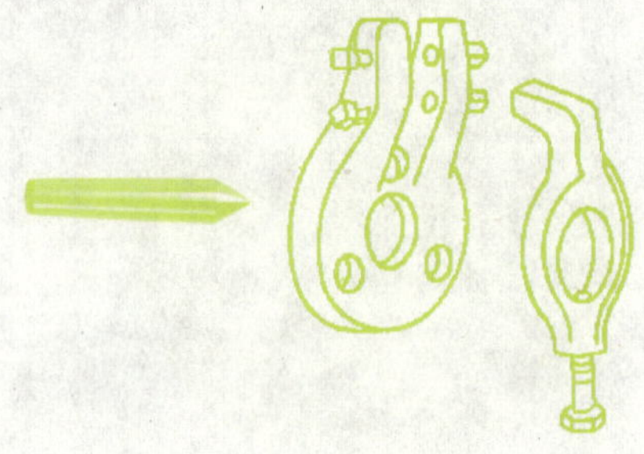
**图 42　顶尖、拨盘、鸡心夹**

2)顶尖、拨盘、鸡心夹

顶尖、拨盘、鸡心夹如图 42 所示,它们用来装夹带中心孔的轴类零件。使用时将带拨盘的顶尖装入分度头的主轴锥孔内,用鸡心夹夹紧,把工件顶在分度头和尾座顶尖的同时,把鸡心夹头的弯头放入拨盘的开口内,将工件顶紧后再拧紧拨盘上的紧固螺丝钉,将拨盘和鸡心夹头紧固。

3)挂轮架、挂轮轴、配换齿轮

挂轮架和挂轮轴用来安装配换齿轮,如图 43 所示。挂轮架安装在分度头的侧轴上,挂轮轴安装在挂轮架上，配换齿轮安装在挂轮轴的轴套上，锥度挂轮轴安装在分度头的后锥孔内，配换齿轮是成套的，FW250 型万能分度头配有交换齿轮 12 个，其齿数是 5 的整倍数，分别为 25（2 个）、30、35、40、50、55、60、70、80、90、100。

4）千斤顶

千斤顶用来支承细长工件，防止工件在铣削中变形，如图 44 所示。使用时，松紧固开螺钉 4，转动螺母 2，使顶头 1 上下移动，当顶头 V 形槽与工件圆柱面接触后，紧固螺钉 4。

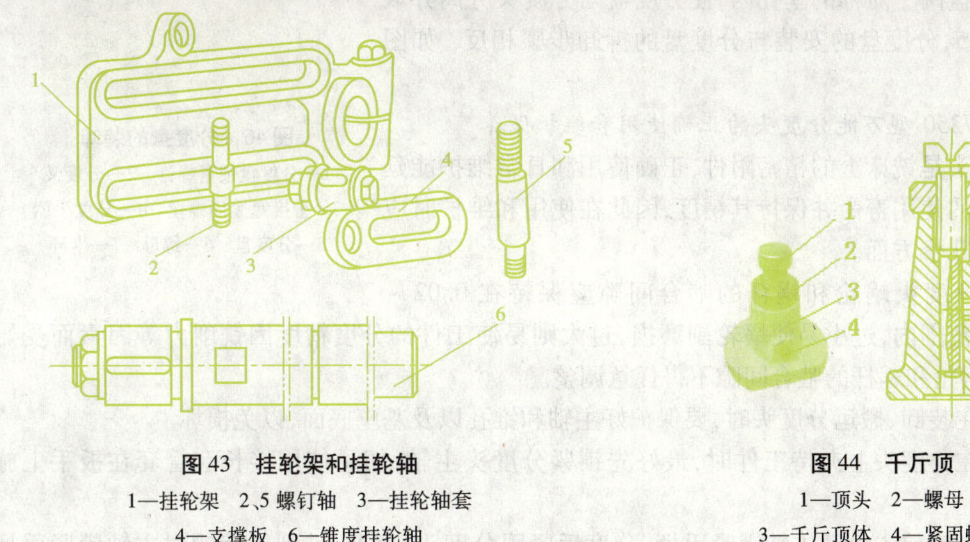

图 43　挂轮架和挂轮轴

1—挂轮架　2、5 螺钉轴　3—挂轮轴套

4—支撑板　6—锥度挂轮轴

图 44　千斤顶

1—顶头　2—螺母

3—千斤顶体　4—紧固螺钉

5）三爪卡盘

三爪卡盘是通过法兰盘安装在分度头的主轴上，用来夹持工件，如图 45 所示。使用时将扳手插入盘体方孔 1 内转动小锥齿轮 2，带动大锥齿轮 3 转动，大锥齿轮 3 背面的平面螺纹 4 和卡爪 5 啮合，所以卡爪也同时收缩和张开，达到夹紧或松开工件的作用。

（1）卡盘的拆卸和清洗。旋下三个限位螺钉，取出三个小锥齿轮啮合，取下三个卡爪。将拆卸下的零件放在油盒里用清洗剂清洗，用棉纱将零件擦拭干净，然后将三爪卡盘装好。

（2）三爪卡盘的安装。安装大锥齿轮，安装三个小锥齿轮与大锥齿轮啮合，并用限位螺钉将三个小锥齿轮定位，安装防尘罩并用螺钉紧固。安装卡爪时，用扳手转动小锥齿轮而带动大锥齿轮的平面螺纹转动，当平面螺纹的头部接近卡爪的槽口时，将 1 号卡爪装入并与平面螺纹

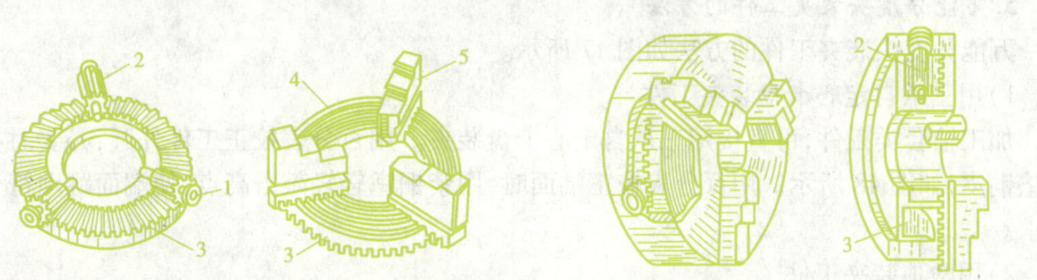

图 45　三爪卡盘

1—方孔　2—小锥齿轮　3—大锥齿轮　4—平面螺纹　5—卡爪

靠紧,继续转动小锥齿轮,按号依次将2号卡爪、3号卡爪分别装入槽内。装完后将卡爪收缩,如三个卡爪同时集中在中心位置则卡爪安装的正确。

(3)分度盘的装卸。卸下分度手柄轴上的螺母6,把分度手柄4取下,用双手扳开分度手柄与分度叉之间的卡环7把卡环取下,然后取下分度叉2。用螺丝刀卸下固定分度盘上的四个螺丝3,松开分度盘左侧的锁紧螺钉1,用两个螺钉拧入分度盘两个对称的丝孔内,使分度盘与分度头分离并取下分度盘5,分度盘的安装与分度盘的拆卸步骤相反,如图46所示。

**图46 分度盘的装卸**

1—分度盘锁紧螺钉 2—分度叉
3—分度盘紧固螺丝 4—分度手柄
5—分度盘 6—螺母 7—卡环

4. FW250型万能分度头的正确使用和维护保养

分度头是铣床上的精密附件,正确使用和日常维护能延长分度头的使用寿命并保持其精度,因此在使用和维护时应注意以下几个方面。

(1)分度头蜗轮和蜗杆的啮合间隙应保持在0.02~0.04 mm范围内,过小易使蜗轮副磨损,过大则易使工件的分度精度因铣削力等因素而受影响,因此蜗轮和蜗杆的啮合间隙不得任意调整。

(2)在装卸、搬运分度头时,要保护好主轴和锥孔以及基座底面,以免损坏。

(3)在分度头上夹持工件时,最好先锁紧分度头主轴,切忌使用接长套管套在扳手上施力。

(4)分度前先松开主轴锁紧手柄,分度后紧固分度头主轴。铣削螺旋槽时主轴锁紧手柄应松开。

(5)分度时,应顺时针转动分度手柄,如手柄摇错了孔位,应将手柄逆时针转动半转后再顺时针转动到规定孔位。分度定位插销应缓慢插入分度盘的孔内,切勿突然将定位插销插入孔内,以免损坏分度盘的孔眼和定位插销。

(6)调整分度头主轴的仰角时,不应将基座上部靠近主轴前端的两个内六角螺钉松开,否则会使主轴的“零位”位置变动。

(7)要经常保持分度头的清洁,使用前应清除表面脏物,并将主轴锥孔和基座底面擦拭干净。

(8)分度头各部分应按说明书规定定期加油润滑,分度头存放时应涂防锈油。

5. 万能分度头装夹工件的方法

万能分度头装夹工件的方法如图47所示。

1)用三爪自定心卡盘装夹工件

加工轴套类工件,可直接用三爪自定心卡盘装夹。用百分表校正工件外圆,必要时在卡爪内垫铜皮,如图48所示。用百分表校正端面时,用紫铜锤轻轻敲击高点,使端面跳动符合规定要求。

2)用两顶装夹工件

用两顶装夹工件主要用于装夹两端有中心孔的工件。装夹工件前,应先校正分度头和尾座。校正时,取锥度心轴放入分度头主轴锥孔内,用百分表校正心轴 $a$ 点处跳动,符合要求后,

图 47　用分度头及其附件装夹工件的方法

1—尾架　2—千斤顶　3—分度头

图 48　工件的装夹和校正

1—工件　2—铜皮　3—卡盘爪

再校正，如图 49 所示。校正方法是摇动工作台做纵向、横向移动，使百分表通过心轴的上素线，测出 $a$ 和 $a'$ 两点处的高度误差，调整分度头主轴角度，测出 $a$ 和 $a'$ 两点高度一致，则分度头主轴上素线平行于工作台台面。然后，校正分度头主轴侧素线与工作台纵向进给方向平行，如图 50 所示，校正方法是将百分表触头置于心轴侧素线处并指向轴心，纵向移动工作台，测出百分表在 $b$ 或 $b'$ 两点处的读数差，调整分度头使两点处读数一致，分度头校正完毕。最后，顶上尾座顶尖检测，如不符合要求，则仅需校正尾座，使之符合要求，校正方法如图 51、图 52 所示。

图 49　校正分度头主轴上母线

图 50　校正分度头主轴侧母线

图 51　校正尾座上母线

图 52　校正尾座侧母线

3)用一夹一顶方法装夹工件

此方法用于装夹较长的轴类工件。装夹工件前,应先校正分度头和尾座,如图 53 所示。

4)用心轴装夹套类工件

心轴有锥度心轴和圆柱心轴两种。装夹前应先校正心轴轴线与分度头主轴轴线的同轴度,并校正心轴的上素线与侧素线。

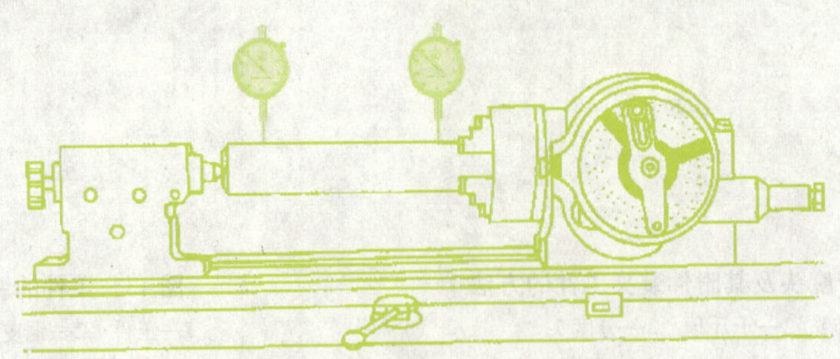

图 53 一夹一顶装夹工件的校正

5)分度头及尾座装夹工件的方式

如图 54 所示。

6. 分度头与尾座的校正及工件的装夹练习

1)两顶尖装夹工件的校正练习

(1)用长 300 mm 的莫氏 4 号锥度检验心轴,校正分度头主轴上母线及侧母线在 0.03 mm 以内。

(2)安装分度头顶尖及尾座顶尖。

(3)将标准心轴顶在两顶尖之间。

(4)校正心轴上母线、侧母线符合要求。

2)一夹一顶装夹工件的校正练习

(1)用三爪卡盘装夹标准心轴,并用百分表校正外圆圆跳动符合要求。

(2)校正标准心轴上母线、侧母线符合要求。

(3)安装尾座顶尖,并将标准心轴顶紧。

(4)校正标准心轴上母线、侧母线,若不符合要求,只调整尾座顶尖,使上母线、侧母线符合要求。

7. 练习注意事项

(1)校正用的标准心轴的形位公差和尺寸精度应符合要求。

(2)使用锥度心轴时,应将分度头主轴锥孔及心轴锥柄擦干净,以免影响校正精度。

(3)校正上(侧)母线时,不得用手锤敲击检验心轴及分度头和尾座。

(4)校正上(侧)母线时,百分表压紧数不能太大或太小,以免读错数值或测量不准。

## 三、回转工作台的结构及作用

回转工作台(又称圆转台)用来铣削比较规则的内外圆弧面,分手动、机动两种。图 55、图 56 所示分别为手动、机动进给回转工作台,图 57 所示为手动、机动两用回转工作台。

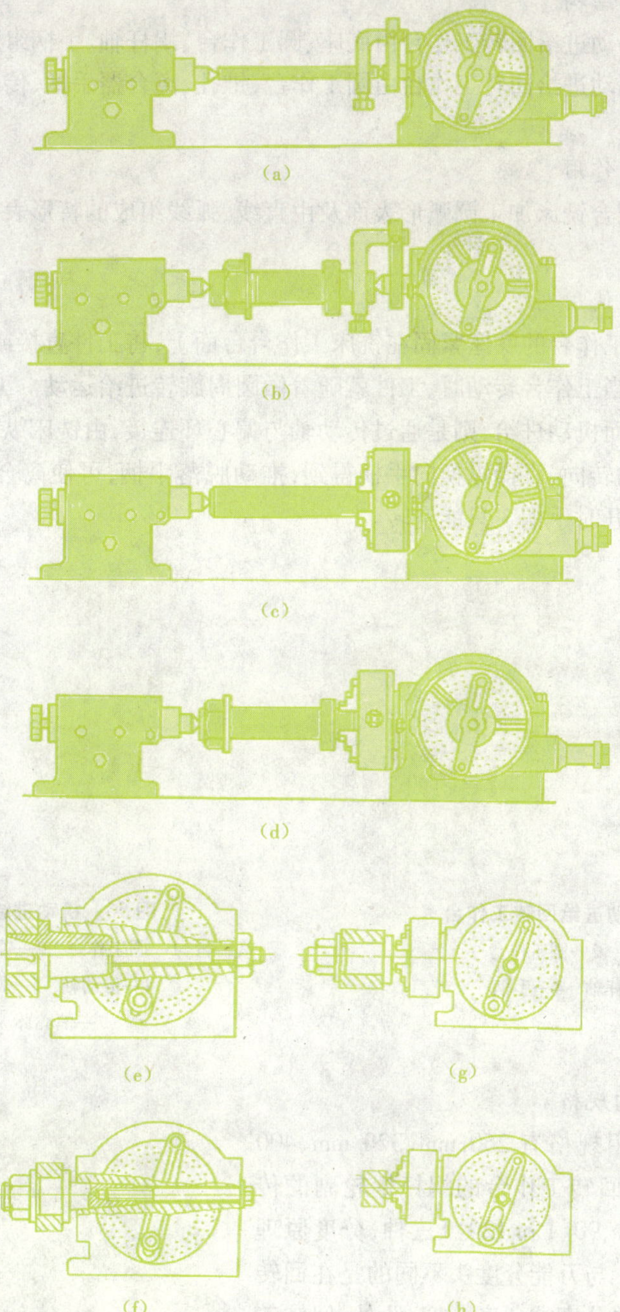


**图 54　用分度头及尾座装夹工件的方式**

(a)两顶尖装夹;(b)用心轴在两顶尖间装夹;(c)用三爪卡盘一夹一顶装夹;
(d)用心轴一夹一顶装夹;(e)用胀力心轴装夹;(f)用锥度心轴装夹;
(g)用心轴三爪卡盘装夹;(h)用三爪卡盘装夹

1. 回转工作台的结构

如图 55 所示，手动进给回转工作台由底座、圆工作台、蜗杆轴、手柄组成。

如图 56 所示，机动进给回转工作台由圆工作台、锥孔、离合器手柄、传动轴、挡铁、螺母、偏心环、手轮。

2. 回转工作台的作用

回转工作台能配合铣床加工圆弧形表面及由直线、弧线组成的特形表面，回转工作台还可以用作圆周分度。

3. 回转工作台的使用

使用时，将回转工作台的底座紧固在铣床工作台台面上，将工件直接或者通过夹具装夹在回转工作台台面上，当工作台转动时，工件就随着做圆周旋转进给运动。工作台的手动进给是通过转动手柄进行；而机动进给，则是通过传动轴与偏心环连接，由铣床纵向丝杠带动来完成。机动进给时工作台的转向，靠操纵换向手柄得到，推动脱落手柄，可使离合器手柄与工作台的运动连接或脱开，脱开时手柄 3 只能空转。

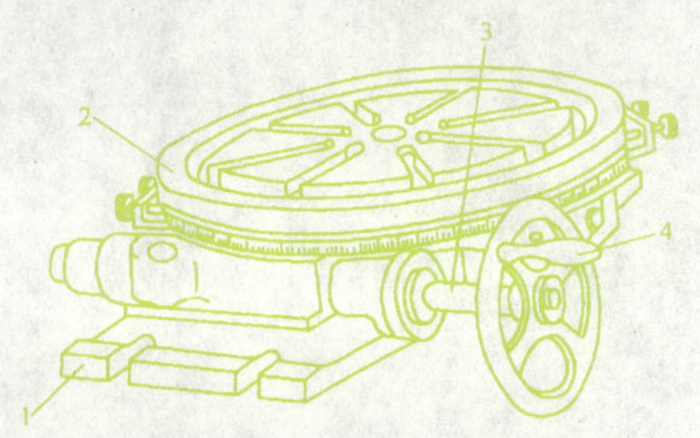


图 55　手动进给回转工作台

1—底座　2—圆工作台

3—蜗杆轴　4—手柄

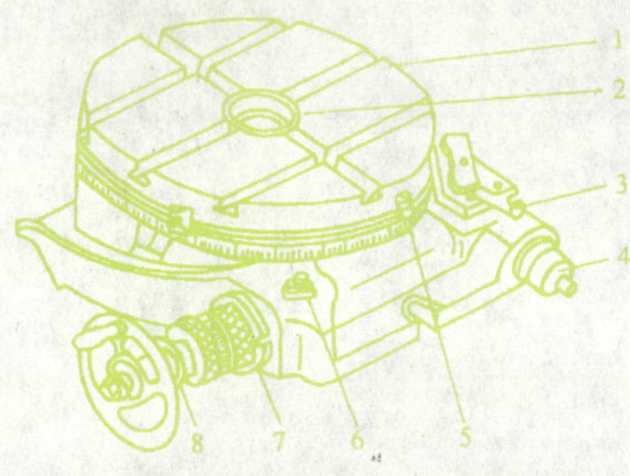


图 56　机动进给回转工作台

1—圆工作台　2—锥孔　3—离合器；

4—传动轴　5—挡铁　6—螺母

7—偏心环　8—手轮

4. 回转工作台的规格

回转工作台常用规格有 250 mm、320 mm、400 mm、500 mm 四种。回转工作台的蜗杆蜗轮副的传动比，常用的有 60∶1、90∶1 和 120∶1 三种，分度原理与万能分度头相同。与万能分度头不同的是在回转工作台上只能做简单分度或角度分度，此外，回转工作台的定数不是 40。

图 57　手动、机动两用回转工作台

## 四、万能铣头的结构及作用

万能铣头用来扩大卧式铣床的加工范围，如图 58 所示。铣头主轴轴线能在纵向和横向两个互相垂直的平面内做 360° 的转动，可以根据铣削要求把

铣刀轴扳成所需要的角度，进行立式铣床所能完成的各种工作。

万能铣头常用规格有 XC624A、XC634A 两种，其字母和数字分别表示：

XC——铣床附件万能铣头；

62——X6132(X62W)机床专用；

63——X6140(X63W)机床专用；

4——铣头主轴锥孔锥度为莫氏 4 号。

图 58　万能铁头

如图 59(a)所示为万能铣头(将铣刀轴扳成与工作台垂直位置)的外形，其底座用螺钉固定在铣床的垂直导轨上。

铣头壳体可绕机床主轴轴线偏转任意角度。铣刀主轴壳体还能在壳体上偏转任意角度。图 59(b)所示为铣刀轴可左右旋转成倾斜位置，图 59(c)所示为铣刀轴可前后旋转成倾斜位置。

(a)

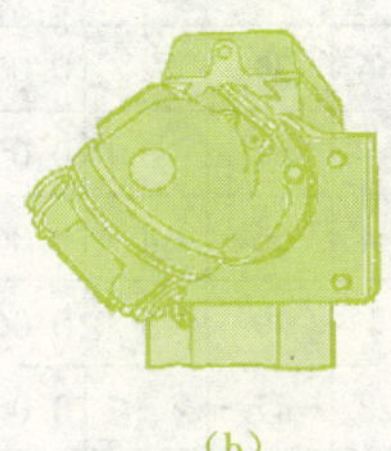
(b)

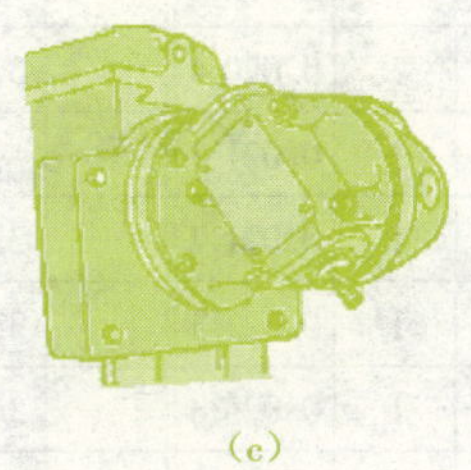
(c)

图 59　万能铣头外形

(a)铣刀成垂直位置；(b)铣刀轴可左右旋转成倾斜位置；(c)铣刀轴可前后旋转成倾斜位置

# 附录三　铣工常用表

表 2　角度分度法（分度头定数为 40）

| 分度头主轴转角 | | | 分度盘孔数 | 转过的孔距数 | 折合手柄转数 | 分度头主轴转角 | | | 分度盘孔数 | 转过的孔距数 | 折合手柄转数 | 分度头主轴转角 | | | 分度盘孔数 | 转过的孔距数 | 折合手柄转数 |
|---|---|---|---|---|---|---|---|---|---|---|---|---|---|---|---|---|---|
| 度 | 分 | 秒 | | | | 度 | 分 | 秒 | | | | 度 | 分 | 秒 | | | |
| 0 | 8 | 11 | 66 | 1 | 0.015 2 | 0 | 27 | 27 | 59 | 3 | 0.050 8 | 0 | 47 | 22 | 57 | 5 | 0.087 7 |
| | | 43 | 62 | 1 | 0.016 1 | | | 42 | 39 | 2 | 0.051 3 | | | 39 | 34 | 3 | 0.088 2 |
| | 9 | 9 | 59 | 1 | 0.016 9 | | | 56 | 58 | 3 | 0.051 7 | | 49 | 5 | 66 | 6 | 0.090 9 |
| | | 19 | 58 | 1 | 0.017 2 | | 28 | 25 | 38 | 2 | 0.052 6 | | 50 | 0 | 54 | 5 | 0.092 6 |
| | | 28 | 57 | 1 | 0.017 5 | | | 25 | 57 | 3 | 0.052 6 | | | 14 | 43 | 4 | 0.093 0 |
| | 10 | 0 | 54 | 1 | 0.018 5 | | 29 | 11 | 37 | 2 | 0.054 1 | | | 57 | 53 | 5 | 0.094 3 |
| | | 11 | 53 | 1 | 0.018 9 | | 30 | 0 | 54 | 3 | 0.055 6 | | 51 | 26 | 42 | 4 | 0.095 2 |
| | | 35 | 51 | 1 | 0.019 6 | | | 34 | 53 | 3 | 0.056 6 | | 52 | 15 | 62 | 6 | 0.096 8 |
| | 11 | 1 | 49 | 1 | 0.020 4 | | 31 | 46 | 34 | 2 | 0.058 8 | | | 41 | 41 | 4 | 0.097 6 |
| | | 29 | 47 | 1 | 0.021 3 | | | | 51 | 3 | 0.058 8 | | | 56 | 51 | 5 | 0.098 0 |
| | | 44 | 46 | 1 | 0.021 7 | | 32 | 44 | 66 | 4 | 0.060 6 | | 54 | 0 | 30 | 3 | 0.100 0 |
| | 12 | 34 | 43 | 1 | 0.023 3 | | 33 | 4 | 49 | 3 | 0.061 2 | | | 55 | 59 | 6 | 0.101 7 |
| | | 51 | 42 | 1 | 0.023 8 | | 34 | 28 | 47 | 3 | 0.063 8 | | 55 | 6 | 49 | 5 | 0.102 0 |
| | 13 | 10 | 41 | 1 | 0.024 4 | | | 50 | 62 | 4 | 0.064 5 | | | 23 | 39 | 4 | 0.102 6 |
| | | 51 | 39 | 1 | 0.025 6 | | 35 | 13 | 46 | 3 | 0.065 2 | | | 52 | 58 | 6 | 0.103 4 |
| | 14 | 10 | 38 | 1 | 0.026 3 | | 36 | 0 | 30 | 2 | 0.066 7 | | 56 | 21 | 38 | 4 | 0.105 3 |
| | | 36 | 37 | 1 | 0.027 0 | | | 37 | 59 | 4 | 0.067 8 | | | | 57 | 6 | 0.105 3 |
| | 15 | 53 | 34 | 1 | 0.019 4 | | 37 | 14 | 58 | 4 | 0.069 0 | | 57 | 16 | 66 | 7 | 0.106 1 |
| | 16 | 22 | 66 | 2 | 0.030 3 | | | 40 | 43 | 3 | 0.069 8 | | | 27 | 47 | 5 | 0.106 4 |
| | 17 | 25 | 62 | 2 | 0.032 3 | | | 54 | 57 | 4 | 0.070 2 | | | 51 | 28 | 3 | 0.107 1 |
| | 18 | 0 | 30 | 1 | 0.033 3 | | 38 | 34 | 28 | 2 | 0.071 4 | | 58 | 23 | 37 | 4 | 0.108 1 |
| | | 18 | 59 | 2 | 0.033 9 | | | | 42 | 3 | 0.071 4 | | | 42 | 46 | 5 | 0.108 7 |
| | | 37 | 58 | 2 | 0.034 5 | | 39 | 31 | 41 | 3 | 0.073 2 | 1 | 0 | 0 | 54 | 6 | 0.111 1 |
| | | 57 | 57 | 2 | 0.035 1 | | 40 | 0 | 54 | 4 | 0.074 1 | | | 58 | 62 | 7 | 0.112 9 |
| | 19 | 17 | 28 | 1 | 0.035 7 | | | 45 | 53 | 4 | 0.075 5 | | 1 | 8 | 53 | 6 | 0.113 2 |
| | 20 | 0 | 54 | 2 | 0.037 0 | | | 55 | 66 | 5 | 0.075 8 | | 2 | 47 | 43 | 5 | 0.116 3 |
| | | 23 | 53 | 2 | 0.037 7 | | 41 | 32 | 39 | 3 | 0.076 9 | | 3 | 32 | 34 | 4 | 0.117 6 |
| | 21 | 11 | 51 | 2 | 0.039 2 | | 42 | 21 | 51 | 4 | 0.078 4 | | | | 51 | 6 | 0.117 6 |
| | | 36 | 25 | 1 | 0.040 0 | | | 38 | 38 | 3 | 0.078 9 | | 4 | 4 | 59 | 7 | 0.118 6 |
| | 22 | 2 | 49 | 2 | 0.040 3 | | 43 | 12 | 25 | 2 | 0.080 0 | | | 17 | 42 | 5 | 0.119 0 |
| | | 30 | 24 | 1 | 0.041 7 | | | 33 | 62 | 5 | 0.080 6 | | | 48 | 25 | 3 | 0.120 0 |

续表

| 分度头主轴转角 | | | 分度盘孔数 | 转过的孔距数 | 折合手柄转数 | 分度头主轴转角 | | | 分度盘孔数 | 转过的孔距数 | 折合手柄转数 | 分度头主轴转角 | | | 分度盘孔数 | 转过的孔距数 | 折合手柄转数 |
|---|---|---|---|---|---|---|---|---|---|---|---|---|---|---|---|---|---|
| 度 | 分 | 秒 | | | | 度 | 分 | 秒 | | | | 度 | 分 | 秒 | | | |
| | | 59 | 47 | 2 | 0. 042 6 | | | 47 | 37 | 3 | 0. 081 1 | | 5 | 1 | 58 | 7 | 0. 120 7 |
| | 23 | 29 | 46 | 2 | 0. 043 5 | | 44 | 5 | 49 | 4 | 0. 081 6 | | | 27 | 66 | 8 | 0. 121 2 |
| | 24 | 33 | 66 | 3 | 0. 045 5 | | 45 | 0 | 24 | 2 | 0. 083 3 | | | 51 | 41 | 5 | 0. 122 0 |
| | 25 | 7 | 43 | 2 | 0. 046 5 | | | 46 | 59 | 5 | 0. 084 7 | | 6 | 7 | 49 | 6 | 0. 122 4 |
| | | 43 | 42 | 2 | 0. 047 6 | | | 57 | 47 | 4 | 0. 085 1 | | | 19 | 57 | 7 | 0. 122 8 |
| | 26 | 8 | 62 | 3 | 0. 048 4 | | 46 | 33 | 58 | 5 | 0. 086 2 | | 7 | 30 | 24 | 3 | 0. 125 0 |
| | | 21 | 41 | 2 | 0. 048 8 | | | 57 | 46 | 4 | 0. 087 0 | | 8 | 56 | 47 | 6 | 0. 127 7 |
| 1 | 9 | 14 | 39 | 5 | 0. 128 2 | 1 | 30 | 0 | 54 | 9 | 0. 166 7 | 1 | 51 | 43 | 58 | 12 | 0. 206 9 |
| | | 41 | 62 | 8 | 0. 129 0 | | | | 66 | 11 | 0. 166 7 | | 52 | 5 | 53 | 11 | 0. 207 5 |
| | 10 | 0 | 54 | 7 | 0. 129 6 | | 31 | 32 | 59 | 10 | 0. 169 5 | | | 30 | 24 | 5 | 0. 208 3 |
| | | 26 | 46 | 6 | 0. 120 4 | | | 42 | 53 | 9 | 0. 169 8 | | 53 | 1 | 43 | 9 | 0. 209 3 |
| | | 38 | 38 | 5 | 0. 131 6 | | | 55 | 47 | 8 | 0. 170 2 | | | 14 | 62 | 13 | 0. 209 7 |
| | 11 | 19 | 53 | 7 | 0. 132 1 | | 32 | 12 | 41 | 7 | 0. 170 7 | | | 41 | 38 | 8 | 0. 210 5 |
| | 12 | 0 | 30 | 4 | 0. 133 3 | | 33 | 6 | 58 | 10 | 0. 172 4 | | | | 57 | 12 | 0. 210 5 |
| | | 58 | 37 | 5 | 0. 135 1 | | | 55 | 46 | 8 | 0. 173 9 | | 54 | 33 | 66 | 14 | 0. 212 1 |
| | 13 | 13 | 59 | 8 | 0. 135 6 | | 34 | 44 | 57 | 10 | 0. 175 4 | | | 54 | 47 | 10 | 0. 212 8 |
| | | 38 | 66 | 9 | 0. 136 4 | | 35 | 18 | 34 | 6 | 0. 176 5 | | 55 | 43 | 28 | 6 | 0. 214 3 |
| | 14 | 7 | 51 | 7 | 0. 137 3 | | | | 51 | 9 | 0. 176 5 | | | | 42 | 9 | 0. 214 3 |
| | | 29 | 58 | 8 | 0. 137 9 | | | 48 | 62 | 11 | 0. 177 4 | | 56 | 28 | 51 | 11 | 0. 215 7 |
| | 15 | 21 | 43 | 6 | 0. 139 5 | | 36 | 26 | 28 | 5 | 0. 178 6 | | | 45 | 37 | 8 | 0. 216 2 |
| | | 47 | 57 | 8 | 0. 140 4 | | | 55 | 39 | 7 | 0. 179 5 | | 57 | 23 | 46 | 10 | 0. 217 4 |
| | 17 | 9 | 28 | 4 | 0. 142 9 | | 38 | 11 | 66 | 12 | 0. 181 8 | | 58 | 32 | 41 | 9 | 0. 219 5 |
| | | | 42 | 6 | 0. 142 9 | | 39 | 11 | 49 | 9 | 0. 183 7 | | | 59 | 59 | 13 | 0. 220 3 |
| | | | 49 | 7 | 0. 142 9 | | | 28 | 38 | 7 | 0. 184 2 | 2 | 0 | 0 | 54 | 12 | 0. 222 2 |
| | 18 | 23 | 62 | 9 | 0. 145 2 | | 40 | 0 | 54 | 10 | 0. 185 2 | | 1 | 2 | 58 | 13 | 0. 224 1 |
| | 19 | 1 | 41 | 6 | 0. 146 3 | | | 28 | 43 | 8 | 0. 186 0 | | | 13 | 49 | 11 | 0. 224 5 |
| | | 25 | 34 | 5 | 0. 147 1 | | | 41 | 59 | 11 | 0. 186 4 | | | 56 | 62 | 14 | 0. 225 8 |
| | 20 | 0 | 54 | 8 | 0. 148 1 | | 41 | 53 | 53 | 10 | 0. 188 7 | | 2 | 16 | 53 | 12 | 0. 226 4 |
| | | 26 | 47 | 7 | 0. 148 9 | | 42 | 10 | 37 | 7 | 0. 189 2 | | | 44 | 66 | 15 | 0. 227 3 |
| | 21 | 31 | 53 | 8 | 0. 150 9 | | | 25 | 58 | 11 | 0. 189 7 | | 3 | 9 | 57 | 13 | 0. 228 1 |
| | | 49 | 66 | 10 | 0. 151 5 | | | 51 | 42 | 8 | 0. 190 5 | | 4 | 37 | 39 | 9 | 0. 230 8 |
| | 22 | 10 | 46 | 7 | 0. 152 2 | | 43 | 24 | 47 | 9 | 0. 191 5 | | 5 | 35 | 43 | 10 | 0. 232 6 |
| | | 22 | 59 | 9 | 0. 152 5 | | 44 | 13 | 57 | 11 | 0. 193 0 | | 6 | 0 | 30 | 7 | 0. 233 3 |
| | 23 | 5 | 39 | 6 | 0. 153 8 | | | 31 | 62 | 12 | 0. 193 5 | | | 23 | 47 | 11 | 0. 234 0 |

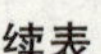
续表

| 分度头主轴转角 | | | 分度盘 | 转过的 | 折合手 | 分度头主轴转角 | | | 分度盘 | 转过的 | 折合手 | 分度头主轴转角 | | | 分度盘 | 转过的 | 折合手柄 |
|---|---|---|---|---|---|---|---|---|---|---|---|---|---|---|---|---|---|
| 度 | 分 | 秒 | 孔数 | 孔距数 | 柄转数 | 度 | 分 | 秒 | 孔数 | 孔距数 | 柄转数 | 度 | 分 | 秒 | 孔数 | 孔距数 | 转数 |
| | | 48 | 58 | 9 | 0. 155 2 | | 45 | 22 | 41 | 8 | 0. 195 1 | | 7 | 4 | 34 | 8 | 0. 235 3 |
| | 24 | 42 | 51 | 8 | 0. 156 9 | | | 39 | 46 | 9 | 0. 195 7 | | | | 51 | 12 | 0. 235 3 |
| | 25 | 16 | 38 | 6 | 0. 157 9 | | | 53 | 51 | 10 | 0. 196 1 | | | 54 | 38 | 9 | 0. 236 8 |
| | | | 57 | 9 | 0. 157 9 | | 46 | 22 | 66 | 13 | 0. 197 0 | | 8 | 8 | 59 | 14 | 0. 237 3 |
| | 26 | 24 | 25 | 4 | 0. 160 0 | | 48 | 0 | 25 | 5 | 0. 200 0 | | | 34 | 42 | 10 | 0. 238 1 |
| | 27 | 6 | 62 | 10 | 0. 161 3 | | | | 30 | 6 | 0. 200 0 | | 9 | 8 | 46 | 11 | 0. 239 1 |
| | | 34 | 37 | 6 | 0. 162 2 | | 49 | 50 | 59 | 12 | 0. 203 4 | | | 36 | 25 | 6 | 0. 240 0 |
| | | 54 | 43 | 7 | 0. 162 8 | | 50 | 0 | 54 | 11 | 0. 203 7 | | 10 | 0 | 54 | 13 | 0. 240 7 |
| | 28 | 10 | 49 | 8 | 0. 163 3 | | | 12 | 49 | 10 | 0. 204 1 | | | 21 | 58 | 14 | 0. 241 4 |
| | 30 | 0 | 30 | 5 | 0. 166 7 | | | 46 | 39 | 8 | 0. 205 1 | | | 39 | 62 | 15 | 0. 241 9 |
| | | | 42 | 7 | 0. 166 7 | | 51 | 11 | 34 | 7 | 0. 205 9 | | | 55 | 66 | 16 | 0. 242 4 |
| 2 | 11 | 21 | 37 | 9 | 0. 243 2 | 2 | 32 | 50 | 53 | 15 | 0. 283 0 | 2 | 53 | 54 | 59 | 19 | 0. 322 0 |
| | | 42 | 41 | 10 | 0. 243 9 | | 34 | 17 | 28 | 8 | 0. 285 7 | | 54 | 12 | 62 | 20 | 0. 322 6 |
| | 12 | 15 | 49 | 12 | 0. 244 9 | | | | 42 | 12 | 0. 285 7 | | | 42 | 34 | 11 | 0. 323 5 |
| | | 27 | 53 | 13 | 0. 245 3 | | | | 49 | 14 | 0. 285 7 | | 55 | 8 | 37 | 12 | 0. 324 3 |
| | | 38 | 57 | 14 | 0. 245 6 | | 35 | 27 | 66 | 19 | 0. 287 9 | | | 49 | 43 | 14 | 0. 325 6 |
| | 15 | 0 | 28 | 7 | 0. 250 0 | | | 36 | 59 | 17 | 0. 288 1 | | 56 | 5 | 46 | 15 | 0. 326 1 |
| | | | 24 | 6 | 0. 250 0 | | 36 | 19 | 38 | 11 | 0. 289 5 | | | 20 | 49 | 16 | 0. 326 5 |
| | 17 | 17 | 59 | 15 | 0. 254 2 | | | 46 | 62 | 18 | 0. 290 3 | | | 54 | 58 | 19 | 0. 327 6 |
| | | 39 | 51 | 13 | 0. 254 9 | | 37 | 30 | 24 | 7 | 0. 291 7 | 3 | 0 | 0 | 30 | 10 | 0. 333 3 |
| | | 52 | 47 | 12 | 0. 255 3 | | 38 | 3 | 41 | 12 | 0. 292 7 | | | | 42 | 14 | 0. 333 3 |
| | 18 | 8 | 43 | 11 | 0. 255 8 | | | 17 | 58 | 17 | 0. 293 1 | | | | 54 | 18 | 0. 333 3 |
| | | 28 | 39 | 10 | 0. 256 4 | | | 49 | 34 | 10 | 0. 294 1 | | | | 66 | 22 | 0. 333 3 |
| | 19 | 5 | 66 | 17 | 0. 257 6 | | | | 51 | 15 | 0. 294 1 | | 2 | 54 | 62 | 21 | 0. 338 7 |
| | | 21 | 62 | 16 | 0. 258 1 | | 40 | 0 | 54 | 16 | 0. 296 3 | | 3 | 3 | 59 | 20 | 0. 339 0 |
| | | 39 | 58 | 15 | 0. 258 6 | | | 32 | 37 | 11 | 0. 297 3 | | | 24 | 53 | 18 | 0. 339 6 |
| | 20 | 0 | 54 | 14 | 0. 259 3 | | | 51 | 47 | 14 | 0. 297 9 | | | 50 | 47 | 16 | 0. 340 4 |
| | | 52 | 46 | 12 | 0. 260 9 | | 41 | 3 | 57 | 17 | 0. 298 2 | | 4 | 23 | 41 | 14 | 0. 341 5 |
| | 21 | 26 | 42 | 11 | 0. 261 9 | | 42 | 0 | 30 | 9 | 0. 300 0 | | | 44 | 38 | 13 | 0. 342 1 |
| | 22 | 6 | 28 | 10 | 0. 263 2 | | 43 | 1 | 53 | 16 | 0. 301 9 | | 6 | 12 | 58 | 20 | 0. 344 8 |
| | | | 57 | 15 | 0. 263 2 | | | 15 | 43 | 13 | 0. 302 3 | | 7 | 21 | 49 | 17 | 0. 346 9 |
| | | 39 | 53 | 14 | 0. 264 2 | | | 38 | 66 | 20 | 0. 303 0 | | | 50 | 46 | 16 | 0. 347 8 |
| | | 56 | 34 | 9 | 0. 264 7 | | 44 | 21 | 46 | 14 | 0. 304 3 | | 8 | 11 | 66 | 23 | 0. 348 5 |
| | 23 | 16 | 49 | 13 | 0. 265 3 | | | 45 | 59 | 18 | 0. 305 1 | | | 22 | 43 | 15 | 0. 348 8 |

续表

| 分度头主轴转角 | | | 分度盘 | 转过的 | 折合手 | 分度头主轴转角 | | | 分度盘 | 转过的 | 折合手 | 分度头主轴转角 | | | 分度盘 | 转过的 | 折合手柄 |
|---|---|---|---|---|---|---|---|---|---|---|---|---|---|---|---|---|---|
| 度 | 分 | 秒 | 孔数 | 孔距数 | 柄转数 | 度 | 分 | 秒 | 孔数 | 孔距数 | 柄转数 | 度 | 分 | 秒 | 孔数 | 孔距数 | 转数 |
| | 24 | 0 | 30 | 8 | 0.266 7 | | 45 | 18 | 49 | 15 | 0.306 1 | | 9 | 28 | 57 | 20 | 0.350 9 |
| | | 53 | 41 | 11 | 0.268 3 | | | 20 | 62 | 19 | 0.306 5 | | | 44 | 37 | 13 | 0.351 4 |
| | 25 | 57 | 37 | 10 | 0.270 3 | | 46 | 9 | 39 | 12 | 0.307 7 | | 10 | 0 | 54 | 19 | 0.351 9 |
| | 26 | 26 | 59 | 16 | 0.271 2 | | 47 | 9 | 42 | 13 | 0.309 5 | | | 35 | 34 | 12 | 0.352 9 |
| | 27 | 16 | 66 | 18 | 0.272 7 | | | 35 | 58 | 18 | 0.310 3 | | | | 51 | 18 | 0.352 9 |
| | 28 | 4 | 62 | 17 | 0.274 2 | | 49 | 25 | 51 | 16 | 0.313 7 | | 11 | 37 | 62 | 22 | 0.354 8 |
| | | 14 | 51 | 14 | 0.274 5 | | 50 | 0 | 54 | 17 | 0.314 8 | | 12 | 12 | 59 | 21 | 0.355 9 |
| | | 58 | 58 | 16 | 0.275 9 | | | 32 | 38 | 12 | 0.315 8 | | | 51 | 28 | 10 | 0.357 1 |
| | 29 | 22 | 47 | 13 | 0.276 6 | | | | 57 | 18 | 0.315 8 | | | 51 | 42 | 15 | 0.357 1 |
| | 30 | 0 | 54 | 15 | 0.277 8 | | 51 | 13 | 41 | 13 | 0.317 1 | | 13 | 33 | 53 | 19 | 0.358 5 |
| | | 42 | 43 | 12 | 0.279 1 | | | 49 | 66 | 21 | 0.318 2 | | | 51 | 39 | 14 | 0.359 0 |
| | 31 | 12 | 25 | 7 | 0.280 0 | | 52 | 20 | 47 | 15 | 0.319 1 | | 14 | 24 | 25 | 9 | 0.360 0 |
| | | 35 | 57 | 16 | 0.280 7 | | | 48 | 25 | 8 | 0.320 0 | | 15 | 19 | 47 | 17 | 0.361 7 |
| | 32 | 18 | 39 | 11 | 0.282 1 | | 53 | 12 | 53 | 17 | 0.320 8 | | | 31 | 58 | 21 | 0.362 1 |
| | | 37 | 46 | 13 | 0.282 6 | | | 34 | 28 | 9 | 0.321 4 | | 16 | 22 | 66 | 24 | 0.363 6 |
| 3 | 17 | 34 | 41 | 15 | 0.365 9 | 3 | 38 | 18 | 47 | 19 | 0.404 3 | 3 | 57 | 58 | 59 | 26 | 0.440 7 |
| | 18 | 0 | 30 | 11 | 0.366 7 | | | 34 | 42 | 17 | 0.404 8 | | 58 | 14 | 34 | 15 | 0.441 2 |
| | | 22 | 49 | 18 | 0.367 3 | | | 55 | 37 | 15 | 0.405 4 | | | 36 | 43 | 19 | 0.441 9 |
| | | 37 | 38 | 14 | 0.368 4 | | 39 | 40 | 59 | 24 | 0.406 8 | 4 | 0 | 0 | 54 | 24 | 0.444 4 |
| | | 57 | 57 | 21 | 0.368 4 | | 40 | 0 | 54 | 22 | 0.407 4 | | 1 | 17 | 47 | 21 | 0.446 8 |
| | 19 | 34 | 46 | 17 | 0.369 6 | | | 25 | 49 | 20 | 0.408 2 | | | 35 | 38 | 17 | 0.447 4 |
| | 20 | 0 | 54 | 20 | 0.370 4 | | | 55 | 66 | 27 | 0.409 1 | | 2 | 4 | 58 | 26 | 0.448 3 |
| | | 19 | 62 | 23 | 0.371 0 | | 41 | 33 | 39 | 16 | 0.410 3 | | | 27 | 49 | 22 | 0.449 0 |
| | | 56 | 43 | 16 | 0.372 1 | | 42 | 21 | 34 | 14 | 0.411 8 | | 3 | 32 | 51 | 23 | 0.451 0 |
| | 21 | 11 | 51 | 19 | 0.372 5 | | | | 51 | 21 | 0.411 8 | | | 52 | 62 | 28 | 0.451 6 |
| | | 21 | 59 | 22 | 0.372 9 | | 43 | 2 | 46 | 19 | 0.413 0 | | 4 | 17 | 42 | 19 | 0.452 4 |
| | 22 | 30 | 24 | 9 | 0.375 0 | | | 27 | 58 | 24 | 0.413 8 | | | 32 | 53 | 24 | 0.452 8 |
| | 23 | 46 | 53 | 20 | 0.377 4 | | | 54 | 41 | 17 | 0.414 6 | | 5 | 27 | 66 | 30 | 0.454 5 |
| | 24 | 19 | 37 | 14 | 0.378 4 | | 44 | 9 | 53 | 22 | 0.415 1 | | 6 | 19 | 57 | 26 | 0.456 1 |
| | | 33 | 66 | 25 | 0.378 8 | | 45 | 0 | 24 | 10 | 0.416 7 | | | 31 | 46 | 21 | 0.456 5 |
| | | 50 | 58 | 22 | 0.379 3 | | 46 | 3 | 43 | 18 | 0.418 6 | | 7 | 7 | 59 | 27 | 0.457 6 |
| | 25 | 43 | 42 | 16 | 0.381 0 | | | 27 | 62 | 26 | 0.419 4 | | | 30 | 24 | 11 | 0.458 3 |
| | 26 | 28 | 34 | 13 | 0.382 4 | | 47 | 22 | 38 | 16 | 0.421 1 | | 8 | 6 | 37 | 17 | 0.459 5 |
| | | 49 | 47 | 18 | 0.383 0 | | | | 57 | 24 | 0.421 1 | | 9 | 14 | 39 | 18 | 0.461 5 |

续表

| 分度头主轴转角 | | | 分度盘 | 转过的 | 折合手 | 分度头主轴转角 | | | 分度盘 | 转过的 | 折合手 | 分度头主轴转角 | | | 分度盘 | 转过的 | 折合手柄 |
|---|---|---|---|---|---|---|---|---|---|---|---|---|---|---|---|---|---|
| 度 | 分 | 秒 | 孔数 | 孔距数 | 柄转数 | 度 | 分 | 秒 | 孔数 | 孔距数 | 柄转数 | 度 | 分 | 秒 | 孔数 | 孔距数 | 转数 |
| | 27 | 42 | 39 | 15 | 0. 384 6 | | 48 | 49 | 59 | 25 | 0. 423 7 | | 10 | 0 | 54 | 25 | 0. 463 0 |
| | 28 | 25 | 57 | 22 | 0. 386 0 | | | 5 | 66 | 28 | 0. 424 2 | | | 15 | 41 | 19 | 0. 463 4 |
| | 29 | 2 | 62 | 24 | 0. 387 1 | | | 47 | 47 | 20 | 0. 425 5 | | | 43 | 28 | 13 | 0. 464 3 |
| | | 23 | 49 | 19 | 0. 387 8 | | 50 | 0 | 54 | 23 | 0. 425 9 | | 11 | 10 | 43 | 20 | 0. 465 1 |
| | 30 | 0 | 54 | 21 | 0. 388 9 | | 51 | 26 | 28 | 12 | 0. 428 6 | | | 23 | 58 | 27 | 0. 465 5 |
| | | 31 | 59 | 23 | 0. 389 8 | | | | 42 | 18 | 0. 428 6 | | 12 | 0 | 30 | 14 | 0. 466 7 |
| | | 44 | 41 | 16 | 0. 390 2 | | | | 49 | 21 | 0. 428 6 | | | 35 | 62 | 29 | 0. 467 7 |
| | 31 | 18 | 46 | 18 | 0. 391 3 | | 52 | 46 | 58 | 25 | 0. 431 0 | | | 46 | 47 | 22 | 0. 468 1 |
| | | 46 | 51 | 20 | 0. 392 2 | | | 56 | 51 | 22 | 0. 431 4 | | 13 | 28 | 49 | 23 | 0. 469 4 |
| | 32 | 9 | 28 | 11 | 0. 392 9 | | 53 | 31 | 37 | 16 | 0. 432 4 | | | 38 | 66 | 31 | 0. 469 7 |
| | | 44 | 66 | 26 | 0. 393 9 | | 54 | 0 | 30 | 13 | 0. 433 3 | | 14 | 7 | 34 | 16 | 0. 470 6 |
| | 33 | 9 | 38 | 15 | 0. 394 7 | | | 20 | 53 | 23 | 0. 434 0 | | | | 51 | 24 | 0. 470 6 |
| | | 29 | 43 | 17 | 0. 395 3 | | | 47 | 46 | 20 | 0. 434 8 | | | 43 | 53 | 25 | 0. 471 7 |
| | | 58 | 53 | 21 | 0. 396 2 | | 55 | 10 | 62 | 27 | 0. 435 5 | | 15 | 47 | 38 | 18 | 0. 473 7 |
| | 34 | 8 | 58 | 23 | 0. 396 6 | | | 23 | 39 | 17 | 0. 435 9 | | | 47 | 57 | 27 | 0. 473 7 |
| | 36 | 0 | 25 | 10 | 0. 400 0 | | 56 | 51 | 57 | 25 | 0. 438 6 | | 16 | 16 | 59 | 28 | 0. 474 6 |
| | | | 30 | 12 | 0. 400 0 | | 57 | 4 | 41 | 18 | 0. 439 0 | | 17 | 9 | 42 | 20 | 0. 476 2 |
| | 37 | 45 | 62 | 25 | 0. 403 2 | | | 16 | 66 | 29 | 0. 439 4 | | 18 | 16 | 46 | 22 | 0. 478 3 |
| | | 54 | 57 | 23 | 0. 403 5 | | | 36 | 25 | 11 | 0. 440 0 | | 19 | 12 | 25 | 12 | 0. 480 0 |
| 4 | 20 | 0 | 54 | 26 | 0. 481 4 | 4 | 45 | | 51 | 27 | 0. 529 4 | 5 | 6 | 0 | 30 | 17 | 0. 566 7 |
| | | 41 | 58 | 28 | 0. 482 8 | | 46 | 22 | 66 | 35 | 0. 530 3 | | | 29 | 37 | 21 | 0. 567 6 |
| | 21 | 17 | 62 | 30 | 0. 483 9 | | | 32 | 49 | 26 | 0. 530 6 | | 7 | 4 | 51 | 29 | 0. 568 6 |
| | | 49 | 66 | 32 | 0. 484 8 | | 47 | 14 | 47 | 25 | 0. 531 9 | | | 14 | 58 | 33 | 0. 569 0 |
| | 22 | 42 | 37 | 18 | 0. 486 5 | | | 25 | 62 | 33 | 0. 532 3 | | 8 | 34 | 28 | 16 | 0. 571 4 |
| | 23 | 5 | 39 | 19 | 0. 487 2 | | 48 | 0 | 30 | 16 | 0. 533 3 | | | | 42 | 24 | 0. 571 4 |
| | | 25 | 41 | 20 | 0. 487 8 | | | 37 | 58 | 31 | 0. 534 5 | | | | 49 | 28 | 0. 571 4 |
| | | 43 | 43 | 21 | 0. 488 4 | | | 50 | 43 | 23 | 0. 534 9 | | 10 | 0 | 54 | 31 | 0. 574 1 |
| | 24 | 15 | 47 | 23 | 0. 489 4 | | 49 | 17 | 28 | 15 | 0. 535 7 | | | 13 | 47 | 27 | 0. 574 5 |
| | | 29 | 49 | 24 | 0. 489 8 | | | 45 | 41 | 22 | 0. 536 6 | | | 54 | 66 | 38 | 0. 575 8 |
| | | 42 | 51 | 25 | 0. 490 2 | | 50 | 0 | 54 | 29 | 0. 537 0 | | 11 | 11 | 59 | 34 | 0. 576 3 |
| | | 54 | 53 | 26 | 0. 490 6 | | | 46 | 39 | 21 | 0. 538 5 | | 12 | 38 | 38 | 22 | 0. 578 9 |
| | 25 | 16 | 57 | 28 | 0. 491 2 | | 51 | 54 | 37 | 20 | 0. 540 5 | | | | 57 | 33 | 0. 578 9 |
| | | 25 | 59 | 29 | 0. 492 5 | | 52 | 30 | 24 | 13 | 0. 541 7 | | 13 | 33 | 62 | 36 | 0. 580 6 |
| | 30 | 0 | 66 | 33 | 0. 500 0 | | | 53 | 59 | 32 | 0. 542 4 | | | 57 | 43 | 25 | 0. 581 4 |

续表

| 分度头主轴转角 | | | 分度盘孔数 | 转过的孔距数 | 折合手柄转数 | 分度头主轴转角 | | | 分度盘孔数 | 转过的孔距数 | 折合手柄转数 | 分度头主轴转角 | | | 分度盘孔数 | 转过的孔距数 | 折合手柄转数 |
|---|---|---|---|---|---|---|---|---|---|---|---|---|---|---|---|---|---|
| 度 | 分 | 秒 | | | | 度 | 分 | 秒 | | | | 度 | 分 | 秒 | | | |
| | | 0 | 42 | 21 | 0.500 0 | | 53 | 29 | 46 | 25 | 0.543 5 | | 15 | 0 | 24 | 14 | 0.583 3 |
| | 34 | 35 | 59 | 30 | 0.508 5 | | | 41 | 57 | 31 | 0.543 9 | | | 51 | 53 | 31 | 0.584 9 |
| | | 44 | 57 | 29 | 0.508 8 | | 54 | 33 | 66 | 36 | 0.545 5 | | 16 | 6 | 41 | 24 | 0.585 4 |
| | 35 | 6 | 53 | 27 | 0.509 4 | | 55 | 28 | 53 | 29 | 0.547 2 | | | 33 | 58 | 34 | 0.586 2 |
| | | 18 | 51 | 26 | 0.509 8 | | | 43 | 42 | 23 | 0.547 6 | | | 57 | 46 | 27 | 0.587 0 |
| | | 31 | 49 | 25 | 0.510 2 | | 56 | 8 | 62 | 34 | 0.548 4 | | 17 | 39 | 34 | 20 | 0.588 2 |
| | | 45 | 47 | 24 | 0.510 6 | | | 28 | 51 | 28 | 0.549 0 | | | | 51 | 30 | 0.588 2 |
| | 36 | 17 | 43 | 22 | 0.511 6 | | 57 | 33 | 49 | 27 | 0.551 0 | | 18 | 28 | 39 | 23 | 0.589 7 |
| | | 35 | 41 | 21 | 0.512 2 | | | 56 | 58 | 32 | 0.551 7 | | 19 | 5 | 66 | 39 | 0.590 9 |
| | | 55 | 39 | 20 | 0.512 8 | | 58 | 25 | 38 | 21 | 0.552 6 | | | 36 | 49 | 29 | 0.591 8 |
| | 37 | 18 | 37 | 19 | 0.513 5 | | | 43 | 47 | 26 | 0.553 2 | | 20 | 0 | 54 | 32 | 0.592 6 |
| | 38 | 11 | 66 | 34 | 0.515 2 | 5 | 0 | 0 | 54 | 30 | 0.555 6 | | | 20 | 59 | 35 | 0.593 2 |
| | | 43 | 62 | 32 | 0.516 1 | | 1 | 24 | 43 | 24 | 0.558 1 | | 21 | 5 | 37 | 22 | 0.594 6 |
| | 39 | 19 | 58 | 30 | 0.517 2 | | | 46 | 34 | 19 | 0.558 8 | | | 26 | 42 | 25 | 0.595 2 |
| | | 35 | 54 | 28 | 0.518 5 | | 2 | 2 | 59 | 33 | 0.559 3 | | | 42 | 47 | 28 | 0.595 7 |
| | 40 | 48 | 25 | 13 | 0.520 0 | | | 22 | 25 | 14 | 0.560 0 | | 22 | 6 | 57 | 34 | 0.596 5 |
| | 41 | 44 | 46 | 24 | 0.521 7 | | | 44 | 66 | 37 | 0.560 6 | | | 15 | 62 | 37 | 0.596 8 |
| | 42 | 51 | 42 | 22 | 0.523 8 | | | 56 | 41 | 23 | 0.561 0 | | 24 | 0 | 25 | 15 | 0.600 0 |
| | 43 | 44 | 59 | 31 | 0.525 4 | | 3 | 9 | 57 | 32 | 0.561 4 | | | | 30 | 18 | 0.600 0 |
| | 44 | 13 | 38 | 20 | 0.526 3 | | 4 | 37 | 39 | 22 | 0.564 1 | | 25 | 52 | 58 | 35 | 0.603 4 |
| | | | 57 | 30 | 0.526 3 | | | 50 | 62 | 35 | 0.564 5 | | 26 | 14 | 53 | 32 | 0.603 8 |
| | 45 | 17 | 53 | 28 | 0.528 3 | | 5 | 13 | 46 | 26 | 0.565 2 | | | 31 | 43 | 26 | 0.604 7 |
| | | 53 | 34 | 18 | 0.529 4 | | | 40 | 53 | 30 | 0.566 0 | | | 51 | 38 | 23 | 0.605 3 |
| 5 | 27 | 16 | 66 | 40 | 0.606 1 | 5 | 47 | 48 | 59 | 38 | 0.644 1 | 6 | 10 | 0 | 54 | 37 | 0.685 2 |
| | | 51 | 28 | 17 | 0.607 1 | | 48 | 23 | 62 | 40 | 0.645 2 | | | 35 | 51 | 35 | 0.686 3 |
| | 28 | 14 | 51 | 31 | 0.607 8 | | 49 | 25 | 34 | 22 | 0.647 1 | | 12 | 25 | 58 | 40 | 0.689 7 |
| | | 42 | 46 | 28 | 0.608 7 | | | | 51 | 33 | 0.647 1 | | | 51 | 42 | 29 | 0.690 5 |
| | 29 | 16 | 41 | 25 | 0.609 8 | | 50 | 0 | 54 | 35 | 0.648 1 | | 13 | 51 | 39 | 27 | 0.692 3 |
| | | 30 | 59 | 36 | 0.610 2 | | | 16 | 37 | 24 | 0.648 6 | | 14 | 31 | 62 | 43 | 0.693 5 |
| | 30 | 0 | 54 | 33 | 0.611 1 | | | 32 | 57 | 37 | 0.649 1 | | | 42 | 49 | 34 | 0.693 9 |
| | | 37 | 49 | 30 | 0.612 2 | | 51 | 38 | 43 | 28 | 0.651 2 | | 15 | 15 | 59 | 41 | 0.694 9 |
| | | 58 | 62 | 38 | 0.612 9 | | | 49 | 66 | 43 | 0.651 5 | | | 39 | 46 | 32 | 0.695 7 |
| | 31 | 35 | 57 | 35 | 0.614 0 | | 52 | 10 | 46 | 30 | 0.652 2 | | 16 | 22 | 66 | 46 | 0.697 0 |
| | 32 | 18 | 39 | 24 | 0.615 4 | | | 39 | 49 | 32 | 0.653 1 | | | 45 | 43 | 30 | 0.697 7 |

续表

| 分度头主轴转角 | | | 分度盘孔数 | 转过的孔距数 | 折合手柄转数 | 分度头主轴转角 | | | 分度盘孔数 | 转过的孔距数 | 折合手柄转数 | 分度头主轴转角 | | | 分度盘孔数 | 转过的孔距数 | 折合手柄转数 |
|---|---|---|---|---|---|---|---|---|---|---|---|---|---|---|---|---|---|
| 度 | 分 | 秒 | | | | 度 | 分 | 秒 | | | | 度 | 分 | 秒 | | | |
| | 33 | 12 | 47 | 29 | 0.617 0 | | 53 | 48 | 58 | 38 | 0.655 2 | | | 59 | 53 | 37 | 0.698 1 |
| | | 32 | 24 | 21 | 0.617 6 | | 55 | 16 | 38 | 25 | 0.657 9 | | 18 | 0 | 30 | 21 | 0.700 0 |
| | 34 | 17 | 42 | 26 | 0.619 0 | | | 37 | 41 | 27 | 0.658 5 | | | 57 | 57 | 40 | 0.701 8 |
| | 35 | 10 | 58 | 36 | 0.620 7 | | 56 | 10 | 47 | 31 | 0.659 6 | | 19 | 9 | 47 | 33 | 0.702 1 |
| | | 27 | 66 | 41 | 0.621 2 | | | 36 | 53 | 35 | 0.660 4 | | | 28 | 37 | 26 | 0.702 7 |
| | | 41 | 37 | 23 | 0.621 6 | | | 57 | 59 | 39 | 0.661 0 | | 20 | 0 | 54 | 38 | 0.703 7 |
| | 36 | 14 | 53 | 33 | 0.622 6 | | 57 | 6 | 62 | 41 | 0.661 3 | | 21 | 11 | 34 | 24 | 0.705 9 |
| | 37 | 30 | 24 | 15 | 0.625 0 | 6 | 0 | 0 | 30 | 20 | 0.666 7 | | | | 51 | 36 | 0.706 9 |
| | 38 | 39 | 59 | 37 | 0.627 0 | | | | 42 | 28 | 0.666 7 | | | 43 | 58 | 41 | 0.706 9 |
| | | 49 | 51 | 32 | 0.627 5 | | | | 54 | 36 | 0.666 7 | | | 57 | 41 | 29 | 0.707 3 |
| | 39 | 4 | 43 | 27 | 0.627 9 | | | | 66 | 44 | 0.666 7 | | 22 | 30 | 24 | 17 | 0.708 3 |
| | | 41 | 62 | 39 | 0.629 0 | | 3 | 6 | 58 | 39 | 0.672 4 | | 23 | 14 | 62 | 44 | 0.709 7 |
| | 40 | 0 | 54 | 34 | 0.629 6 | | | 40 | 49 | 33 | 0.673 5 | | | 41 | 38 | 27 | 0.710 5 |
| | | 26 | 46 | 29 | 0.630 4 | | | 55 | 46 | 31 | 0.673 9 | | 24 | 24 | 59 | 42 | 0.711 9 |
| | 41 | 3 | 38 | 24 | 0.631 6 | | 4 | 11 | 43 | 29 | 0.674 4 | | | 33 | 66 | 47 | 0.712 1 |
| | | | 57 | 36 | 0.631 6 | | | 52 | 37 | 25 | 0.675 7 | | 25 | 43 | 28 | 20 | 0.714 3 |
| | | 28 | 49 | 31 | 0.632 7 | | | 18 | 34 | 23 | 0.676 5 | | | | 42 | 30 | 0.713 4 |
| | | 42 | 30 | 19 | 0.633 3 | | | 48 | 62 | 42 | 0.677 4 | | | | 49 | 35 | 0.713 4 |
| | 42 | 26 | 41 | 26 | 0.634 1 | | 6 | 6 | 59 | 40 | 0.678 0 | | 27 | 10 | 53 | 38 | 0.717 0 |
| | 43 | 38 | 66 | 42 | 0.636 4 | | | 26 | 28 | 19 | 0.678 6 | | | 23 | 46 | 33 | 0.717 4 |
| | 44 | 29 | 58 | 37 | 0.637 9 | | | 48 | 53 | 36 | 0.679 2 | | | 42 | 39 | 28 | 0.717 9 |
| | | 41 | 47 | 30 | 0.638 3 | | 7 | 12 | 25 | 17 | 0.680 0 | | 28 | 25 | 57 | 41 | 0.719 3 |
| | 45 | 36 | 25 | 16 | 0.640 0 | | | 40 | 47 | 32 | 0.680 9 | | | 48 | 25 | 18 | 0.720 0 |
| | 46 | 9 | 39 | 25 | 0.641 0 | | 8 | 11 | 66 | 45 | 0.681 8 | | 29 | 18 | 43 | 31 | 0.720 9 |
| | | 25 | 53 | 34 | 0.641 5 | | | 47 | 41 | 28 | 0.682 9 | | 30 | 0 | 54 | 39 | 0.722 2 |
| | 47 | 9 | 28 | 18 | 0.642 9 | | 9 | 28 | 38 | 26 | 0.684 2 | | | 38 | 47 | 34 | 0.723 4 |
| | | 9 | 42 | 27 | 0.642 9 | | | | 59 | 39 | 0.684 2 | | 31 | 2 | 58 | 42 | 0.724 1 |
| 6 | 31 | 46 | 51 | 37 | 0.725 5 | 6 | 52 | 56 | 34 | 26 | 0.764 7 | 7 | 14 | 58 | 41 | 33 | 0.804 9 |
| | | 56 | 62 | 45 | 0.725 8 | | | | 51 | 39 | 0.764 7 | | 15 | 29 | 62 | 50 | 0.806 5 |
| | 32 | 44 | 66 | 48 | 0.727 3 | | 53 | 37 | 47 | 36 | 0.766 0 | | | 47 | 57 | 46 | 0.807 0 |
| | 33 | 34 | 59 | 43 | 0.728 8 | | 54 | 0 | 30 | 23 | 0.766 7 | | 16 | 36 | 47 | 38 | 0.808 5 |
| | 34 | 3 | 37 | 27 | 0.729 7 | | | 25 | 43 | 33 | 0.767 4 | | 17 | 9 | 42 | 34 | 0.809 5 |
| | 35 | 7 | 41 | 30 | 0.731 7 | | 55 | 23 | 39 | 30 | 0.769 2 | | | 35 | 58 | 47 | 0.810 3 |
| | 36 | 0 | 30 | 22 | 0.733 3 | | 56 | 51 | 57 | 44 | 0.771 9 | | | 50 | 37 | 30 | 0.810 8 |

续表

| 分度头主轴转角 | | | 分度盘 | 转过的 | 折合手 | 分度头主轴转角 | | | 分度盘 | 转过的 | 折合手 | 分度头主轴转角 | | | 分度盘 | 转过的 | 折合手柄 |
|---|---|---|---|---|---|---|---|---|---|---|---|---|---|---|---|---|---|
| 度 | 分 | 秒 | 孔数 | 孔距数 | 柄转数 | 度 | 分 | 秒 | 孔数 | 孔距数 | 柄转数 | 度 | 分 | 秒 | 孔数 | 孔距数 | 转数 |
| | | 44 | 49 | 36 | 0.734 7 | | 57 | 16 | 66 | 51 | 0.772 7 | | 18 | 7 | 53 | 43 | 0.811 3 |
| | 37 | 4 | 34 | 25 | 0.735 3 | | | 44 | 53 | 41 | 0.773 6 | | 19 | 19 | 59 | 48 | 0.813 6 |
| | | 22 | 53 | 39 | 0.735 8 | | 58 | 4 | 62 | 48 | 0.774 2 | | | 32 | 43 | 36 | 0.814 0 |
| | | 54 | 38 | 28 | 0.736 8 | | | 47 | 49 | 38 | 0.775 5 | | 20 | 0 | 54 | 44 | 0.814 8 |
| | | | 57 | 42 | 0.736 8 | | | 58 | 58 | 43 | 0.775 9 | | | 32 | 38 | 31 | 0.815 8 |
| | 38 | 34 | 42 | 31 | 0.738 1 | 7 | 0 | 0 | 54 | 42 | 0.777 8 | | | 49 | 49 | 40 | 0.816 3 |
| | 39 | 8 | 46 | 34 | 0.739 1 | | 1 | 1 | 59 | 46 | 0.779 7 | | 21 | 49 | 66 | 54 | 0.818 2 |
| | 40 | 0 | 54 | 40 | 0.740 7 | | | 28 | 41 | 32 | 0.780 5 | | 23 | 5 | 39 | 32 | 0.820 5 |
| | | 21 | 58 | 43 | 0.741 4 | | 2 | 37 | 46 | 36 | 0.782 6 | | | 34 | 28 | 23 | 0.821 4 |
| | | 39 | 62 | 46 | 0.741 9 | | 3 | 15 | 37 | 29 | 0.783 8 | | 24 | 12 | 62 | 51 | 0.822 6 |
| | | 55 | 66 | 49 | 0.742 4 | | | 32 | 51 | 40 | 0.784 3 | | | 42 | 34 | 28 | 0.823 5 |
| | 41 | 32 | 39 | 29 | 0.743 6 | | 4 | 17 | 28 | 22 | 0.785 7 | | | | 51 | 42 | 0.823 5 |
| | | 52 | 43 | 32 | 0.744 2 | | | | 42 | 33 | 0.785 7 | | 25 | 16 | 57 | 47 | 0.824 6 |
| | 42 | 8 | 47 | 35 | 0.744 7 | | 5 | 6 | 47 | 37 | 0.787 2 | | 26 | 5 | 46 | 38 | 0.826 1 |
| | | 21 | 51 | 38 | 0.745 1 | | | 27 | 66 | 52 | 0.787 9 | | | 54 | 58 | 48 | 0.827 6 |
| | | 43 | 59 | 44 | 0.745 8 | | 6 | 19 | 38 | 30 | 0.789 5 | | 27 | 48 | 41 | 34 | 0.869 3 |
| | 45 | 0 | 28 | 21 | 0.750 0 | | | | 57 | 45 | 0.789 5 | | 28 | 5 | 47 | 39 | 0.829 8 |
| | 47 | 22 | 57 | 43 | 0.754 4 | | | 46 | 62 | 49 | 0.790 3 | | | 18 | 53 | 44 | 0.830 2 |
| | | 33 | 53 | 40 | 0.754 7 | | | 59 | 43 | 34 | 0.790 7 | | | 28 | 59 | 49 | 0.830 5 |
| | | 45 | 49 | 37 | 0.755 1 | | 7 | 30 | 24 | 19 | 0.791 7 | | 30 | 0 | 30 | 25 | 0.833 3 |
| | 48 | 18 | 41 | 31 | 0.756 1 | | | 55 | 53 | 42 | 0.792 5 | | | | 42 | 35 | 0.833 3 |
| | | 39 | 37 | 28 | 0.756 8 | | 8 | 17 | 58 | 46 | 0.793 1 | | | | 54 | 45 | 0.833 3 |
| | 49 | 5 | 66 | 50 | 0.757 6 | | | 49 | 34 | 27 | 0.794 1 | | | | 66 | 55 | 0.833 3 |
| | | 21 | 62 | 47 | 0.758 1 | | 9 | 14 | 39 | 31 | 0.794 9 | | 31 | 50 | 49 | 41 | 0.836 7 |
| | | 39 | 58 | 44 | 0.758 6 | | | 48 | 49 | 39 | 0.795 9 | | 32 | 6 | 43 | 36 | 0.837 2 |
| | 50 | 0 | 54 | 41 | 0.759 3 | | 10 | 0 | 54 | 43 | 0.796 3 | | | 26 | 37 | 31 | 0.837 8 |
| | | 24 | 25 | 19 | 0.760 0 | | | 10 | 59 | 47 | 0.796 6 | | | 54 | 62 | 52 | 0.838 7 |
| | | 52 | 46 | 35 | 0.760 9 | | 12 | 0 | 30 | 24 | 0.800 0 | | 33 | 36 | 25 | 21 | 0.840 0 |
| | 51 | 26 | 42 | 32 | 0.761 9 | | 13 | 38 | 66 | 53 | 0.803 0 | | 34 | 44 | 38 | 32 | 0.842 1 |
| | | 52 | 59 | 45 | 0.762 7 | | 14 | 7 | 51 | 41 | 0.803 9 | | | | 57 | 48 | 0.842 1 |
| | 52 | 6 | 38 | 29 | 0.763 2 | | | 21 | 46 | 37 | 0.804 3 | | 35 | 18 | 51 | 43 | 0.843 1 |
| 7 | 36 | 12 | 58 | 49 | 0.844 8 | 7 | 56 | 28 | 34 | 30 | 0.882 4 | 8 | 17 | 39 | 51 | 47 | 0.921 6 |
| | | 55 | 39 | 33 | 0.846 2 | | | | 51 | 45 | 0.882 4 | | 18 | 28 | 39 | 36 | 0.923 1 |
| | 37 | 38 | 59 | 50 | 0.847 5 | | 57 | 13 | 43 | 38 | 0.883 7 | | 19 | 5 | 66 | 61 | 0.924 2 |

续表

| 分度头主轴转角 | | | 分度盘孔数 | 转过的孔距数 | 折合手柄转数 | 分度头主轴转角 | | | 分度盘孔数 | 转过的孔距数 | 折合手柄转数 | 分度头主轴转角 | | | 分度盘孔数 | 转过的孔距数 | 折合手柄转数 |
|---|---|---|---|---|---|---|---|---|---|---|---|---|---|---|---|---|---|
| 度 | 分 | 秒 | | | | 度 | 分 | 秒 | | | | 度 | 分 | 秒 | | | |
| | | 50 | 46 | 39 | 0.847 8 | | 58 | 52 | 53 | 47 | 0.886 8 | | | 15 | 53 | 49 | 0.924 5 |
| | 38 | 11 | 66 | 56 | 0.848 5 | | | 59 | 62 | 55 | 0.887 1 | | 20 | 0 | 54 | 50 | 0.925 9 |
| | | 29 | 53 | 45 | 0.849 1 | 8 | 0 | 0 | 54 | 48 | 0.888 9 | | | 29 | 41 | 38 | 0.926 8 |
| | 39 | 34 | 47 | 40 | 0.851 1 | | 1 | 18 | 46 | 41 | 0.891 3 | | 21 | 25 | 28 | 26 | 0.928 6 |
| | 40 | 0 | 54 | 46 | 0.851 9 | | | 37 | 37 | 33 | 0.891 9 | | | | 42 | 39 | 0.928 6 |
| | | 35 | 34 | 29 | 0.852 9 | | 2 | 9 | 28 | 25 | 0.892 9 | | 22 | 6 | 57 | 53 | 0.929 8 |
| | | 59 | 41 | 35 | 0.853 7 | | | 33 | 47 | 42 | 0.893 6 | | | 20 | 43 | 40 | 0.930 2 |
| | 41 | 37 | 62 | 53 | 0.854 8 | | | 44 | 66 | 59 | 0.893 9 | | | 46 | 58 | 54 | 0.931 0 |
| | 42 | 51 | 28 | 24 | 0.857 1 | | 3 | 9 | 38 | 34 | 0.894 7 | | 23 | 23 | 59 | 55 | 0.932 2 |
| | | | 42 | 36 | 0.857 1 | | | | 57 | 51 | 0.894 7 | | 24 | 0 | 30 | 28 | 0.933 3 |
| | | 51 | 49 | 42 | 0.857 1 | | 4 | 8 | 58 | 52 | 0.896 6 | | | 47 | 46 | 43 | 0.934 8 |
| | 44 | 13 | 57 | 49 | 0.859 6 | | | 37 | 39 | 35 | 0.897 4 | | 25 | 10 | 62 | 58 | 0.935 5 |
| | | 39 | 43 | 37 | 0.860 5 | | | 54 | 49 | 44 | 0.898 0 | | | 32 | 47 | 44 | 0.936 2 |
| | 45 | 31 | 58 | 50 | 0.862 1 | | 5 | 5 | 59 | 53 | 0.898 3 | | 26 | 56 | 49 | 46 | 0.938 8 |
| | | 53 | 51 | 44 | 0.862 7 | | 6 | 0 | 30 | 27 | 0.900 0 | | 27 | 16 | 66 | 62 | 0.939 4 |
| | 46 | 22 | 66 | 57 | 0.863 6 | | 7 | 4 | 51 | 46 | 0.902 0 | | 28 | 14 | 34 | 32 | 0.941 2 |
| | | 47 | 59 | 51 | 0.864 4 | | | 19 | 41 | 37 | 0.902 4 | | | | 51 | 48 | 0.941 2 |
| | 47 | 2 | 37 | 32 | 0.864 9 | | | 44 | 62 | 56 | 0.903 2 | | 29 | 26 | 53 | 50 | 0.943 4 |
| | 48 | 0 | 30 | 26 | 0.866 7 | | 8 | 34 | 42 | 38 | 0.904 8 | | 30 | 0 | 54 | 51 | 0.944 4 |
| | | 41 | 53 | 46 | 0.867 9 | | 9 | 3 | 53 | 48 | 0.905 7 | | | 49 | 37 | 35 | 0.945 9 |
| | | 57 | 38 | 33 | 0.868 4 | | | 46 | 43 | 39 | 0.907 0 | | 31 | 35 | 38 | 36 | 0.947 4 |
| | 49 | 34 | 46 | 40 | 0.869 6 | | 10 | 0 | 54 | 49 | 0.907 4 | | | | 57 | 54 | 0.947 4 |
| | 50 | 0 | 54 | 47 | 0.870 4 | | | 55 | 66 | 60 | 0.909 1 | | 32 | 4 | 58 | 55 | 0.948 3 |
| | | 19 | 62 | 54 | 0.871 0 | | 12 | 21 | 34 | 31 | 0.911 8 | | | 18 | 39 | 37 | 0.948 7 |
| | | 46 | 39 | 34 | 0.871 8 | | | 38 | 57 | 52 | 0.912 3 | | | 33 | 59 | 56 | 0.949 2 |
| | 51 | 4 | 47 | 41 | 0.872 3 | | 13 | 3 | 46 | 42 | 0.913 0 | | 33 | 40 | 41 | 39 | 0.951 2 |
| | 52 | 30 | 24 | 21 | 0.875 0 | | | 27 | 58 | 53 | 0.913 8 | | | 52 | 62 | 59 | 0.951 6 |
| | 53 | 41 | 57 | 50 | 0.877 2 | | 14 | 3 | 47 | 43 | 0.914 9 | | 34 | 17 | 42 | 40 | 0.952 4 |
| | | 53 | 40 | 43 | 0.877 6 | | | 14 | 59 | 54 | 0.915 3 | | | 53 | 43 | 41 | 0.953 5 |
| | 54 | 9 | 41 | 36 | 0.878 0 | | 15 | 0 | 24 | 22 | 0.916 7 | | 35 | 27 | 66 | 63 | 0.954 5 |
| | | 33 | 66 | 58 | 0.878 8 | | | 55 | 49 | 45 | 0.918 4 | | 36 | 31 | 46 | 44 | 0.956 5 |
| | | 50 | 58 | 51 | 0.879 3 | | 16 | 13 | 37 | 34 | 0.918 9 | | 37 | 1 | 47 | 45 | 0.957 4 |
| | 55 | 12 | 25 | 22 | 0.880 0 | | | 27 | 62 | 57 | 0.919 4 | | | 30 | 24 | 23 | 0.958 3 |
| | | 43 | 42 | 37 | 0.881 0 | | | 48 | 25 | 23 | 0.920 0 | | | 58 | 49 | 47 | 0.959 2 |

**续表**

| 分度头主轴转角 | | | 分度盘孔数 | 转过的孔距数 | 折合手柄转数 | 分度头主轴转角 | | | 分度盘孔数 | 转过的孔距数 | 折合手柄转数 | 分度头主轴转角 | | | 分度盘孔数 | 转过的孔距数 | 折合手柄转数 |
|---|---|---|---|---|---|---|---|---|---|---|---|---|---|---|---|---|---|
| 度 | 分 | 秒 | | | | 度 | 分 | 秒 | | | | 度 | 分 | 秒 | | | |
| | | 56 | 59 | 52 | 0.881 4 | | 17 | 22 | 38 | 35 | 0.921 1 | | 38 | 24 | 25 | 24 | 0.960 0 |
| 8 | 38 | 44 | 51 | 49 | 0.960 8 | 8 | 44 | 7 | 34 | 33 | 0.970 6 | 8 | 49 | 25 | 51 | 50 | 0.980 4 |
| | 39 | 37 | 53 | 51 | 0.962 3 | | 45 | 24 | 37 | 36 | 0.973 0 | | | 49 | 53 | 52 | 0.981 1 |
| | 40 | 0 | 54 | 52 | 0.963 0 | | | 47 | 38 | 39 | 0.973 7 | | 50 | 0 | 54 | 53 | 0.981 5 |
| | | 43 | 28 | 27 | 0.966 43 | | 46 | 1 | 39 | 38 | 0.974 4 | | | 32 | 57 | 56 | 0.982 5 |
| | 41 | 3 | 57 | 55 | 0.964 9 | | | 50 | 41 | 40 | 0.975 6 | | | 41 | 58 | 57 | 0.982 8 |
| | | 23 | 58 | 56 | 0.965 5 | | 47 | 9 | 42 | 41 | 0.976 2 | | | 51 | 59 | 58 | 0.983 1 |
| | | 42 | 59 | 57 | 0.966 1 | | | 27 | 43 | 42 | 0.976 7 | | 51 | 17 | 62 | 61 | 0.983 9 |
| | 42 | 0 | 30 | 29 | 0.966 7 | | 48 | 16 | 46 | 45 | 0.978 3 | | | 49 | 66 | 65 | 0.984 8 |
| | | 35 | 62 | 60 | 0.967 7 | | | 31 | 47 | 46 | 0.978 7 | 9 | 0 | 0 | | | 1.000 0 |
| | 43 | 38 | 66 | 64 | 0.969 7 | | | 59 | 49 | 48 | 0.979 6 | | | | | | |

**表 3　差动分度法(分度头定数为 40)**

| 工件等分数 | 假定等分数 | 分度盘孔数 | 转过的孔距数 | 交换齿轮 | | | | FW250 型分度头交换齿轮形式 |
|---|---|---|---|---|---|---|---|---|
| | | | | $z_1$ | $z_2$ | $z_3$ | $z_4$ | |
| 61 | 60 | 30 | 20 | 40 | | | 60 | a |
| 63 | | | | 60 | | | 30 | |
| 67 | 64 | 24 | 15 | 90 | 40 | 50 | 60 | b |
| 69 | 66 | 66 | 40 | 100 | | | 55 | a |
| 71 | 70 | 49 | 28 | 40 | | | 70 | a |
| 73 | | | | 60 | | | 35 | |
| 77 | 75 | 30 | 16 | 80 | 60 | 40 | 50 | b |
| 79 | | | | 80 | 50 | 40 | 30 | |
| 81 | 80 | 30 | 15 | 25 | | | 50 | a |
| 83 | | | | 60 | | | 40 | |
| 87 | 84 | 42 | 20 | 50 | | | 35 | a |
| 89 | 88 | 66 | 30 | 25 | | | 55 | a |
| 91 | 90 | 54 | 24 | 40 | | | 90 | a |
| 93 | | | | 40 | | | 30 | |
| 97 | 96 | 24 | 10 | 25 | | | 60 | a |
| 99 | | | | 50 | | | 40 | |
| 101 | 100 | 30 | 12 | 40 | | | 100 | a |
| 103 | | | | 60 | | | 50 | |
| 107 | | | | 70 | | | 25 | |
| 109 | 105 | 42 | 16 | 80 | 30 | 40 | 70 | b |
| 111 | | | | 80 | | | 35 | a |
| 113 | 110 | 66 | 24 | 60 | | | 55 | a |
| 117 | | | | 70 | 55 | 50 | 25 | b |
| 119 | | | | 90 | 55 | 60 | 30 | b |
| 121 | 120 | 54 | 18 | 30 | | | 90 | a |
| 122 | | | | 40 | | | 60 | |
| 123 | | | | 25 | | | 25 | |
| 126 | | | | 50 | | | 25 | |
| 127 | | | | 70 | | | 30 | |
| 128 | | | | 80 | | | 30 | |
| 129 | | | | 90 | | | 30 | |
| 131 | 125 | 25 | 8 | 80 | 25 | 30 | 50 | b |
| 133 | | | | 80 | 50 | 40 | 25 | |
| 134 | 132 | 66 | 20 | 50 | 55 | 40 | 60 | b |
| 137 | | | | 100 | 30 | 25 | 55 | |
| 138 | 135 | 54 | 16 | 80 | | | 90 | a |
| 139 | | | | 80 | 30 | 40 | 90 | b |
| 141 | 140 | 42 | 12 | 40 | 50 | 25 | 70 | b |
| 142 | | | | 40 | | | 70 | a |
| 143 | 140 | 42 | 12 | 30 | | | 35 | a |
| 146 | | | | 60 | | | 35 | a |
| 147 | | | | 50 | | | 25 | a |
| 149 | | | | 90 | 25 | 50 | 70 | b |

**续表**

| 工件等分数 | 假定等分数 | 分度盘孔数 | 转过的孔距数 | 交换齿轮 | | | | FW250 型分度头交换齿轮形式 |
|---|---|---|---|---|---|---|---|---|
| | | | | $z_1$ | $z_2$ | $z_3$ | $z_4$ | |
| 151 | 150 | 30 | 8 | 40 | 50 | 30 | 90 | b |
| 153 | | | | 40 | | | 50 | a |
| 154 | | | | 40 | 60 | 80 | 50 | b |
| 157 | | | | 70 | 30 | 40 | 50 | b |
| 158 | | | | 80 | 30 | 40 | 50 | b |
| 159 | | | | 90 | 30 | 40 | 50 | b |
| 161 | 160 | 28 | 7 | 25 | | | 100 | a |
| 162 | | | | 25 | | | 50 | |
| 163 | | | | 30 | | | 40 | |
| 166 | | | | 60 | | | 40 | |
| 167 | | | | 70 | | | 40 | |
| 169 | | | | 90 | | | 40 | |
| 171 | 168 | 42 | 10 | 50 | | | 70 | a |
| 173 | | | | 100 | 35 | 25 | 60 | b |
| 174 | | | | 50 | | | 35 | a |
| 175 | | | | 50 | | | 30 | a |
| 177 | 176 | 66 | 15 | 40 | 55 | 25 | 80 | b |
| 178 | | | | 40 | 55 | 50 | 80 | |
| 179 | | | | 60 | 55 | 50 | 80 | |
| 181 | 180 | 54 | 12 | 40 | 50 | 25 | 90 | b |
| 182 | | | | 40 | | | 90 | a |
| 183 | | | | 40 | | | 60 | a |
| 186 | | | | 40 | | | 30 | a |
| 187 | 180 | 54 | 12 | 40 | 60 | 70 | 30 | b |
| 189 | | | | 50 | | | 25 | a |
| 191 | | | | 80 | 60 | 55 | 30 | b |
| 193 | 192 | 24 | 5 | 30 | 90 | 50 | 80 | b |
| 194 | | | | 25 | | | 60 | a |
| 197 | | | | 100 | 30 | 25 | 80 | b |
| 198 | | | | 50 | | | 40 | a |
| 199 | | | | 70 | 30 | 50 | 80 | b |

注:(1)交换齿轮形式:a 为单式轮系,b 为复式轮系。

(2)本表交换齿轮采用单式轮系时加 2 个中间轮,采用复式轮系时加 1 个中间轮。

表4　速比、导程配换齿轮表（$P=6$ mm，分度头定数=40）

| 挂轮速比 $i$ | 导程 $P_z$(mm) | 挂轮 | | | | 挂轮速比 $i$ | 导程 $P_z$(mm) | 挂轮 | | | |
|---|---|---|---|---|---|---|---|---|---|---|---|
| | | $z_2$ | $z_2$ | $z_3$ | $z_4$ | | | $z_2$ | $z_2$ | $z_3$ | $z_4$ |
| 14.40000 | 16.67 | 100 | 25 | 90 | 25 | 5.45455 | 44.00 | 100 | 30 | 90 | 55 |
| 12.80000 | 18.85 | 100 | 25 | 80 | 25 | 5.40000 | 44.44 | 90 | 25 | 60 | 40 |
| 12.00000 | 20.00 | 100 | 25 | 90 | 30 | 5.33333 | 45.00 | 100 | 25 | 80 | 60 |
| 11.52000 | 20.83 | 90 | 25 | 80 | 25 | 5.28000 | 45.45 | 60 | 25 | 55 | 25 |
| 11.20000 | 21.43 | 100 | 25 | 70 | 25 | 5.25000 | 45.71 | 90 | 30 | 70 | 40 |
| 10.66667 | 22.50 | 100 | 25 | 80 | 30 | 5.23810 | 45.82 | 100 | 30 | 55 | 35 |
| 10.28571 | 23.33 | 100 | 25 | 90 | 35 | 5.23636 | 45.83 | 90 | 25 | 80 | 55 |
| 10.08000 | 23.81 | 90 | 25 | 70 | 25 | 5.14286 | 46.67 | 100 | 25 | 90 | 70 |
| 9.60000 | 25.00 | 100 | 25 | 60 | 25 | 5.13333 | 46.75 | 70 | 25 | 55 | 30 |
| 9.33333 | 25.71 | 100 | 25 | 70 | 30 | 5.12000 | 46.88 | 80 | 25 | 40 | 25 |
| 9.14286 | 26.25 | 100 | 25 | 80 | 35 | 5.09091 | 47.14 | 100 | 25 | 70 | 55 |
| 9.00000 | 26.67 | 100 | 25 | 90 | 40 | 5.04000 | 47.62 | 90 | 25 | 70 | 50 |
| 8.96000 | 26.79 | 80 | 25 | 70 | 25 | 5.02857 | 47.73 | 80 | 25 | 55 | 35 |
| 8.80000 | 27.27 | 100 | 25 | 55 | 25 | 5.00000 | 48.00 | 100 | 30 | 90 | 60 |
| 8.64000 | 27.78 | 90 | 25 | 60 | 25 | 4.95000 | 48.48 | 90 | 25 | 55 | 40 |
| 8.57143 | 28.00 | 100 | 30 | 90 | 35 | 4.84848 | 49.50 | 100 | 30 | 80 | 55 |
| 8.40000 | 28.57 | 90 | 25 | 70 | 30 | 4.80000 | 50.00 | 100 | 25 | 60 | 50 |
| 8.22857 | 29.17 | 90 | 25 | 80 | 35 | 4.76190 | 50.40 | 1000 | 30 | 50 | 35 |
| 8.00000 | 30.00 | 100 | 25 | 80 | 40 | 4.67532 | 51.33 | 100 | 35 | 90 | 55 |
| 7.92000 | 30.30 | 90 | 25 | 55 | 25 | 4.66667 | 51.43 | 100 | 25 | 70 | 60 |
| 7.68000 | 31.25 | 80 | 25 | 60 | 25 | 4.58333 | 52.36 | 100 | 30 | 55 | 40 |
| 7.61905 | 31.50 | 100 | 30 | 80 | 35 | 4.58182 | 52.38 | 90 | 25 | 70 | 55 |
| 7.50000 | 32.00 | 100 | 30 | 90 | 40 | 4.57143 | 52.50 | 100 | 25 | 80 | 70 |
| 7.46667 | 32.14 | 80 | 25 | 70 | 30 | 4.50000 | 53.33 | 100 | 25 | 90 | 80 |
| 7.33333 | 32.73 | 100 | 25 | 55 | 30 | 4.48000 | 53.57 | 80 | 25 | 70 | 50 |
| 7.20000 | 33.33 | 100 | 25 | 90 | 50 | 4.44444 | 54.00 | 100 | 30 | 80 | 60 |
| 7.04000 | 34.09 | 80 | 25 | 55 | 25 | 4.40000 | 54.55 | 100 | 25 | 55 | 50 |
| 7.00000 | 34.29 | 100 | 25 | 70 | 40 | 4.36364 | 55.00 | 100 | 25 | 60 | 55 |
| 6.85714 | 35.00 | 100 | 25 | 60 | 35 | 4.32000 | 55.56 | 90 | 25 | 60 | 50 |
| 6.72000 | 35.71 | 70 | 25 | 60 | 25 | 4.28571 | 56.00 | 100 | 30 | 90 | 70 |
| 6.66667 | 36.00 | 100 | 30 | 80 | 40 | 4.26667 | 56.25 | 80 | 25 | 40 | 30 |
| 6.60000 | 36.36 | 90 | 25 | 55 | 30 | 4.24242 | 56.57 | 100 | 30 | 70 | 55 |
| 6.54545 | 36.67 | 37.33 | 100 | 55 | 90 | 4.20000 | 57.14 | 90 | 25 | 70 | 60 |
| 6.42857 | 100 | 25 | 35 | 90 | 40 | 4.19048 | 57.27 | 80 | 30 | 55 | 35 |
| 6.40000 | 37.50 | 100 | 25 | 80 | 50 | 4.16667 | 57.60 | 100 | 30 | 50 | 40 |
| 6.30000 | 38.10 | 90 | 25 | 70 | 40 | 4.15584 | 57.75 | 100 | 35 | 80 | 55 |
| 6.28571 | 38.18 | 100 | 25 | 55 | 35 | 4.12500 | 58.18 | 90 | 30 | 55 | 40 |
| 6.17143 | 38.89 | 90 | 25 | 60 | 35 | 4.11429 | 58.33 | 90 | 25 | 80 | 70 |
| 6.16000 | 38.96 | 70 | 25 | 55 | 25 | 4.09091 | 58.67 | 100 | 40 | 90 | 55 |
| 6.00000 | 40.00 | 100 | 25 | 90 | 60 | 4.07273 | 58.93 | 80 | 25 | 70 | 55 |
| 5.86667 | 40.91 | 80 | 25 | 55 | 30 | 4.00000 | 60.00 | 100 | 25 | 90 | 90 |
| 5.83333 | 41.14 | 100 | 30 | 70 | 40 | 3.96000 | 60.61 | 90 | 25 | 55 | 50 |
| 5.81818 | 42.86 | 100 | 25 | 70 | 50 | 3.92857 | 61.09 | 100 | 35 | 55 | 40 |
| 5.50000 | 43.64 | 100 | 25 | 55 | 40 | 3.92727 | 61.11 | 90 | 25 | 60 | 55 |
| 5.48571 | 43.75 | 80 | 25 | 60 | 35 | 3.92000 | 61.22 | 70 | 25 | 35 | 25 |

**续表**

| 挂轮速比 $i$ | 导程 $P_z$(mm) | 挂轮 | | | | 挂轮速比 $i$ | 导程 $P_z$(mm) | 挂轮 | | | |
|---|---|---|---|---|---|---|---|---|---|---|---|
| | | $z_2$ | $z_2$ | $z_3$ | $z_4$ | | | $z_2$ | $z_2$ | $z_3$ | $z_4$ |
| 3.83839 | 61.71 | 100 | 30 | 70 | 60 | 2.93878 | 81.67 | 90 | 35 | 80 | 70 |
| 3.85714 | 62.22 | 90 | 35 | 60 | 40 | 2.93333 | 81.82 | 80 | 25 | 55 | 60 |
| 3.85000 | 62.34 | 70 | 25 | 55 | 40 | 2.88000 | 83.33 | 90 | 25 | 80 | 100 |
| 3.84000 | 62.50 | 80 | 25 | 60 | 50 | 2.86364 | 83.81 | 90 | 40 | 70 | 55 |
| 3.81818 | 62.86 | 90 | 30 | 70 | 55 | 2.85714 | 84.00 | 100 | 35 | 90 | 90 |
| 3.80952 | 63.00 | 100 | 30 | 80 | 70 | 2.82857 | 84.85 | 90 | 25 | 55 | 70 |
| 3.77143 | 63.64 | 60 | 25 | 55 | 35 | 2.81250 | 85.33 | 100 | 40 | 90 | 80 |
| 3.75000 | 64.00 | 100 | 30 | 90 | 80 | 2.80519 | 85.56 | 90 | 35 | 60 | 55 |
| 3.74026 | 64.17 | 90 | 35 | 80 | 55 | 2.80000 | 85.71 | 100 | 25 | 70 | 100 |
| 3.73333 | 64.29 | 80 | 25 | 70 | 60 | 2.77778 | 86.40 | 100 | 30 | 50 | 60 |
| 3.67347 | 65.33 | 100 | 35 | 90 | 70 | 2.75000 | 87.27 | 100 | 25 | 55 | 80 |
| 3.66667 | 65.45 | 100 | 25 | 55 | 60 | 2.74286 | 87.50 | 80 | 25 | 60 | 70 |
| 3.65714 | 65.63 | 80 | 25 | 40 | 35 | 2.72727 | 88.00 | 100 | 55 | 90 | 60 |
| 3.63636 | 66.00 | 100 | 40 | 80 | 55 | 2.70000 | 88.89 | 90 | 25 | 60 | 80 |
| 3.60000 | 66.67 | 100 | 25 | 90 | 100 | 2.66667 | 90.00 | 100 | 30 | 80 | 100 |
| 3.57143 | 67.20 | 100 | 35 | 50 | 40 | 2.64000 | 90.91 | 60 | 25 | 55 | 50 |
| 3.55556 | 67.50 | 100 | 25 | 80 | 90 | 2.62500 | 91.43 | 90 | 30 | 70 | 80 |
| 3.53571 | 67.88 | 90 | 35 | 55 | 40 | 2.61905 | 91.64 | 100 | 30 | 55 | 70 |
| 3.52000 | 68.18 | 80 | 25 | 55 | 50 | 2.61818 | 91.67 | 90 | 50 | 80 | 55 |
| 3.50000 | 68.57 | 100 | 25 | 70 | 80 | 2.59740 | 92.40 | 100 | 35 | 50 | 55 |
| 3.49091 | 68.75 | 80 | 25 | 60 | 55 | 2.59259 | 92.57 | 100 | 30 | 70 | 90 |
| 3.42857 | 70.00 | 100 | 25 | 60 | 70 | 2.57143 | 93.33 | 100 | 35 | 90 | 100 |
| 3.39394 | 70.71 | 80 | 30 | 70 | 55 | 2.56667 | 93.51 | 70 | 25 | 55 | 60 |
| 3.36000 | 71.43 | 70 | 25 | 60 | 50 | 2.56000 | 93.75 | 80 | 25 | 40 | 50 |
| 3.33333 | 72.00 | 100 | 30 | 90 | 90 | 2.54545 | 94.29 | 100 | 50 | 70 | 55 |
| 3.30000 | 72.73 | 90 | 25 | 55 | 60 | 2.53968 | 94.50 | 100 | 35 | 80 | 90 |
| 3.27273 | 73.33 | 100 | 50 | 90 | 55 | 2.52000 | 95.24 | 90 | 25 | 70 | 100 |
| 3.26667 | 73.47 | 70 | 25 | 35 | 30 | 2.51429 | 95.45 | 80 | 25 | 55 | 70 |
| 3.26531 | 73.50 | 100 | 35 | 80 | 70 | 2.50000 | 96.00 | 100 | 40 | 90 | 90 |
| 3.21429 | 74.67 | 100 | 35 | 90 | 80 | 2.49351 | 96.25 | 80 | 35 | 60 | 55 |
| 3.20833 | 74.81 | 70 | 30 | 55 | 40 | 2.48889 | 96.43 | 80 | 25 | 70 | 90 |
| 3.20000 | 75.00 | 100 | 25 | 80 | 100 | 2.47500 | 96.97 | 90 | 25 | 55 | 80 |
| 3.18182 | 75.43 | 100 | 40 | 70 | 55 | 2.45455 | 97.78 | 90 | 40 | 60 | 55 |
| 3.15000 | 76.19 | 90 | 25 | 70 | 80 | 2.45000 | 97.96 | 70 | 25 | 35 | 40 |
| 3.14286 | 76.36 | 100 | 25 | 55 | 70 | 2.44898 | 98.00 | 100 | 35 | 60 | 70 |
| 3.11688 | 77.00 | 100 | 35 | 60 | 55 | 2.44444 | 98.18 | 100 | 25 | 55 | 90 |
| 3.11111 | 77.14 | 100 | 25 | 70 | 90 | 2.42424 | 99.00 | 100 | 55 | 80 | 60 |
| 3.08571 | 77.78 | 90 | 25 | 60 | 70 | 2.40000 | 100.00 | 100 | 25 | 60 | 100 |
| 3.08000 | 77.92 | 70 | 25 | 55 | 50 | 2.38095 | 100.80 | 100 | 30 | 50 | 70 |
| 3.05556 | 78.55 | 100 | 30 | 55 | 60 | 2.35714 | 101.82 | 90 | 30 | 55 | 70 |
| 3.05455 | 78.57 | 70 | 25 | 60 | 55 | 2.33766 | 102.67 | 100 | 55 | 90 | 70 |
| 3.04762 | 78.75 | 80 | 30 | 40 | 35 | 2.33333 | 102.86 | 100 | 30 | 70 | 100 |
| 3.03030 | 79.20 | 100 | 30 | 50 | 55 | 2.32727 | 103.13 | 80 | 25 | 40 | 55 |
| 3.00000 | 80.00 | 100 | 30 | 90 | 100 | 2.29167 | 104.73 | 100 | 30 | 55 | 80 |
| 2.96296 | 81.00 | 100 | 30 | 80 | 90 | 2.29091 | 104.76 | 90 | 50 | 70 | 55 |

续表

| 挂轮速比 $i$ | 导程 $P_z$(mm) | 挂轮 | | | | 挂轮速比 $i$ | 导程 $P_z$(mm) | 挂轮 | | | |
|---|---|---|---|---|---|---|---|---|---|---|---|
| | | $z_2$ | $z_2$ | $z_3$ | $z_4$ | | | $z_2$ | $z_2$ | $z_3$ | $z_4$ |
| 2. 28571 | 105. 00 | 100 | 35 | 80 | 100 | 1. 87013 | 128. 33 | 90 | 55 | 80 | 70 |
| 2. 27273 | 105. 60 | 100 | 40 | 50 | 55 | 1. 86667 | 128. 57 | 80 | 30 | 70 | 100 |
| 2. 25000 | 106. 67 | 100 | 40 | 90 | 100 | 1. 85185 | 129. 60 | 100 | 30 | 50 | 90 |
| 2. 24490 | 106. 91 | 100 | 35 | 55 | 70 | 1. 83673 | 130. 67 | 90 | 35 | 50 | 70 |
| 2. 24000 | 107. 14 | 80 | 25 | 70 | 100 | 1. 83333 | 130. 91 | 100 | 30 | 55 | 100 |
| 2. 22222 | 108. 00 | 100 | 40 | 80 | 90 | 1. 82857 | 131. 25 | 80 | 25 | 40 | 70 |
| 2. 20408 | 108. 89 | 90 | 35 | 60 | 70 | 1. 81818 | 132. 00 | 100 | 55 | 90 | 90 |
| 2. 20000 | 109. 09 | 100 | 25 | 55 | 100 | 1. 80000 | 133. 33 | 100 | 50 | 90 | 100 |
| 2. 18750 | 109. 71 | 100 | 40 | 70 | 80 | 1. 79592 | 133. 64 | 80 | 35 | 55 | 70 |
| 2. 18182 | 110. 00 | 100 | 50 | 60 | 55 | 1. 78571 | 134. 40 | 100 | 35 | 50 | 80 |
| 2. 16000 | 111. 11 | 90 | 25 | 60 | 100 | 1. 78182 | 134. 69 | 70 | 25 | 35 | 55 |
| 2. 14286 | 112. 00 | 100 | 60 | 90 | 70 | 1. 77778 | 135. 00 | 100 | 50 | 80 | 90 |
| 2. 13889 | 112. 21 | 70 | 30 | 55 | 60 | 1. 76786 | 135. 76 | 90 | 35 | 55 | 80 |
| 2. 13333 | 112. 50 | 80 | 25 | 60 | 90 | 1. 76000 | 136. 36 | 80 | 25 | 55 | 100 |
| 2. 12121 | 113. 14 | 100 | 55 | 70 | 60 | 1. 75000 | 137. 14 | 100 | 40 | 70 | 100 |
| 2. 10000 | 114. 29 | 90 | 30 | 70 | 100 | 1. 74603 | 137. 45 | 100 | 35 | 55 | 90 |
| 2. 09524 | 114. 55 | 80 | 30 | 55 | 70 | 1. 74545 | 137. 50 | 80 | 50 | 60 | 55 |
| 2. 08333 | 115. 20 | 100 | 30 | 50 | 80 | 1. 71875 | 139. 64 | 100 | 40 | 55 | 80 |
| 2. 07792 | 115. 50 | 100 | 55 | 80 | 70 | 1. 71429 | 140. 00 | 100 | 35 | 60 | 100 |
| 2. 07407 | 115. 71 | 80 | 30 | 70 | 90 | 1. 71111 | 140. 26 | 70 | 25 | 55 | 90 |
| 2. 06250 | 116. 36 | 90 | 30 | 55 | 80 | 1. 69697 | 141. 43 | 80 | 55 | 70 | 60 |
| 2. 05714 | 116. 67 | 90 | 35 | 80 | 100 | 1. 68750 | 142. 22 | 90 | 40 | 60 | 80 |
| 2. 04545 | 117. 33 | 100 | 55 | 90 | 80 | 1. 68000 | 142. 86 | 70 | 25 | 60 | 100 |
| 2. 04167 | 117. 55 | 70 | 30 | 35 | 40 | 1. 66667 | 144. 00 | 100 | 60 | 90 | 90 |
| 2. 04082 | 117. 60 | 100 | 35 | 50 | 70 | 1. 66234 | 144. 38 | 80 | 35 | 40 | 55 |
| 2. 03704 | 117. 82 | 100 | 30 | 55 | 90 | 1. 65000 | 145. 45 | 90 | 30 | 55 | 100 |
| 2. 03636 | 117. 86 | 80 | 50 | 70 | 55 | 1. 63636 | 146. 67 | 100 | 55 | 90 | 100 |
| 2. 02041 | 118. 79 | 90 | 35 | 55 | 70 | 1. 63333 | 146. 94 | 70 | 25 | 35 | 60 |
| 2. 00000 | 120. 00 | 100 | 50 | 90 | 90 | 1. 63265 | 147. 00 | 100 | 35 | 40 | 70 |
| 1. 98000 | 121. 21 | 90 | 25 | 55 | 100 | 1. 62963 | 147. 27 | 80 | 30 | 55 | 90 |
| 1. 96875 | 121. 90 | 90 | 40 | 70 | 80 | 1. 61616 | 148. 50 | 100 | 55 | 80 | 90 |
| 1. 96429 | 122. 18 | 100 | 35 | 55 | 80 | 1. 60714 | 149. 33 | 100 | 70 | 90 | 80 |
| 1. 96364 | 122. 12 | 90 | 50 | 60 | 55 | 1. 60417 | 149. 61 | 70 | 30 | 55 | 80 |
| 1. 96000 | 122. 45 | 70 | 25 | 35 | 50 | 1. 60000 | 150. 00 | 100 | 50 | 80 | 100 |
| 1. 95918 | 122. 50 | 80 | 35 | 60 | 70 | 1. 59091 | 150. 86 | 100 | 55 | 70 | 80 |
| 1. 95556 | 122. 73 | 80 | 25 | 55 | 90 | 1. 58730 | 151. 20 | 100 | 35 | 50 | 90 |
| 1. 94444 | 123. 43 | 100 | 40 | 70 | 90 | 1. 57500 | 152. 38 | 90 | 40 | 70 | 100 |
| 1. 93939 | 123. 75 | 80 | 30 | 40 | 55 | 1. 57143 | 152. 73 | 100 | 35 | 55 | 100 |
| 1. 92857 | 124. 44 | 90 | 35 | 60 | 80 | 1. 56250 | 153. 60 | 100 | 40 | 50 | 80 |
| 1. 92500 | 124. 68 | 70 | 25 | 55 | 80 | 1. 55844 | 154. 00 | 100 | 55 | 60 | 70 |
| 1. 92000 | 125. 00 | 80 | 25 | 60 | 100 | 1. 55556 | 154. 29 | 100 | 50 | 70 | 90 |
| 1. 90909 | 125. 71 | 90 | 55 | 70 | 60 | 1. 54688 | 155. 15 | 90 | 40 | 55 | 80 |
| 1. 90476 | 126. 00 | 100 | 60 | 80 | 70 | 1. 54286 | 155. 56 | 90 | 35 | 60 | 100 |
| 1. 88571 | 127. 27 | 60 | 25 | 55 | 70 | 1. 54000 | 155. 84 | 70 | 25 | 55 | 100 |
| 1. 87500 | 128. 00 | 100 | 60 | 90 | 80 | 1. 52778 | 157. 09 | 100 | 40 | 55 | 90 |

**续表**

| 挂轮速比 $i$ | 导程 $P_z$(mm) | 挂轮 | | | | 挂轮速比 $i$ | 导程 $P_z$(mm) | 挂轮 | | | |
|---|---|---|---|---|---|---|---|---|---|---|---|
| | | $z_2$ | $z_2$ | $z_3$ | $z_4$ | | | $z_2$ | $z_2$ | $z_3$ | $z_4$ |
| 1.52727 | 157.14 | 70 | 50 | 60 | 55 | 1.22727 | 195.56 | 90 | 55 | 60 | 80 |
| 1.52381 | 157.50 | 80 | 35 | 60 | 90 | 1.22500 | 195.92 | 70 | 25 | 35 | 80 |
| 1.51515 | 158.40 | 100 | 55 | 50 | 60 | 1.22449 | 196.00 | 100 | 35 | 30 | 70 |
| 1.50000 | 160.00 | 100 | 60 | 90 | 100 | 1.22222 | 196.36 | 100 | 50 | 55 | 90 |
| 1.48485 | 161.63 | 70 | 30 | 35 | 55 | 1.21212 | 198.00 | 100 | 55 | 60 | 90 |
| 1.48148 | 162.00 | 100 | 60 | 80 | 90 | 1.20313 | 199.48 | 70 | 40 | 55 | 80 |
| 1.45833 | 164.57 | 100 | 60 | 70 | 80 | 1.20000 | 200.00 | 100 | 50 | 60 | 100 |
| 1.45455 | 165.00 | 100 | 55 | 80 | 100 | 1.19048 | 201.60 | 100 | 60 | 50 | 70 |
| 1.44000 | 166.67 | 90 | 50 | 80 | 100 | 1.18519 | 202.50 | 80 | 30 | 40 | 90 |
| 1.43182 | 167.62 | 90 | 55 | 70 | 80 | 1.17857 | 203.64 | 90 | 60 | 55 | 70 |
| 1.42857 | 168.00 | 100 | 70 | 90 | 90 | 1.16883 | 205.33 | 90 | 55 | 50 | 70 |
| 1.42593 | 168.31 | 70 | 30 | 55 | 90 | 1.16667 | 205.71 | 100 | 60 | 70 | 100 |
| 1.42222 | 168.75 | 80 | 25 | 40 | 90 | 1.16364 | 206.25 | 80 | 50 | 40 | 55 |
| 1.41429 | 169.70 | 90 | 35 | 55 | 100 | 1.14583 | 209.46 | 100 | 60 | 55 | 80 |
| 1.41414 | 169.71 | 100 | 55 | 70 | 90 | 1.14545 | 209.52 | 90 | 55 | 70 | 100 |
| 1.40625 | 170.67 | 90 | 40 | 50 | 80 | 1.14286 | 210.00 | 100 | 70 | 80 | 100 |
| 1.40260 | 171.11 | 90 | 55 | 60 | 70 | 1.13636 | 211.20 | 100 | 55 | 50 | 80 |
| 1.40000 | 171.43 | 100 | 50 | 70 | 100 | 1.13131 | 212.14 | 80 | 55 | 70 | 90 |
| 1.39683 | 171.82 | 80 | 35 | 55 | 90 | 1.12500 | 213.33 | 100 | 80 | 90 | 100 |
| 1.38889 | 172.80 | 100 | 40 | 50 | 90 | 1.12245 | 213.82 | 55 | 35 | 50 | 70 |
| 1.37500 | 174.55 | 100 | 40 | 55 | 100 | 1.12000 | 214.29 | 80 | 50 | 70 | 100 |
| 1.37143 | 175.00 | 80 | 35 | 60 | 100 | 1.11364 | 215.51 | 70 | 40 | 35 | 55 |
| 1.36364 | 176.00 | 100 | 55 | 60 | 80 | 1.11111 | 216.00 | 100 | 80 | 80 | 90 |
| 1.36111 | 176.33 | 70 | 30 | 35 | 60 | 1.10204 | 217.78 | 90 | 35 | 30 | 70 |
| 1.35000 | 177.78 | 90 | 40 | 60 | 100 | 1.10000 | 218.18 | 100 | 50 | 55 | 100 |
| 1.34694 | 178.18 | 60 | 35 | 55 | 70 | 1.09375 | 219.43 | 100 | 40 | 35 | 80 |
| 1.33333 | 180.00 | 100 | 60 | 80 | 100 | 1.09091 | 220.00 | 100 | 55 | 60 | 100 |
| 1.32000 | 181.82 | 60 | 25 | 55 | 100 | 1.08889 | 220.41 | 70 | 25 | 35 | 90 |
| 1.31250 | 182.86 | 90 | 60 | 70 | 80 | 1.08000 | 222.22 | 90 | 50 | 60 | 100 |
| 1.30952 | 183.27 | 100 | 60 | 55 | 70 | 1.07143 | 224.00 | 100 | 70 | 60 | 80 |
| 1.30909 | 183.33 | 90 | 55 | 80 | 100 | 1.06944 | 224.42 | 70 | 40 | 55 | 90 |
| 1.30012 | 183.75 | 80 | 35 | 40 | 70 | 1.06667 | 225.00 | 80 | 50 | 60 | 90 |
| 1.29870 | 184.80 | 100 | 55 | 50 | 70 | 1.06061 | 226.29 | 100 | 55 | 35 | 60 |
| 1.29630 | 185.14 | 100 | 60 | 70 | 90 | 1.05000 | 228.57 | 90 | 60 | 70 | 100 |
| 1.28571 | 186.67 | 100 | 70 | 90 | 100 | 1.04762 | 229.09 | 80 | 60 | 55 | 70 |
| 1.28333 | 187.01 | 70 | 30 | 55 | 100 | 1.04167 | 230.40 | 100 | 60 | 50 | 80 |
| 1.28000 | 187.50 | 80 | 25 | 40 | 100 | 1.03896 | 231.00 | 100 | 55 | 40 | 70 |
| 1.27273 | 188.57 | 100 | 55 | 70 | 100 | 1.03704 | 231.43 | 80 | 60 | 70 | 90 |
| 1.26984 | 189.00 | 100 | 70 | 80 | 90 | 1.03125 | 232.73 | 90 | 60 | 55 | 80 |
| 1.26000 | 190.48 | 90 | 50 | 70 | 100 | 1.02857 | 233.33 | 90 | 70 | 80 | 100 |
| 1.25714 | 190.91 | 80 | 35 | 55 | 100 | 1.02273 | 234.67 | 90 | 55 | 50 | 80 |
| 1.25000 | 192.00 | 100 | 80 | 90 | 90 | 1.02083 | 235.10 | 70 | 30 | 35 | 80 |
| 1.24675 | 192.50 | 80 | 55 | 60 | 70 | 1.02041 | 235.20 | 100 | 35 | 25 | 70 |
| 1.24444 | 192.86 | 80 | 50 | 70 | 90 | 1.01852 | 235.64 | 100 | 60 | 55 | 90 |
| 1.23750 | 193.94 | 90 | 40 | 55 | 100 | 1.01818 | 235.71 | 80 | 55 | 70 | 100 |

续表

| 挂轮速比 $i$ | 导程 $P_z$(mm) | 挂轮 | | | | 挂轮速比 $i$ | 导程 $P_z$(mm) | 挂轮 | | | |
|---|---|---|---|---|---|---|---|---|---|---|---|
| | | $z_2$ | $z_2$ | $z_3$ | $z_4$ | | | $z_2$ | $z_2$ | $z_3$ | $z_4$ |
| 1.01587 | 236.25 | 80 | 35 | 40 | 90 | 0.95238 | 252.00 | 100 | 70 | 60 | 90 |
| 1.01010 | 237.60 | 100 | 55 | 50 | 90 | 0.94286 | 254.55 | 60 | 35 | 55 | 100 |
| 1.00000 | 240.00 | 100 | 90 | 90 | 100 | 0.93750 | 256.00 | 100 | 40 | 30 | 80 |
| 0.99000 | 242.42 | 90 | 50 | 55 | 100 | 0.79545 | 301.71 | 100 | 55 | 35 | 80 |
| 0.98438 | 243.81 | 90 | 40 | 35 | 80 | 0.79365 | 302.40 | 100 | 70 | 50 | 90 |
| 0.98214 | 244.36 | 100 | 70 | 55 | 80 | 0.78750 | 304.76 | 90 | 80 | 70 | 100 |
| 0.98182 | 244.44 | 90 | 55 | 60 | 100 | 0.78571 | 305.46 | 100 | 70 | 55 | 100 |
| 0.98000 | 244.90 | 70 | 25 | 35 | 100 | 0.78125 | 307.20 | 100 | 40 | 25 | 80 |
| 0.97959 | 245.00 | 80 | 35 | 30 | 70 | 0.77922 | 308.00 | 100 | 55 | 30 | 70 |
| 0.97778 | 245.45 | 80 | 50 | 55 | 90 | 0.77778 | 308.57 | 100 | 90 | 70 | 100 |
| 0.97222 | 246.86 | 100 | 80 | 70 | 90 | 0.77143 | 311.11 | 90 | 70 | 60 | 100 |
| 0.96970 | 247.50 | 80 | 55 | 60 | 90 | 0.77000 | 311.69 | 70 | 50 | 55 | 100 |
| 0.96429 | 248.89 | 90 | 70 | 60 | 80 | 0.76563 | 313.47 | 70 | 40 | 35 | 80 |
| 0.96250 | 249.35 | 70 | 40 | 55 | 100 | 0.76389 | 314.18 | 100 | 80 | 55 | 90 |
| 0.96000 | 250.00 | 80 | 50 | 60 | 100 | 0.76364 | 314.29 | 70 | 55 | 60 | 100 |
| 0.95455 | 251.43 | 90 | 55 | 35 | 60 | | | | | | |

# 参考文献


[1] 陈臻.铣工工艺与技能训练[M].北京:中国劳动社会保障出版社,2002.

[2] 张培均,等.铣工生产实习[M].北京:中国劳动出版社,1996.

[3] 杨厚福,等.铣工[M].北京:中国劳动出版社,1996.

[4] 《铣工技术》编写组.铣工技术[M].北京:国防工业出版社,1973.

[5] 罗秀文.铣工工艺学[M].北京:北京科学普及出版社,1984.

[6] 《铣工操作技术》编写组.铣工操作技术[M].北京:机械工业出版社,1977.